高等学校教材

聚合物成型加工基础

杨鸣波 主 编

U0265626

化学工业出版社

·北京·

本书从高分子物理和高分子化学原理入手，对高分子材料成型加工工艺和原理进行阐述，论述了高分子材料的各种形态结构和相态在成型过程中的演变及对聚合物制品性能的影响，并对现在生产实践中存在的成型加工工艺过程作了介绍，使读者能够更多地从原理和基本科学问题上认识理解加工过程。本书是高分子材料与工程、高分子材料加工工程、塑料机械与模具、橡胶工程专业的教材，也可作为材料工程、轻化工工程、化学工程以及应用化学等专业的教材或参考书，同时也可作为相关工程技术人员的参考书。

图书在版编目（CIP）数据

聚合物成型加工基础/杨鸣波主编．—北京：化学工业出版社，2009.7（2024.2重印）
高等学校教材
ISBN 978-7-122-05632-0

Ⅰ．聚…　Ⅱ．杨…　Ⅲ．高聚物-成型-加工　Ⅳ．TQ316

中国版本图书馆 CIP 数据核字（2009）第 077935 号

责任编辑：杨　菁　　　　　　　　文字编辑：林　丹
责任校对：郑　捷　　　　　　　　装帧设计：周　遥

出版发行：化学工业出版社（北京市东城区青年湖南街 13 号　邮政编码 100011）
印　　装：北京天宇星印刷厂
787mm×1092mm　1/16　印张 15　字数 391 千字　2024 年 2 月北京第 1 版第 7 次印刷

购书咨询：010-64518888　　　　　　售后服务：010-64518899
网　　址：http://www.cip.com.cn
凡购买本书，如有缺损质量问题，本社销售中心负责调换。

定　　价：49.00 元

前　言

聚合物材料是材料领域发展最为迅猛的品种，已经成为各国高技术规划中不可或缺的内容。目前全世界高分子材料年产量已达到 3 亿吨，而且几乎所有高分子材料都必须经过加工才能成为有用的产品，因此加工的重要性日益凸现，有关技术人员的需求越来越多，而且要求也越来越高。

随着高分子科学和高分子工程的发展，聚合物材料加工不再是简单制品的成型，而是材料结构和性能确定的关键环节。对材料加工人才培养的理念也由此发生转变，工程技术人员不仅仅需要知道各种加工方法和技术，而且更重要的是要理解加工过程的本质，认识每一个环节在材料结构演变和性能确定中的作用，以及控制方法，从而达到不仅能够生产制造，而且能够调控，直至创新的境界。这也是本教材希望达到的目的。

本书在编撰上力图结合基本科学原理和具体加工方法来构筑体系，使读者能够更多地从原理和基本科学问题上认识理解加工过程。在内容上既非强调具体的加工方法和技术，也非完全讨论基本阶段而使用过多的数理推导，而是针对国内读者的情况和基础把两者有机地结合起来，使读者既能学习各种加工方法，也能理解其间的本质科学问题，在掌握技术方法的同时，也能在高分子材料加工工程领域的提升和革新中有所作为。

本书第 1 章由杨鸣波编写，第 2、第 3 章由刘军、刘正英编写，第 4 章由付晓蓉、尹波编写，第 5 章由杨其、付晓蓉编写，第 6 章由蔡绪福编写，第 7 章由尹波、杨鸣波、杨伟、刘军编写，第 8 章由杨伟编写，第 9 章由任显诚、蔡绪福编写。全书由杨鸣波修改定稿。

由于时间仓促，加之著者知识水平所限，书中的错误和不足在所难免，敬请读者批评指正。

作者

2009 年 5 月

目　录

第1章　聚合物成型加工概论

1.1　聚合物材料发展过程与现状

材料是人类赖以生存和发展的物质基础，以及科学与工业技术发展的基础，是人类社会进步的里程碑。新材料的出现，能为社会文明带来巨大的变化，给新技术的发展带来划时代的突破。材料已成为当代科学技术的三大支柱之一。作为四大材料之一的聚合物材料具有许多优良性能，适合现代化生产，经济效益显著，且不受地域、气候的限制，因而聚合物材料工业取得了突飞猛进的发展。如今聚合物材料已经不再是传统材料的代用品，而是与金属、水泥、木材并驾齐驱，在国民经济和国防建设中的扮演着重要的作用。

人类直接利用天然聚合物材料，可以追溯到远古时期。当时，人们利用纤维素造纸，利用蛋白质练丝和鞣革，利用生漆作涂料和利用动物胶制作墨的黏合剂等都是最早利用聚合物材料最好的例证。1838 年 A. Parker 制备出了第一种人造塑料——硝酸纤维素，并在 1862 年伦敦的国际展览会上展出，这是人类开始使用天然聚合物材料的标志。但是，人类开发使用人工合成聚合物材料则是 20 世纪才开始的，酚醛树脂是人类真正从小分子出发合成出的高分子化材料（1907 年），也是人类最早使用的合成聚合物。1920 年德国人 Staudinger 在论聚合中提出了"长链大分子"概念，指出一些含有某些官能团的有机物可以通过官能团间的反应而形成聚合物。对 19 世纪的大多数研究学者而言，分子量超过 10000g/mol 的物质似乎是难以置信的，他们认为这类物质应该是由小分子稳定悬浮液构成的胶体系统。Staudinger 否定了这些物质是有机胶体的观点，假定那些高分子量的物质就是聚合物，是由单体（或结构单元）通过共价键彼此连接形成的真实大分子。最终这种解释得到了合理的实验证实，为聚合物材料的工业化生产提供了有力的指导，从而使得聚合物的种类迅猛地增长（见表 1-1）。

表 1-1　聚合物材料与工程发展历史

年　份	事　件
约 1800	人类发现并通过简单改性使用天然聚合物材料（如羊毛、皮革、亚麻、生漆、橡胶等）
1839	Charles Goodyear 发现橡胶硫化方法
1868	John Wesley Hyatt 发现赛璐珞，因为是一种通过天然聚合物改性，并可模塑成为新的形状的材料，所以这是公认的人类开发的第一种塑料
1877	Fredrich Kekule 提出聚合物链模型
1893	Emil Fischer 和 Hermann Lauchs 提出纤维素的链结构，然后合成出纤维素分子，确认了所提出的分子结构
1909	Leo Baekeland 宣布发现了人类真正完全通过合成得到的第一个聚合物——酚醛树脂
1924	Herman Staudinger 提出了合成聚合物的链结构
1925～1940	通过加成聚合物方法获得的几种聚合物问世（如 PVC、PMMA、PS、PE、PVAc、PAN、SAN）
1934	Wallace Carothers 发明缩聚方法并合成出尼龙

续表

年　份	事　件
1940~1950	通过缩聚方法获得的几种聚合物问世（如 PET、不饱和聚酯等）
1950~1955	K Ziegler 和 G Natta 发明低压催化剂
1955~1970	通过各种聚合方法获得的聚合面世（如 PC、有机硅、PPO、环氧树脂、聚氨酯、聚甲醛等）
1955~1970	采用合成树脂和刚强纤维如玻璃纤维、碳纤维、尼龙纤维开发出复合材料
1970~1990	塑料制品新的加工方法得到迅猛发展，许多原本使用木材和金属材料的场合被低成本、高性能的塑料所替代
1990~2005	具有开发精巧复杂分子结构的技术，人们能够得到具有高耐热性、低燃烧性、光敏感性、导电性、生物降解性和生物相容性的聚合物材料
1990~2005	开发出几种能够明显提高很多树脂性能的催化剂，从而可以扩展塑料的适应性

20 世纪 50 年代，德国的 Ziegler 和意大利的 Natta 发明低压催化剂，从而使乙烯低压聚合制备高密度聚乙烯（1953 年）和丙烯定向聚合制备全同聚丙烯（1955 年）成为现实。此后，新的高效催化剂的问世，使聚乙烯、聚丙烯的生产更大型化，价格更便宜。顺丁橡胶（1959 年）、异戊橡胶（1959 年）和乙丙橡胶（1960 年）等弹性体获大规模发展，同时聚甲醛（1956 年）、聚碳酸酯（1957 年）、聚酰亚胺（1962 年）、聚砜（1965 年）、聚苯硫醚（1968 年）等工程塑料相继问世，各种新的高强度、耐高温聚合物材料层出不穷。从这一时期开始，聚合物材料全面走向了繁荣。

聚合物材料工业的发展极大地促进了高分子科学的发展。美国化学家 Flory 从 20 世纪 40 年代至 70 年代在缩聚反应理论、高分子溶液的统计热力学和高分子链的构象统计等方面作出了一系列杰出的贡献，进一步完善了高分子学说。此后，法国的 de Gennes 创造性地把凝聚态物理学的新概念，如软物质、标度律、复杂流体、分形、魔梯、图样动力学、临界动力学等应用到高分子科学的研究中，更加丰富了高分子学说，加深了人们对高分子本质问题的理解，同时也促进了高分子科学与工程的研究。2000 年日本的 Hideki Shirakawa、美国的 Alan J. Heeger 和 Alan G. MacDiarmid 发现了导电高分子材料，他们的工作改变了聚合物材料都是绝缘体的观点，扩展了高分子研究的思路，引领出聚合物材料新的研究领域。

现在，聚合物材料已经渗透到人们日常生活、国民经济与国防建设的每一个地方，聚合物材料在交通运输工具、家用电器、电子电器、办公用品等领域的用量越来越多，在信息产业中如果没有感光聚合物材料用于集成电路的制造，就不可能有今天的计算机技术。今天，每一个人时时刻刻都在与聚合物材料亲密接触，即使是一个家庭妇女在厨房里也完全被聚合物材料所包围。

在聚合物材料中用量最大的是塑料、橡胶和纤维。塑料具有品种多、生产易、成本低、加工快、比强度高、性能好等特点，目前已经合成出能够适应不同领域需要的多个品种（见图 1-1），并可以部分替代金属、木材、陶瓷等材料而被广泛使用，或与这些材料复合使用来满足更苛刻更复杂的应用要求。2007 年世界高分子材料的年总产量已超过 3 亿吨，其体积已远超过金属材料。聚合物材料产量中的 2/3 以上由塑料构成，2008 年约为 2.4 亿吨。中国合成树脂产量约 2600 万吨，在世界排名第二；塑料制品产量已近 3000 万吨，名列世界第一。中国已名副其实地成为世界聚合物材料合成、加工和消费大国，并正向着聚合物材料与工程的强国而进发。

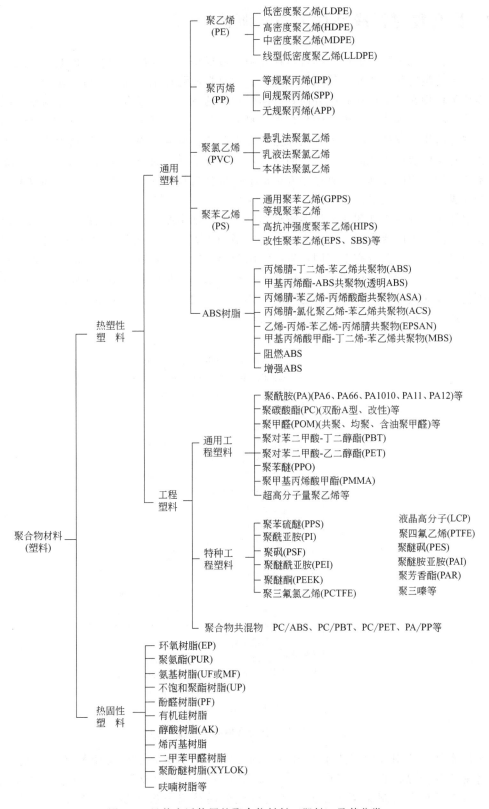

图 1-1 目前广泛使用的聚合物材料（塑料）及其分类

1.2 聚合物材料成型加工方法概述

广义而言，几乎所有的聚合物材料都必须经过成型加工才能成为有用的制品，或具有特定的性能、满足特殊需要而被使用，所以聚合物材料成型加工在高分子科学领域与高分子化学、高分子物理在基础科学研究方面具有同样重要的意义，在聚合物材料工业与聚合工程具有同样重要的地位和作用。最初的聚合物材料成型加工，由于对高分子本质认识十分有限，基本上都是借用或移植橡胶加工方法和金属加工方法。至今，很多聚合物材料成型加工技术和方法都有这些成型方法的痕迹，不同的是随着高分子科学研究的深入，以及人们对聚合物材料基本行为认识的提高，所有这些方法都根据聚合物材料的特点进行了革新和改造，使之更适合其成型加工的需要。

热塑性塑料和热固性塑料的许多成型加工方法在基本原理和方法上都是一样的，但设备结构和工艺控制上两者有所不同；复合材料成型加工方法涉及两种或两种以上材料的复合，其成型加工方法上与前者完全不同；生物医用塑料、生物可降解塑料、功能聚合物材料由于各自特点和要求不同，成型加工方法可能在名称和原理上与热塑性塑料相同，但是具体的设备和工艺可能完全不一样，要求可能更高；微尺度、纳尺度加工方法和仿生加工方法是最新发展成型加工方法，已经成为关注和研究的热点（图 1-2）。

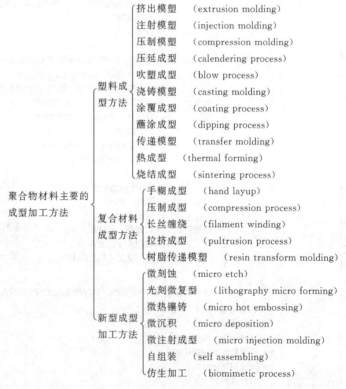

图 1-2 聚合物材料常用的成型加工方法

挤出成型是所用成型方法中使用最多的方法，几乎所有合成树脂必须经过一次挤出后才能成为商品树脂进入流通。在所有成型方法中，挤出成型是最为灵活多变的方法，目前许多广泛使用的制品都是在配以辅助机械后用挤出方法成型的（图 1-3）。挤出成型最初是从橡胶加工借鉴到塑料成型加工中的，所以早期的挤出机螺杆长径比都很小（L/D

大约为 8），很难满足塑料高的塑化混合要求。随着对聚合物材料本质认识提高，对挤出机进行了适应塑料成型加工的改进，最典型的变化就是长径比不断提高。现在单螺杆挤出机螺杆的长径比已经超过 30，但是由于机械制造和可靠性等原因，进一步提高螺杆长径比来提高挤出机的塑化效果和生产效率已经不现实。此后，发明了二级式挤出机，即在第一级实现塑料材料的输送和熔融，然后送到第二级中进行均化，挤出机两级的长径比都达到 30 或更大，从而较大幅度提高了挤出机的混合均化效果和生产能力，满足了塑料片材、双轴拉伸薄膜高生产效率的要求，以及发泡片材需要发泡剂在熔体中充分均匀分散混合的要求。

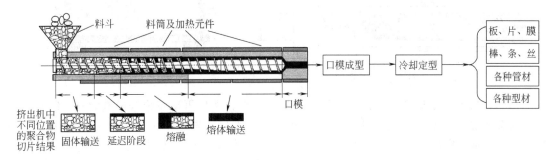

图 1-3 挤出机和挤出成型制品

与之同时，关于挤出机发展形成一个新的思路，即在单螺杆挤出机进一步提升能力很困难的时候，要提高挤出效果理想的方法是增加螺杆数量，因此双螺杆挤出机应运而生，并得到不断改进和发展。双螺杆挤出机克服了单螺杆挤出机的一些不足，较大程度上提高了生产能力，而且对塑化、分散、混合都有不同程度改善。在对聚合物材料基本物理化学行为认识不断深入的基础上，双螺杆挤出机的各种结构设计逐渐优化，各种螺纹元件更适合塑料材料的加工，并为使用者提供了更为灵活的螺纹元件组合空间，满足了不同材料成型加工的不同需求以及包括化学反应在内的复杂加工的要求。增加螺杆数量给塑料挤出成型带来了显而易见的实惠，工程技术人员自然而然会考虑再增加螺杆数量的挤出机设计，三螺杆、四螺杆、五螺杆、六螺杆、行星螺杆的挤出机设计蓝图纷纷问世，力图进一步提升螺杆挤出机的能力以及功能。但是，由于螺杆数量的增加大幅度增加了机械制造的难度，而且螺杆越多其安全稳定性越差，也为工业生产带来很多不确定因素。所以，到目前为止除三螺杆和四螺杆挤出机有限使用，以及行星螺杆在压延生产线等场合使用外，其它设计还基本停留在图纸上或实验室研究上，短时间很难投入工业应用。

螺杆挤出机设计的变化和进展，活跃了开发新型塑料加工方法的思想，产生了许多颇有新意的设计，如齿轮挤出机、齿盘挤出机、无螺杆挤出机、磨盘挤出机、动态挤出机等，虽然这些设计和研究要实现工业化还有一定距离，但是其奇异的构想无疑对后来者是非常有益的启发，促进聚合物材料成型加工技术和方法的发展和创新。

注射成型是仅次于挤出成型而被广泛使用的成型加工方法（图 1-4）。在形式上，注射成型和挤出成型容易被认为相近似，但实际上二者有其本质的区别。挤出成型产品是二维尺寸限定的，而注射成型产品是三维尺寸限定的；挤出操作是连续稳定的过程，而注射是周期非稳定的过程。注射成型条件要比挤出成型更为苛刻，因此制品结构和性能受其成型过程的影响更大。注射成型雏形通常认为是源于金属材料加工中的浇铸成型（图 1-5），但由于塑料熔体的黏度很高不易流动，而且由于热导率很低加热成为可以流动的熔体也不容易，所以必须不断把熔融塑料移除，不断混合，并利用黏性发热使其完全熔融均化，最后借助压力的作用把塑料熔体注入到模具型腔中成型，从而形成了目前的注射成型方法。

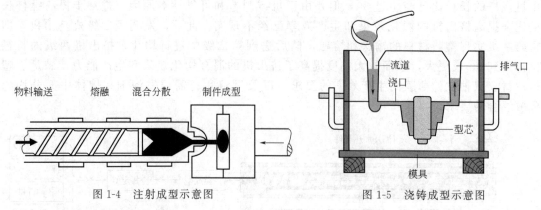

图 1-4　注射成型示意图　　　　　图 1-5　浇铸成型示意图

当然，目前利用聚合物单体先浇铸进入模具型腔，然后再反应聚合形成大分子制品的方法，与金属浇铸成型方法完全相同。另一种可以三维尺寸限定的成型方法是压制成型（图1-6），成型时把定量的原料加入到型腔中，在压力的作用下加热流动形成型腔的形状，最后冷却定形开模顶出制件。这种方法最初也应用于橡胶的压制成型，后来扩展到塑料以及复合材料的成型中，大体方法变化不大。此外，压制成型、传递模塑、旋转模塑等基本上也是可以三维尺寸限定的成型方法。除利用二维限定尺寸的口模和三维限定尺寸的模具成型制品外，也可以借用连续的基材表面或辊筒表面成型连续薄片或复合薄片制品。涂覆成型（图1-7）是利用塑料熔体或塑料溶液自身的流动性或在应力作用下的流动性，在基材表面形成薄片制品的过程。压延成型（图1-8）本质上也是在模具表面（辊筒表面）成型连续薄片制品的一种方法。所不同的是通过辊间速度差和间隙不同来成型不同厚度的片或膜，同时可以通过压延辊，以及相应的辅助成型装置制备各种复合片材（如人造革、墙纸、塑料/铝复合板等）。蘸涂成型、搪塑成型等也是模面成型方法。在成型中利用其它成型方法获得型坯或片材后，再通过不同辅助设备得到制品的成型方法，原则上属于二次成型。现在最为普遍应用的二次成型方法有中空吹塑成型、薄膜吹塑成型、热成型和双轴拉伸薄膜等。中空吹塑成型（图1-9）方法是利用挤出成型或注射成型得到型坯（瓶坯），然后或直接进入到吹塑成型装置中成型得到不同的中空容器，或将瓶坯运送到满足不同灌装和使用要求的专业中空容器生产企业或部门成型，不同的是后者型坯必须再次加热到需要的成型温度。薄膜吹塑成型（图1-10）利用挤出机获得圆形塑料熔体坯管后，利用吹塑口模导引入的压缩空气或特定温

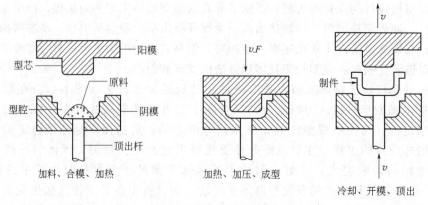

加料、合模、加热　　　　　加热、加压、成型　　　　　冷却、开模、顶出

图 1-6　塑料的压制成型

度的气体，在口模与夹持辊间形成泡管，并通过泡管吹胀程度不同获得不同的径向吹胀比和夹持辊牵引速度的不同获得不同的牵伸比，从而得到不同纵横拉伸程度以及不同厚度的薄膜制品。热成型（图 1-11）则完全是利用挤出成型或压延成型片材，经过再次加热并成型为不同制品的加工方法。

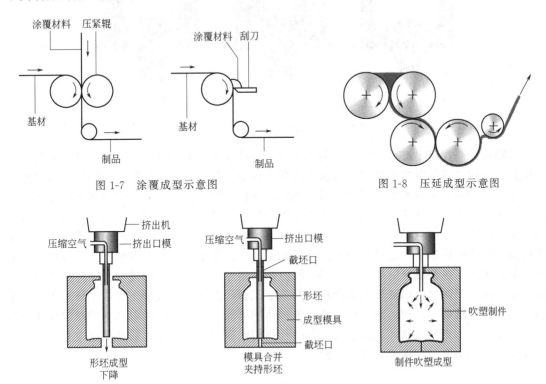

图 1-7　涂覆成型示意图　　　　　　　　图 1-8　压延成型示意图

图 1-9　挤出吹塑成型示意图

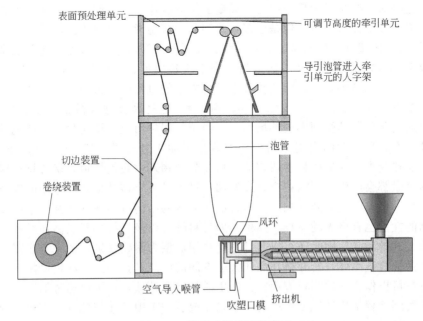

图 1-10　薄膜吹塑成型示意图

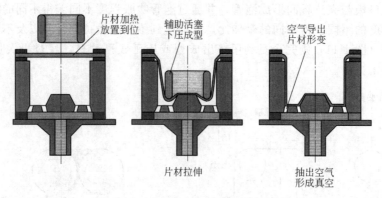

片材加热放置到位　辅助活塞下压成型　空气导出片材形变

片材拉伸　　抽出空气形成真空

图 1-11　活塞辅助热成型方法示意图

双轴拉伸是在挤出成型膜片后，利用塑料在不同温度下的黏弹行为或分别进行纵向和横向拉伸，或同步进行纵横向拉伸高速获得高强薄膜制品的一种加工方法。双轴拉伸薄膜在包装、电工电子等领域有非常广泛的应用。双轴拉伸网格则是在双轴拉伸薄膜成型技术上的革命性突破。过去人们认为，要经受拉应力作用的聚合物其试样上不能有缺陷，否则在进行拉伸时必定出现破裂。但是，当在均匀厚度的挤出片材上均匀冲压出没有缺陷的预制孔后，在严格温度和速度控制下，这种传统定式被打破了，获得了形状规整的单轴和双轴拉伸网格制品，成为了土工加筋材料的新宠。塑料双轴拉伸网格生产技术的出现充分说明打破常规对创新的重要性，同时也说明随着对聚合物材料基本问题的理解，成型加工也在不断地进步，不但可以实现传统的不可能，而且还能开创未来新的可能。目前，已经可以利用双轴拉伸成型对塑料微观形态进行控制，从而制备具有微孔结构的薄膜，这种多孔膜就是现在几乎每一个人都在使用的小电器锂离子电池的隔膜。

1.3　聚合物材料成型加工方法分析

在上节已经对一些主要的聚合物材料成型加工方法作了一个简单的描述，不难看出尽管聚合物材料成型加工方法很多，但是根据具体制品的成型形式可以大致归类为口模成型（挤出成型）、模塑与铸塑（注射成型、压制成型、浇铸成型等）、模面成型（涂覆成型、压延成型、蘸涂成型、搪塑成型）以及二次成型（中空吹塑成型、热成型、双轴拉伸成型）等大类。虽然方法和工艺技术各异，但是在各个成型方法的过程中，聚合物材料几乎都经历了输送、加热、熔融、加压、流动、形变、冷却等阶段，这是聚合物材料成型加工方法的共性。由于聚合物从树脂到制品受到不同外场作用、经历不同热历史，聚合物制品微观结构变化非常复杂，其内在各种尺度的聚集态结构强烈地受到加工过程温度场、应力场、流动场的影响，同时与受热受力形变的过程密切相关。从高分子物理中我们知道，聚合物材料对外界环境任何弱的刺激都会产生强烈的相应，成型加工过程是一个多外场协同作用的复杂过程，所以聚合物材料不但会极其强烈地响应，而且最终形成的结构也会非常复杂，不同过程得到的材料或制品的性能也有极大的差异。如聚乙烯材料既可以经过拉伸形成高强纤维，也可以通过吹塑成为柔软的薄膜，同时还可以通过中空吹塑成型为耐跌落破坏的中空容器。聚乙烯结晶结构可以是伸直链晶体、折叠链片晶或大小不同的球晶，其结晶程度也可能大不一样。又如聚丙烯材料可以作为通用塑料应用在日常生活的普通领域，也可以通过加工过程增强成为工程塑料应用到工程结构领域。这一切都可以在成型加工中变化与控制，充分体现了成型加工在聚合物材料科学与工程领域中的重要作用。

　　综上所述，聚合物材料成型加工过程并不是一个简单的制品加工的过程，而是材料制品内部结构确定的过程，从而也是其性能确定的过程。而且结构确定可以发生在过程的一个具体的步骤，也可以贯穿整个过程。学习聚合物成型加工理论基础与方法，不仅是认识各种加工方法和技术，或知道各种制品用何种方法制备，以及具体工艺设置、调控的依据和方法；更重要的是去理解聚合物成型加工的本质，即过程材料内部多尺度结构形成演变的特点，力图认识其变化规律，寻求到更优化的控制实现方法，从而能够更大程度挖掘聚合物材料性能的潜力，研发出更新颖、更适合聚合物材料本性的成型技术和方法，进而达到聚合物材料结构与性能设计的境界。

习题与思考题

　　1. 成型加工在聚合物材料工程中的重要作用？

　　2. 聚合物成型加工的本质是什么？

　　3. 分析讨论各种成型加工方法的特点与共性。

第2章 聚合物的结构与性能

2.1 概述

聚合物成型加工是指将聚合物材料转变为具有一定形状且能满足使用性能要求的材料或制品。

在所有的成型过程中，聚合物材料首先必须在加热和冷却及力的作用等一定条件下产生质点的相对位移及固定，形成所要求的外观形状，伴随质点位移过程，聚合物材料内部随之发生一系列的物理或化学变化，从而构成材料不同的微观形态或聚集态结构，表现出不同的宏观性能。最主要的物理及化学变化可概括为：结晶、取向、降解、交联。在这些物理及化学变化中，有些是成型者希望出现的，有些则是应极力避免的，但无论如何，它们都会对产品质量和性能产生决定性的影响。因此，深入探讨聚合物材料成型过程中发生的结晶、取向、降解和交联等物理及化学变化的特点，考察成型工艺或成型条件对各类可能的物理或化学反应的影响，并根据产品性能和使用要求对这些变化加以控制是非常必要的。

因此，有必要从成型过程中材料本体结构的物理学、化学、工艺学等出发，研究和探讨在所有的成型过程中，聚合物材料发生物理和（或）化学变化的机理和影响因素，据此才能对材料结构进行合理设计，并确定原料配方、合理的成型工艺和对设备提出合理的要求，从而成型加工出能满足不同场合需要的材料和制品。

2.2 聚合物的结构

2.2.1 聚合物的结构特点

材料的物理化学性能是分子运动的反映，结构是了解和分析分子运动的基础。而聚合物材料的结构是非常复杂的（见图 2-1），与低分子物质相比有如下几个特点。

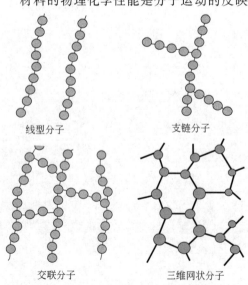

线型分子　　　　支链分子

交联分子　　　　三维网状分子

图 2-1　聚合物分子主链结构示意图

① 聚合物的一个分子是由许多的（$10^3 \sim 10^5$ 数量级）结构单元组成的。整个聚合物是分子链长度不等的同系物的混合物。每一个结构单元相当于一个小分子，这些结构单元可以是一种，也可以是几种，它们以共价键相连接，形成线型分子、支化分子、网状分子等。每个分子中的结构单元众多，因此结构单元间的范德华相互作用力与分子内的化学键力一样，对分子的运动显得特别重要，也影响着材料的聚集态结构和物理性能。

② 一般聚合物的主链都有一定的内旋转自由度，可以使主链弯曲而具有柔性。如果分子主链的化学键不能作内旋转，或分子的热运

动不能抵抗结构单元间的相互作用，则形成刚性链而具有一定形状。

③ 聚合物的聚集态和低分子物质一样，也有晶态与非晶态之分，但聚合物晶态比小分子晶态的有序程度差很多，存在很多缺陷；聚合物的非晶态却比小分子液态的有序程度高，因为聚合物的长链是由结构单元通过化学键连接而成的，所以沿主链方向的有序程度必然高于垂直主链方向的有序程度，尤其当聚合物材料受到有方向性的各种矢量作用（比如各种应力作用）时，其内部结构更是如此。

④ 要使聚合物成型加工为实际应用的可行材料，往往需要在其中加入各种辅助材料，这些添加的辅助材料与聚合物之间是如何堆砌成材料整体结构的，又存在所谓织态结构问题。作为材料整体结构的一个层次，织态结构也是决定聚合物材料性能的重要因素。

2.2.2　聚合物的聚集态结构

聚合物的链结构是决定聚合物基本性质的内在因素，聚集态结构随着形成条件的改变会有很大的变化，因此凝聚态结构是直接决定聚合物本体性质的关键因素。即使具有同样分子链结构的聚合物，由于成型加工条件的不同，其制品性能也有很大差异，例如，缓慢冷却的聚对苯二甲酸乙二酯是透明脆性材料，而迅速冷却的聚对苯二甲酸乙二酯则是韧性非常好的透明薄膜材料。说明不同的成型工艺将导致聚合物本体有不同的聚集态结构，致使制品性能大不相同。因此建立正确的聚集态结构概念，研究聚合物聚集态结构特征、形成条件及其与材料性能之间的关系，可以为通过控制成型加工条件获得具有预定聚集态结构和性能的材料提供科学的依据。

由于聚合物链结构的不同及成型工艺条件的影响，聚合物的聚集态结构主要包括非晶态结构、晶态结构、液晶态结构、取向态结构和共混聚合物的织态结构等。聚合物的聚集态结构有以下特点：

① 非晶聚合物在冷却过程中分子链堆砌松散，密度较低；

② 结晶聚合物一般都是晶区、非晶区两相共存，不会是100%的聚合物都排入晶格，有"结晶度"这一概念；

③ 聚合物结晶结构的完善程度比小分子晶体的差，结晶结构完善程度分散性大，强烈依赖于成型工艺与冷却条件；

④ 结晶形态多样，其中伸直链晶体、串晶、柱晶、纤维晶、捆束晶等都是小分子晶体不具有的；

⑤ 取向态结构是热力学非稳定状态，容易在升高温度后解取向。

下面将详细讨论不同的聚集态结构的形成及其对制品性能的影响。

2.3　聚合物的结晶态结构与性能

结晶聚合物的物理和化学性质与结晶度、结晶形态及结晶在材料中的织态有关，而这些结构的变化又取决于加工成型的条件。主要表现为：一方面聚合物晶体结构和结晶行为对其力学性能、光学性能具有决定性影响，进而影响聚合物材料的最终用途，因此在各种成型工艺中（熔融纺丝、吹塑薄膜、注射成型）都需考虑其结晶过程。另一方面，聚合物晶体结构及结晶形态受其加工方法、受热过程（温度、结晶时间、冷却速率）和组成（共混物组成、共混物形态、无机填料的形状和种类）等的影响非常大。这给结晶聚合物的加工和应用带来了一定的复杂性。因此，研究成型加工过程中聚合物的结晶形态和结晶动力学对于聚合物的加工和使用具有重要意义。尤其是有些成型方法中，聚合物不可避免受到剪切、拉伸、振动、电场、磁场等外力的作用。这些力场或电场等对聚合物结晶行为和结晶形态等都有影响。

2.3.1　成型加工条件对结晶形态的影响

聚合物的结晶形态随聚合物所处状态（如稀溶液、浓溶液或熔体等）、结晶条件（如过冷度、有无应力或压力作用）等的不同会产生很大差异。在成型加工过程中，聚合物绝大多数是以浓溶液或熔体形式，并在拉伸应力或剪切应力作用下，以一定速度冷却而固化定型的，这将强烈地影响到结晶聚合物的形态和最终产品的性能。从某种意义上讲，加工过程中诸条件对聚合物的最终结构乃至性能起着至关重要的控制作用，因此有必要深入探讨加工过程中结晶聚合物的结晶形态及其影响因素等。

（1）球晶　球晶是聚合物结晶的一种最常见的特征形式。在不存在外界应力和流动的情况下，结晶性聚合物从浓溶液中析出，或熔体冷却结晶时，一般都倾向生成球晶。球晶呈圆球状，直径可以从几微米到几毫米，在正交偏光显微镜下呈特有的黑十字（即 maltese cross）消光图像，如图 2-2 所示。对其微观结构进行分析可知，球晶实际上是由许多径向发射的长条扭曲晶片组成的多晶聚集体。扭曲的晶片是厚度约为 10^{-8} m 的折叠链片晶。

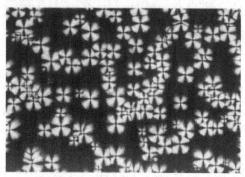

图 2-2　从熔体生长的聚对苯二甲酸丁二醇
酯（PBT）球晶的偏光显微镜照片

在注射成型制件的中心部分，熔体所受到的剪切应力很小，并且冷却较皮层部分缓慢，因此具有形成球晶的外部条件。在晶核较少，球晶较小的时候，它呈球形；当晶核较多，并继续生长扩大后，它们之间会出现非球形的界面。因此，当生长一直进行到球晶充满整个空间时，球晶将失去其球形的外形，称为不规则的多面体，如图 2-3(a)、(b) 所示。

(a)　　　　　　　　　　　　(b)

图 2-3　聚丙烯的球晶（偏光显微镜照片）
(a) 未生长完成的球晶——球形；(b) 生长完全的球晶——不规则多面体

（2）伸直链晶体　从熔融态结晶的聚合物，在低于熔点的温度下进行加压热处理，由于压力的增加，增加折叠链的表面能，有可能获得由完全伸展的聚合物链平行规整排列而形成的伸直链晶片，晶片厚度与分子链长度相当。例如，聚乙烯在温度高于200℃，压力大于400MPa结晶时，就可得到伸直链晶体。这种晶体的密度及熔点非常接近理想晶体的相应数据，目前被认为是热力学上最稳定的聚合物晶体。并且伸直链晶体可能大幅度提高聚合物材料的力学强度，如果能提高制品中伸直链晶体的含量，可以有效地提高聚合物力学强度。在常见的聚合物成型方法中，虽然聚合物也会受到压力的作用，但多数情况下压力不足以使聚合物形成伸直链晶体。

图 2-4　串晶的结构模型

（3）串晶　聚合物浓溶液在边搅拌（溶液受到剪切力作用）边结晶时或聚合物熔体在拉伸或剪切流动过程中，倾向于生成串晶。串晶是由具有伸直链结构的中心线及在中心线上间隔生长的具有折叠链结构的晶片所组成的，在电子显微镜下观察时，状如串珠，因此得名，如图 2-4。串晶的形成过程如图 2-5 所示，沿着流动方向产生链的拉伸，并形成具有取向性的晶核，被认为是主要成核，此结构称为"shish"结构，而"kebab"结构是沿垂至于"shish"结构方向生长的折叠链片晶。聚合物在结晶过程中受到的剪切应力或拉伸作用越大，串晶中伸直链晶体的比例也越大。

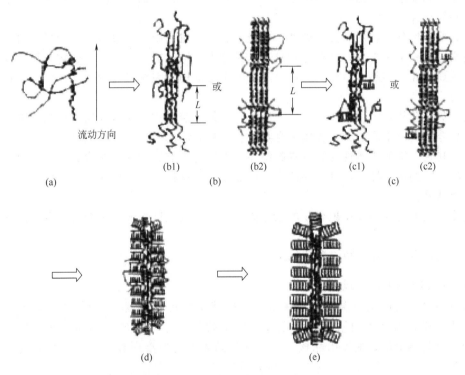

图 2-5　IPP 在剪切诱导过程中的形态变化
（a）剪切前的无规状态；（b）剪切诱导成核；（b1）行成核（b2）近晶成核；
（c）和（d）串晶的外延生长；（e）剪切诱导结晶的最后形态

（4）柱晶　在应变或应力作用下，聚合物形成伸直分子链并呈带状取向，这些先取向的条带成为其后结晶的晶核，这种特殊的线型的晶核称作排核。排核开始结晶生长的温度比均相或异相成核结晶的温度高。排核诱导折叠链晶空间取向生长，生成柱状对称的晶体，称为柱晶。柱晶实际上是扁平球晶的堆砌。在注射成型制品的皮层中以及挤出拉伸薄膜中常可观察到柱晶的存在。

（5）横晶　横晶在形态上和柱晶极为相似，但通常认为由异相表面引起成核进而生成的聚合物结晶超分子结构称作横晶。例如，将碳纤维与聚丙烯复合时，由于纤维与聚合物熔体的热膨胀系数不同，在冷却结晶过程中，纤维与聚丙烯界面会产生一定的应力，这个应力达到一定水平就会诱导产生横晶。

2.3.2　聚合物的结晶能力

聚合物的结晶能力由其分子结构特征所决定。有的聚合物容易结晶或结晶倾向大，有的聚合物不易结晶或结晶倾向小，有的则完全没有结晶能力。影响聚合物结晶能力的结构特征包括以下几方面。

（1）聚合物分子链的对称性　聚合物分子链的结构对称性越高，则越容易结晶，如聚乙烯、聚四氟乙烯，分子主链上全部是碳原子，没有杂原子，也没有不对称碳原子，连接在主链碳原子上的全部是氢原子或氟原子，对称性极好，所以结晶能力也极强，以致将其熔体在液氮中淬火也能部分结晶。

主链上含有杂原子的聚合物（如聚甲醛等），主链上含有不对称碳原子的聚合物（如聚氯乙烯、聚丙烯等），以及对称取代的烯类聚合物（如聚偏二氯乙烯、聚异丁烯等），分子链的对称性不如前述聚乙烯和聚四氟乙烯，但仍属对称结构，仍可结晶，结晶能力大小取决于链的立构规整性。

（2）聚合物分子链的立构规整性　主链上含有不对称中心的聚合物，如果不对称中心构型是间同立构或全同立构，则聚合物具有结晶能力。结晶能力大小与聚合物的等规度有密切关系，等规度高，结晶能力就大。如果不对称中心的构型完全是无规立构，则聚合物将失去结晶能力。

二烯类聚合物由于存在顺反异构，所以，如果主链结构单元的几何构型是全顺式或全反式，则聚合物具有结晶能力，否则聚合物就不具备结晶能力、不可能结晶。

（3）其它　链的柔顺性对聚合物的结晶能力也有影响。如主链中含有苯环的聚对苯二甲酸乙二酯，链的柔顺性差，其结晶能力因此也较低。这样，在熔体冷却速度较快时，就有可能来不及结晶。

支化及轻度交联都能使聚合物的结晶能力降低，交联度太大的聚合物则会完全失去结晶能力。

分子间存在氢键作用也有利于结晶。

2.3.3　聚合物的结晶过程

结晶性聚合物的结晶温度范围在聚合物的玻璃化转变温度 T_g 与熔点 T_m 之间。同小分子物质一样，聚合物的结晶过程也包括两个阶段：晶核生成和晶体生长，如图 2-6 所示。而聚合物结晶的总速度由晶核生成速度与晶体生长速度所控制，三者与温度的关系参见图 2-7。

当聚合物熔体温度降至 T_m 以下不远时（Ⅰ区），由于分子热运动剧烈，分子链段有序排列所形成的晶核不稳定或不易形成，所以尽管此时分子运动能力很强，但总的结晶速度几乎等于零；随着熔体温度的下降，晶核生成的速度增加，同时由于此时分子链仍具有相当的运动活性，容易向晶核扩散排入晶格，因而晶体生长速度也加快，所以结晶总速度迅速增加（Ⅱ区）；在某一温度 T_{max} 下，结晶总速度达到极大值（Ⅲ区）；当温度进一步下降时（Ⅳ区），虽然晶核生成速度继续增加，但由于此时温度较低，聚合物熔体黏度增大，分子链的运动能力降低，不易向晶核扩散而排入晶格，因而晶体生长速度降低，从而使结晶总速度也随之降低；当熔体温度接近玻璃化转变温度 T_g 时，分子链的运动越来越迟钝，因此晶核生成速度和晶体生长速度都很低，结晶几乎不能进行。

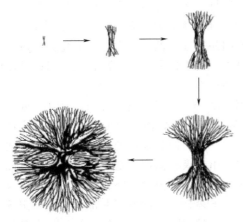

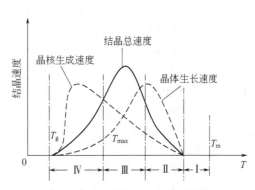

图 2-6 球晶的结构和生长过程示意图 · 图 2-7 聚合物结晶速度与温度的关系

显然，成型过程中的冷却速率会严重地影响聚合物的结晶速度。如果将聚合物熔体从高温骤然降至聚合物的玻璃化转变温度以下，即使是结晶性聚合物也可能得到非晶态固体。

以上讨论的是均相成核的结晶过程。如果在聚合物熔体中有其它物质，则这些外来物质对结晶过程的影响是比较复杂的。有的外来物质会阻碍结晶过程的进行；有的外来物质却能起到成核剂的作用，加速结晶过程，并且减少温度条件对结晶速度的影响。常用的成核剂是微量的高熔点聚合物，它可在熔体冷却时首先结晶。微细的无机或有机结晶物质也可作为成核剂。

聚合物的结晶过程是一个非常复杂的过程，既与聚合物分子结构有关，又随结晶时外部条件的变化而有所改变。改变结晶条件能对结晶度、结晶形态、晶粒大小及数目等产生影响，而这些无疑都会在制品性能上有所体现。以下内容将着重讨论成型条件与加工过程对聚合物结晶过程的影响。

2.3.4 成型加工条件对结晶过程的影响

成型过程中聚合物的结晶是动态结晶，因为成型过程中熔体会受到外力作用，并产生流动、取向等。成型中聚合物的结晶过程同时还是非等温过程，原因是不仅制品中同一区域的熔体温度随时间延长而降低，而且同一时间不同区域的聚合物所处的温度也不同，这一特点在注射成型过程中体现得尤为明显。这样就使得定量地描述和预测成型工艺条件对塑料制品结晶结构的影响变得非常复杂，以致不可能。因此，下面的分析也只限于定性分析。

2.3.4.1 模具温度

温度是影响聚合物结晶过程的主要因素之一。这里的模具温度是指与制品直接接触的模腔表面温度，它直接影响着塑料在模腔中的冷却速度。当然，除了模具温度外，制品厚度以及聚合物自身的热性能等对冷却速度也起着十分重要的作用。

模具温度对结晶的影响表现在它将决定制品的结晶度、结晶速度、晶粒尺寸、数量及分布等。塑料成型时，模具温度应根据制品结构及使用性能要求来确定，不同的使用场合所要求的制品性能不同，结晶结构也应随之发生变化，模具温度亦应随之调整。制品的结构（如厚度）不同，熔体冷却速度不同，要得到同样结晶结构的制品，所选择的模具温度也不同。

影响聚合物熔体在模具中冷却速度的一个很重要的因素就是聚合物熔点 T_m 与模具温度 T_M 之差，也称过冷度 $\Delta T(T_m - T_M)$。根据过冷度的不同，可将聚合物成型时的冷却分为三种情况。

（1）等温冷却　此时，过冷度 ΔT 很小，模具温度 T_M 接近于聚合物熔点 T_m，熔体进入模具后冷却缓慢，结晶过程在近似于等温条件下进行。在这种情况下，由于晶核生成速度低，且生成的晶核数目少，而聚合物分子链的运动活性很大，故制品中易生成粗大的晶粒，但晶粒数量少，结晶速度慢。粗大的晶粒结构会使制品韧性降低，力学性能劣化。同时，冷却速度较慢会使成型周期延长，生产效率降低。另外，由于模具温度太高，成型出的制品刚度往往不够，易扭曲变形，实际生产中较少采用这种操作。

（2）快速冷却　采用快速冷却操作时，过冷度 ΔT 很大，T_M 远低于 T_m，而接近聚合物的 T_g 值。熔体进入模具后，接触温度较低的模腔表面，使熔体快速冷却，此时聚合物分子链运动重排的松弛速度滞后于温度的降低速度，这一点对制品表层的影响尤为突出。快速冷却对结晶过程及制品性能的影响是这样的：首先，由于模具温度很低，靠近模具的制品表层部分温度降低较快，但由于聚合物的热导率较小，制品芯部温度下降较缓慢，这样造成制品表层和芯部温差较大，不仅在结晶速度和结晶度上表现为皮层低于芯部，而且会出现晶粒尺寸上皮层小于芯部，这样易造成制品产生较大的热致内应力；其次，由于熔体温度骤冷，造成制品总的结晶度很低，这无疑会使结晶性聚合物的物理及力学性能大大降低；最后，迅速冷却造成制品中形成的结晶结构不完善或不稳定，制品在以后的储存和使用过程中会自发地使这种不完善或不稳定的结晶结构转化为相对完善或稳定的结构，即在制品中发生后结晶和二次结晶，从而造成制品形状及尺寸的不稳定性。

与等温冷却相比，快速冷却虽然大大缩短了成型周期，提高了生产效率，但通常制品的性能较难达到要求，因此，实际生产中这种操作运用得也不多。

（3）中速冷却　中速冷却时，一般控制模具温度 T_M 在聚合物的玻璃化转变温度 T_g 与聚合物的最大结晶速度温度 T_{max} 之间。此时，靠近表层的聚合物熔体在较短时间内形成凝固壳层，在冷却过程中最早结晶，制品内部温度在较长时间处于 T_g 以上，有利于晶体结构的生长、完善和平衡。在理论上，这一冷却速度能获得晶核数量与其生长速率之间最有利的比例关系。晶体生长好，结晶完善且稳定，故制品的因次稳定性好。同时，成型周期也较短，因此是实际生产中常常被采用的一种冷却方式。

2.3.4.2　塑化温度及时间

结晶性聚合物在成型过程中必须要经过熔融塑化阶段，塑化中熔融温度及时间也会影响最终成型出的制品的结晶结构。若塑化时熔融温度低且保持时间较短，熔体中就可能残存较多的晶核，则其再次冷却时就会存在异相成核，结晶速度快，晶粒尺寸小且均匀，制品的力学性能及耐热性能等均较理想；如果塑化时熔融温度较高且保持时间较长，分子热运动加剧，分子就难以维持原来的晶核，熔体中没有残存晶核或残存晶核很少，则其再次冷却时主要为均相成核，即结晶速度慢，晶粒尺寸大且不均匀。

2.3.4.3　应力作用

可以说，塑料的一切成型方法和过程都离不开应力的作用。成型方法和工艺条件不同时，聚合物熔体所受应力类型及大小也不同。应力对结晶的影响表现在如下几个方面：首先，应力的大小及作用方式会明显改变聚合物的晶体结构和形态，如剪切应力可以使聚合物的结晶形态发生改变，产生静态下得不到的结晶形态，根据作用力的方向和大小，大致可以得到伸直链晶体、片晶、串晶或柱晶。其次，应力（剪切应力和拉伸应力）的存在会增大聚合物熔体的结晶速度，并降低最大结晶速度温度 T_{max}。这是因为在外界应力作用下，聚合物分子沿力的方向取向，形成局部有序区域，容易诱导产生晶坯，并进而成长为晶核，使晶核数量增加，从而加速结晶过程。第三，通常随着剪切或拉伸应力（或应变）的增加，聚合物的结晶度也增大。最后，压应力的存在会提高聚合物熔体的结晶温度。

应力对熔体结晶过程的作用在塑料成型中应充分重视。例如，注射成型中，压应力控制不当会使聚合物结晶温度提高，此时即使熔体温度仍然很高，但由于提前出现结晶而引起熔体黏度的急剧增大，将使成型发生困难，严重时还会因为早期形成过多晶体而改变熔体流变性质，表现出膨胀性流体的剪切增稠现象。

2.3.4.4　材料其它组分对结晶的影响

在实际使用中，常常要向聚合物（树脂）中添加一些其它组分（如低分子助剂、增塑剂等），以及作为填充补强剂的固体物质，如炭黑、二氧化硅、氧化钛、滑石粉等）形成多组分体系。这些物质的存在对聚合物的结晶过程必然会产生影响，但影响机理比较复杂。实验证明，四氯化碳（CCl_4）溶剂扩散到聚合物中时，能促使在内应力作用下的小区域加速结晶。聚酰胺等聚合物在吸收水分后也能加速表面结晶作用。某些固体物质，如炭黑、二氧化硅、氧化钛、滑石粉和树脂粉等，也能起到成核剂的作用，加速结晶进程。

需要注意的是，由于聚合物的结晶速度很慢，在结晶后期或使用过程中经常发生二次结晶现象。所谓二次结晶是指是主期结晶完成后，某些残留非晶部分及结晶不完整部分继续进行的结晶和重排作用。二次结晶的速度比主期结晶更慢，有时甚至需数年或数十年才能完成。除二次结晶外，一些制品在成型后还会发生后结晶现象。后结晶是指加工过程中，一部分来不及结晶的区域在加工中发生继续结晶的过程。后结晶常在初始晶体的界面上生成并发展成新的结晶区，促使聚合物内的晶体进一步长大。二次结晶和后结晶都会使制品的性能和尺寸在使用和储存中发生变化。为了加速聚合物的二次结晶和后结晶过程，避免二次结晶和后结晶对制品性能产生负面影响，对聚合物尤其是其制品要进行热处理（这里所说的热处理主要是指退火处理）。热处理是一个松弛过程，通过适当的加热促使分子链段加速重排以提高结晶度和使制品中结晶的完善和稳定，破坏制品成型中形成的分子取向，并消除内应力，从而提高制品性能。如果热处理温度控制在聚合物最大结晶速度的温度附近，接近一种等温和晶态的结晶过程，此时的热处理可以提高结晶度，使微晶结构在处理过程中熔化并重新结晶，从而形成较完善的晶体。但热处理温度较低时，晶粒的完善和增大往往又造成制品韧性降低，性能劣化。由此可见，热处理对制品性能的影响既有正面的，也有负面的，在实际运用中一定要合理控制，不可偏执。

2.3.5　结晶对制品性能的影响

2.3.5.1　结晶对制品密度及光学性能的影响

由于结晶时聚合物分子链做规整、紧密排列，所以晶区密度高于非晶区密度，因而制品的密度也随结晶度的增加而增大。

物质的折射率与密度密切相关，因此制品中晶区与非晶区折射率也不同。这样，当光线通过结晶性聚合物制品时，就会在晶区与非晶区的界面上发生反射和折射，不能直接通过制品，因此结晶性聚合物制品通常呈乳白色，不透明。但如果晶区与非晶区密度十分接近或者晶区尺寸小于可见光的波长，则结晶性聚合物制品也可能具有较好的透明性。故在成型过程中，常采用加入成核剂减小晶区尺寸的方法来提高结晶性聚合物制品的透明度。

2.3.5.2　结晶对制品力学性能的影响

结晶对聚合物制品力学性能的影响，与制品中非晶区所处的力学状态有关。如果制品中非晶区处于橡胶态，则随着结晶度的增加，制品的硬度、弹性模量、拉伸强度增大，而冲击强度、断裂伸长率等韧性指标降低；如果制品中非晶区处于玻璃态，随着结晶度的增加，制品变脆，拉伸强度也下降。

除结晶度外，聚合物的结晶形态、晶料尺寸和数量也对制品的力学性能产生影响。一般为使制品获得良好的综合力学性能，总是希望制品内部形成细小而均匀的晶粒结构。

另外需要注意的是，由于聚合物的结晶度通常达不到 100%，制品内不同区域的结晶度、结晶结构及形态不同，因此各部分的力学性能也会产生差异，这也是结晶性聚合物成型过程中，制品产生翘曲与开裂的原因之一。

2.3.5.3　结晶对热性能及其它性能的影响

结晶有利于提高制品的耐热性能。例如，结晶度为 70% 的聚丙烯热变形温度为 124.9℃，结晶度变为 95% 后，热变形温度提高到 151.1℃。耐热性能提高后，在相同温度条件下，制品的刚度也会提高，而制品获得足够的刚度是注塑制品脱模的前期条件之一。因此，提高制品的结晶度可以减少制品在模具内的冷却时间，缩短成型周期，提高生产效率。

结晶后由于分子链排列规整、紧密，与无定形聚合物相比，能更好地阻挡各种试剂的渗入。因此，随着结晶度的增加，制品的耐溶剂性也得到提高，同时结晶度的高低也将影响到气体、蒸汽或液体对聚合物的渗透性。

2.4　聚合物的取向态结构与性能

聚合物的链段、分子链、结晶性聚合物的晶片以及具有几何不对称性的纤维状填料，在某些情况下很容易沿着某特定方向作占优势的平行排列，这就是取向。取向态存在于大多数聚合物材料中，因为在挤出、注塑、压延等加工过程中，由于外场作用，大分子链或链段都表现出不同程度的取向。取向态与结晶态都与大分子的有序性有关，但它们的有序程度不同，取向是一维或二维有序，而结晶则是三维有序。一些聚合物材料制品呈取向态结构，赋予了制品更优良的力学性能，使制品能满足更高的使用要求，如纤维、打包带、捆扎用的撕裂膜以及塑料薄膜、塑料瓶、塑料桶等。

2.4.1　成型加工过程中的取向作用

2.4.1.1　取向机理

非晶聚合物大分子的取向（包括流动取向和拉伸取向）有链段取向和分子链取向两种类型。链段取向可以通过单键的内旋转造成的链段运动来完成，在高弹态就可进行；而整个大分子链的取向需要大分子各链段的协同运动才能实现，只有在黏流态才能进行。取向过程是链段运动的过程，必须克服聚合物内部的黏滞阻力，链段与大分子链两种运动单元所受的阻力大小不同，因而取向过程的速度也不同。在外力作用下最早发生的是链段的取向，进一步才发展成为大分子链的取向。如图 2-8 所示。

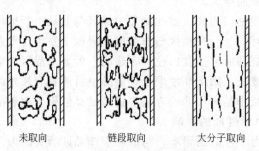

未取向　　　　　链段取向　　　　　大分子取向

图 2-8　非晶态聚合物的拉伸取向

取向过程是大分子链或链段的有序化过程，而热运动却是使大分子趋向紊乱无序，即解取向过程。取向需靠外力场的作用才能得以实现，而解取向却是一个自发过程。取向态在热力学上是一种非平衡态，一旦除去外力，链段或分子链便自发解取向而恢复原状。因此，欲获得取向材料，必须在取向后迅速降温到玻璃化温度以下，将分子链或链段的运动冻结起来。当然，这种冻结属于热力学非平衡态，只有相对的稳定性，时间增加、特别是温度升高或聚合物被溶剂溶胀时，仍然要发生解取向。

2.4.1.2 取向作用及对性能的影响

根据外力作用的方式不同，取向可分为拉伸取向和流动取向。拉伸取向是指聚合物的取向单元（包括链段、分子链、晶片、纤维状填料等）在拉伸力的作用下产生的，并且特指热塑性聚合物在其玻璃化转变温度 T_g 与熔点 T_m（或黏流温度 T_f）范围内所发生的取向。流动取向是指聚合物处于可流动状态时，由于受到剪切力的作用而发生流动，取向单元沿流动方向所做的平行排列。

根据取向的方式不同，取向又可分为单轴取向和双轴取向（又称平面取向）。单轴取向是指取向单元沿着一个方向做平行排列而形成的取向状态；双轴取向则指取向单元沿着两个互相垂直的方向取向。

根据取向过程中聚合物的温度分布与变化情况，取向又可分为等温取向和非等温取向。在注射成型时，聚合物在料筒和喷嘴中的取向过程可近似看作等温取向；而在各种流道、浇口和模腔中的取向都是非等温取向。发生在流道、浇口和模腔中的非等温取向对制品的质量和性能将产生很大影响。

根据聚合物取向时的结构状态不同，还可将取向分为结晶取向和非结晶取向。结晶取向是指发生在部分结晶性聚合物材料中的取向，而非结晶取向则指无定形聚合物材料中所发生的取向。

无论是何种取向态，只要它存在于最终制品中就会造成制品性能上表现出明显的各向异性。这种各向异性有些是根据设计及使用要求在成型过程中特意形成的，如薄膜和单丝的拉伸取向，可使制品沿拉伸方向的强度及光泽等提高。有些则是在成型过程中须极力避免产生的。这是因为：首先，取向（特别是流动取向）的发生过程和最终结果受很多因素影响，常常是不可预测和控制的，取向结构和状态有很大的随机性；其次，由于在成型中制品各部分所处的应力、温度场等存在差异，因此造成制品各部分的取向也是不一致的，这样制品中就容易产生内应力而使制品出现翘曲、变形甚至开裂现象；第三，取向在造成沿取向方向制品的力学及其它性能提高的同时，也造成了与取向方向垂直方向上的制品相应性能的劣化，最常见的现象就是制品易出现与取向方向平行的撕裂；最后，由于取向状态是热力学非平衡状态，当条件合适时，与之作用相反的解取向过程会自发进行，造成制品形状及尺寸的不稳定性，常见的现象就是取向后制品的热收缩率很大。制品成型过程中产生的不希望出现的取向应通过改良制品及模具设计、合理选择成型工艺等方法得到减小或消除。

2.4.2 成型加工过程中的流动取向

根据取向单元的不同，可将流动取向分为聚合物分子取向和填充物取向。

2.4.2.1 无定形聚合物的流动取向

在热塑性塑料制品的成型过程中，只要存在着聚合物熔体或浓溶液的流动，几乎都有聚合物分子取向的出现，原因是聚合物流体的流动过程必然伴随着分子链构象的变化。不管采用什么成型方法，影响取向的因素以及因取向给制品性能带来的影响几乎是一致的。因此，为了使以下的讨论更简单明了，就以出现取向现象较为复杂和工业上广泛应用的注射成型法为例，来阐明无定形聚合物的流动取向机理。其它成型方法中取向的发生情况可以此为依据类推而知。

注射成型热塑性塑料制品的过程可大致描述如下：首先，将聚合物通过适当方法变为均匀的熔体，随后这些聚合物熔体在高压作用下通过注射机喷嘴，注入模具的主流道、分流道，最后经浇口充满温度较低的模腔中，经保压、冷却、定型、脱模，得到制品。在成型过程的各个阶段中，对制品最终的取向结构影响最大的是浇口位置以及熔体在冷模腔（一般温度在 40～70℃）中流动和冷却的过程。现以成型长方形试样（如图 2-9 所示）为例，讨论在此过程中发生的分子取向。

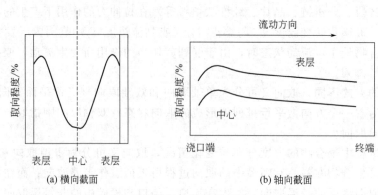

图 2-9　注射成型长方形热塑性塑料制品时流动取向过程示意图

采用双折射法测定注射成型的塑料制品中分子的取向情况是这样的：沿制品长度方向［参见图 2-9(b)］，从浇口开始顺着料流的方向，取向程度逐渐增加，在靠近浇口一侧的某一位置，取向度达到极大值，继续沿长度方向向前深入，则取向程度逐步递减；沿着制品的厚（宽）度方向的取向情况参见图 2-9(a)，在制品的中心区和表层区，取向程度都不高，取向度较高的区域是介于中心区和表层区之间的部分。

由定义可知，流动取向是由于流体受到剪切力的作用而发生的，所以剪切应力具有促使聚合物分子取向的作用，是分子取向的动力；另一方面，取向是一种热力学非平衡状态，当温度较高、时间较长时，取向的聚合物在分子热运动的作用下又可能发生解取向。所以，分子热运动具有破坏取向的作用，而分子热运动的强弱取决于温度的高低，因此制品中任一点最终的取向状态和结构都是剪切应力和温度这两个主要因素综合作用的结果。解释任何一种取向结果都离不开成型过程中流体流动和冷却的过程，而这一过程无疑也是十分复杂的。

熔体能够顺利流入并充满模腔是因为料流的前后存在着压力梯度，而造成分子取向的剪切应力与料流中的压力梯度成正比（料流前端在充模完成之前压力较小，料流后端压力较大，可近似看作注射压力，即从浇口端到模腔终端压力逐渐减小，相应的从浇口向里剪切应力逐步减小）。由于熔体总是先充满离浇口最远处的模腔横截面，然后逐步向后充满与其相邻的模腔，靠近浇口的模腔是最后才被充满的。而且由于成型热塑性塑料的模腔温度较低，所以沿着制品长度方向熔料温度应是离开浇口越远，温度也越低。剪切应力与温度沿制品长度方向这样的分布状态，决定了沿此方向聚合物的分子取向程度在距离浇口最近处和最远处都较低，而在这二者之间的某一位置取向程度最大。

造成取向程度沿制品厚（宽）度方向的分布结果的原因与上述分析是相同的，因为制品横截面上剪切应力的分布是靠近模壁处最大，而中心区域最小。温度分布是靠近模壁处最低，而中心区域最高。所以在制品横截面上取向程度最大的地方既不是模壁处，也不是中心区域，而是介于二者之间的某一区域。这是因为靠近模壁处熔体温度较低，分子运动被冻结，尽管受到最大程度的剪切作用也不能再发生取向，或只能发生很小程度的取向。在制品的中心区域，流体所受剪切力较小，不足以诱导分子取向，即使能够发生某种程度的取向，但由于此处熔体温度最高，分子热运动剧烈，也会对取向的进行构成破坏作用。在介于中心区域与模壁之间的某一区域，剪切应力和温度条件都合适，使得取向极易进行，取向程度也较高。

2.4.2.2　结晶性聚合物的流动取向

结晶性聚合物的流动取向机理与无定形聚合物基本相同，不同之处在于结晶性聚合物的取向还与结晶过程密切相关，并且对结晶结构和形态产生影响。结晶性聚合物的流动取向更为复杂，且机理与无定形聚合物的流动取向基本相同，在这里不做过多介绍。

2.4.2.3　纤维状填料的流动取向

如果成型材料中存在具有几何不对称性的纤维状填料（如短切玻璃纤维、木粉、二氧化钼粉等），那么在成型过程中由于熔融物料的流动，不仅聚合物分子会发生流动取向，而且裹挟在其中的纤维状填料也会在剪切应力的作用下做定向排列而发生流动取向。纤维状填料发生流动取向的情形比较复杂，取向机理也不完全等同于聚合物分子的取向。但是一般纤维状填料的取向方向总是与流动方向保持一致。

在注射扇形制品时，纤维状填料的取向过程是按图 2-10 中 1～6 的顺序进行的：首先是裹挟着纤维状填料的熔体从浇口进入扇形模腔，从浇口处沿半径方向铺散开来，在膜腔的中心部分流速最大；当流速较大的料流前端接触到模腔后，被迫改变流动方向，由原来沿扇形模腔径向流动改为沿其切线方向流动，熔料中纤维状填料的取向也随着料流方向的改变而改变，随着成型物料温度的降低（热塑性塑料）或交联反应的进行（热固性塑料），物料逐渐固化，由于流动造成的纤维状填料的取向也就被保留在制品中。在远离浇口的位置，取向效果尤其显著。以上分析结果，在对成型出的扇形制件做显微分析以及分别测定其在径向和切向上的拉伸强度和收缩率后得到了验证。实验证明，扇形片状试样的切向拉伸强度大于径向拉伸强度，成型收缩（指制品从模具中取出后，在室温条件下放置24h 内所引起的收缩）率和后收缩率（24h 以后制品所发生的收缩），则是切向大于径向。由此也可以看出，纤维状填料的取向同样会造成制品性能上的各向异性。

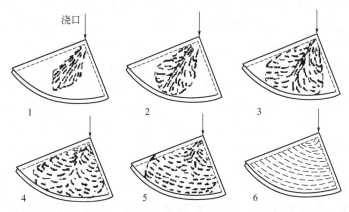

图 2-10　注射成型时聚合物熔体中纤维状填料在扇形制件中的流动取向过程

值得注意的是，纤维状填料的取向在塑料制品使用过程中，一般不会由于聚合物的分子热运动而发生解取向，除非将热塑性塑料制品重新加热到黏流态，否则填料的取向将永远保留在制品中。纤维状填料的取向更大程度上依赖于剪切应力，对温度的依赖性相对较小，这一特点也是纤维状填料取向区别于聚合物分子取向之处。纤维状填料的流动取向除特殊设计要求外，一般也是应在成型中避免或减少的。

从以上的分析可以看出，无论是聚合物分子还是纤维状填料的流动取向，都起源于成型物料的流动，并且与成型过程中制品的固化过程密切相关。因此，深入揭示物料的流动和固化规律是控制流动取向过程和结果的关键。

2.4.2.4 流动取向的影响因素及控制方法

影响流动取向（包括聚合物分子取向和纤维状填料取向）的因素很多。除前面分析时涉及的剪切力的分布、温度的分布和变化外，在注射成型时，浇口位置对制品中流动取向的结果也会产生极重要的影响。

在实际生产中，为消除或减轻由流动取向给制品性能带来的不利影响，常常采用以下措施控制或减少流动取向的发生。

① 采用较高的模具温度 模具温度升高后，熔料的冷却速度变小，聚合物的分子热运动加剧，可部分抵消分子取向的作用。事实上，这一方法对消除或减轻聚合物分子取向效果较明显，而对消除或减轻纤维状填料的取向效果不太明显。

② 采用较低的流速 减小流速实际上就降低了流体所受到的剪切力，这对取向的削弱作用是显而易见的。

③ 采用较宽的流道 加宽流道和增加制品壁厚所产生的效果与方法②相同，都可降低流体所受的剪切力进而减小物料的流动取向。

④ 合理设计流动模式 模具的独特设计（包括浇口位置的选择）可以改变流动模式，减少流动中的流向，甚至可使取向得到合理利用，生产出性能更优的产品。要做到这一点也是十分不容易的。特别值得提出的是，在进行模具设计时，为减少成型中的流动取向，浇口应尽量宽且短，位置应设在型腔深度较大的部位。

⑤ 热处理 将成型出的制品在合适的条件下进行退火处理，可以加速聚合物分子的热运动和松弛过程（解取向过程），部分取向的链段和分子链可恢复到自由卷曲状态，从而消除或减轻由取向带来的制品的内应力和各向异性。

2.4.3 拉伸取向

拉伸取向是将用各种方法成型出的薄膜、片材等形式的中间产品，在玻璃化温度 T_g 和熔点 T_m（或黏流温度 T_f）间的温度范围内，沿着一个方向或两个相互垂直的方向拉伸至原来长度的几倍，使其中的聚合物链段、分子链或微晶结构发生沿拉伸方向规整排列的过程。经过拉伸并迅速冷却至室温的薄膜或片材等，在拉伸方向上的机械强度和透明性等都得到较大的提高，因此拉伸取向可以看作在成型过程中对塑料进行的一种物理改性。拉伸取向既可以是在一个方向上进行的单轴（向）拉伸，也可以是在两个相互垂直的方向进行的双轴（向）拉伸，但一般后者使用得较为普遍。拉伸取向后的材料，在重新被加热时，会沿着原来的取向方向发生较大的收缩，收缩包装正是利用这一特性，使薄膜与包装物紧密贴合，达到良好的包装效果。对需要减小制品受热收缩的场合，一般应将拉伸取向的薄膜等材料在张紧情况下进行快速的（热处理时间较短，通常为几秒钟）热处理。热处理的温度高于拉伸温度而低于材料熔点，将热处理后的材料快速冷却至室温。经这样处理后的拉伸取向材料的收缩率将大大降低。

并不是所有的聚合物材料都适宜通过拉伸取向改善其使用性能，目前已知的能够取向且取得较好效果的有聚乙烯、聚丙烯、聚氯乙烯、聚苯乙烯、聚甲基丙烯酸甲酯、聚偏二氯乙烯、聚对苯二甲酸乙二酯、聚酰胺等。

对于无定形聚合物和结晶性聚合物而言，由于它们的内在结构不同，所以发生拉伸取向的机理也不尽相同，下面分别加以讨论。

2.4.3.1 无定形聚合物的拉伸取向

无定形聚合物（如聚苯乙烯、聚甲基丙烯酸甲酯）进行拉伸取向的温度范围为玻璃化转

变温度 T_g 与黏流温度 T_f 之间。在此温度范围内，聚合物分子链段具有足够的运动活性。通过链段的运动，材料对外力作出响应的同时，内部结构也发生了变化。从分子运动的本质上分析，无定形聚合物材料在受到拉抻作用时所发生的形变共包括三部分。

① 普弹形变　它的发展和回复都是瞬时完成的，是通过聚合物分子主链键长、键角的微小改变而实现的，外力去除后，普弹形变即可完全恢复。

② 高弹形变　它是聚合物分子链段在外力作用下沿力的方向取向的宏观表现，这种状态在聚合物温度降至玻璃化温度以下时可保留下来，不能回复。

③ 黏流形变　在拉伸取向的温度范围内，虽然聚合物分子链还不可能作为一个运动单元产生流动，但通过链段的逐步蠕动，分子链间的解缠和彼此相对滑动是可以实现的，而它的宏观表现就是聚合物材料在拉伸力作用下产生的黏流形变，这种形变为永久形变，一旦发生即不可回复。

当对材料进行拉伸时，首先对外力作出响应的是普弹形变，随着时间的延长，高弹形变及黏流形变相继发展，普弹形变就慢慢松弛掉。所以，最后存在于拉伸取向材料中的形变，只有高弹形变和黏流形变。至于两者在总形变中所占的比例如何，则取决于拉伸过程中的各种条件（拉伸温度、拉伸比、拉伸速率、冷却速率等）。因为黏流形变的发生在时间上总是滞后于高弹形变，所以如果在拉伸取向时合理控制各种工艺参数，使黏流形变占据主导地位，则拉伸后的制品取向程度就较高。

基于以上讨论可以得出如下关于无定形聚合物拉伸取向的规律：

① 拉伸比（试样拉伸后的长度与原来长度之比）和拉伸速度相同情况下，拉伸温度越低（不得低于玻璃化温度），取向程度越高；

② 在拉伸比和拉伸温度相同情况下，拉伸比越大，取向程度越高；

③ 在拉伸速度和温度恒定条件下，拉伸比越大，取向程度越高；

④ 在其它条件相同时，骤冷速率越大，制品的取向程度越高。

另外需要指出的是：除拉伸温度、拉伸速度、拉伸比和骤冷速率对拉伸取向结果有影响外，聚合物的分子量也对最终的取向程度产生影响。实验证明，在拉伸条件相同的情况下，同一种品种聚合物，平均分子量高的试样，其取向程度较平均分子量低的少；由于聚合物拉伸时有热量放出，会使原来的等温拉伸状态被破坏，从而造成制品厚度波动大，因此拉伸取向有时在逐步降温的条件下进行较好。

2.4.3.2　结晶性聚合物的拉伸取向

对结晶性聚合物进行拉伸时，取向过程比较复杂，因为拉伸与结晶过程是相互影响的，但无论如何，对结晶性聚合物的取向过程总是希望在如下条件下进行。

① 拉伸前的聚合物中不含有结晶相，因为含有结晶相的聚合物在拉伸时取向程度不易提高。但使拉伸前的聚合物中不含结晶相对于具有结晶倾向的聚合物来说是困难的，例如聚丙烯，它的玻璃化转变温度低于室温很多，除非在制备拉伸用的中间产品时，将其在某种低于玻璃化转变温度的介质中淬火，否则所得到的中间产品中总会或多或少地有结晶相存在。因此，在拉伸这类聚合物时，为保证其无定形态，拉伸温度通常定在它们的最大结晶速度温度 T_{max} 和熔点 T_m 之间。例如，聚丙烯的熔点为 170℃，按照最大结晶速度温度 T_{max} 与熔点 T_m 间的统计关系：

$$T_{max} \approx 0.85 T_m$$

则 $T_{max} \approx 145℃$，所以，聚丙烯的拉伸温度应在 145～170℃ 范围内。

② 拉伸取向后的制品应具有足够的结晶度。这是因为结晶性聚合物在拉伸时，取向单元基本上与无定形聚合物相同，仍是聚合物分子链段或整链，所以取向后的制品在储存和使

用中受热时，极易在取向方向发生收缩。如果制品是单丝形式，这种情况下它依然没有使用价值；如果制品是薄膜形式也只能用作包装材料。要解决这个问题，使取向结构稳定，采取的措施就是热处理。虽然结晶性聚合物拉伸取向后进行热处理的目的和结果与对无定形聚合物实施的热处理是相同的，但机理却有很大的差别。前者进行热处理是在不扰乱制品中形成的结晶相的情况下，限制分子运动，从而稳定取向结构；而后者进行热处理是在不扰乱制品主要取向结构的情况下，通过加速聚合物短链分子和链段的松弛最终达到减少制品在取向方向上的收缩。

用结晶性聚合物制成的薄膜、片材等制品如果只有结晶、无取向，则一般性脆且缺乏透明性；只取向而不结晶或结晶度不够，则材料具有较大的收缩性；只有既取向又结晶，才能使材料兼具其优点而避其缺点。

在对结晶性聚合物进行拉伸取向时，还需要注意以下两点。

① 拉伸会促使结晶的产生，同时还会使原本存在的晶体结构发生变化。一旦被拉伸物中存在晶相，在拉伸过程中往往会产生拉伸不均的现象（出现细颈化区域），这一点在拉伸时应引起足够的重视。

② 结晶性聚合物在拉伸时也会有热量放出，如果拉伸过程中制品厚度不均或散热不良，很容易破坏拉伸的等温状态，从而影响制品质量。因此，对结晶性聚合物的拉伸最好也在温度梯度下降的情况下进行。

从以上的讨论可以看出，拉伸取向不同于流动取向，它往往是为了改善制品性能而特意在制品中造成各种异性，是对制品进行的一种物理改性方法。在很多有关塑料成型加工的书籍中都将拉伸取向作为一种独立的成型方法（有的称拉伸成型）来讨论。

2.5　成型加工中的化学反应

成型加工过程中，聚合物受到热和力的作用，因此不仅会产生变形、流动、取向等物理变化，也会发生一定的化学反应。对于聚合物而言，理想的成型过程应在不降低材料内在性质的前提下，沿着这样的路径进行：对于热固性塑料，成型材料在温度、压力、时间等条件作用下，通过合理的变形、流动完成充模，通过适度的交联反应完成固化定型；对于热塑性塑料，成型材料依靠热、压力、拉力、剪切力等的作用，熔融流动取得模腔（或模口）赋予的形样，通过冷却获得和保持既得的形状和尺寸。因此成型中的化学反应主要有两类，即降解和交联，它们与结晶和取向一样，会对制品性能和质量产生重要影响。

交联反应是热固性塑料成型中必需的，如果不发生交联反应或交联反应程度不够高，则线型结构的成型材料就无法变为体型结构而得到固化定型，热固性塑料的一系列性能优势也无法得到体现。但在热塑性塑料成型中，一般都应避免产生不正常的交联反应。因为交联后物料流动性能恶化，无法满足成型加工的要求。降解（包括分解）通常都是有害的，这种反应可能使聚合物分子量降低，破坏制品的外观及内在质量，也使成型过程不易控制。但是在有些情况下，可以积极地利用某些降解（如力降解），来减小聚合物的平均分子量和熔体黏度，以达到改善材料流动性和成型性的目的。

2.5.1　降解

降解是指聚合物分子主链发生断裂引起聚合度降低，或在聚合度不变时，链发生分解的过程（在这里，我们也将分解列入降解的范畴讨论，所谓分解，包括了聚合物侧基和主链的反应，一定伴有低分子化合物生成和主链结构发生明显变化）。引起聚合物降解的因素很多，有物理因素，如热、光、辐射或机械力等；有化学因素，如氧、水、醇、酸或碱等。一般杂链聚合物容易在化学因素作用下发生化学降解，而碳链聚合物对化学试剂较稳定，但容易受物理因素及氧的影响而产生降解反应。

在聚合物成型中，热与时间的作用，以及力与时间的作用往往是引起降解的主要因素，而光、辐射、水、氧的作用居次要地位。但是高温时，氧和水对降解有时也很重要。按照导致聚合物发生降解反应的原因将其分为：热降解、氧化降解、机械降解和水降解等。

2.5.1.1　热降解

合成聚合物的热降解是最普遍的一种由物理因素引起的降解反应类型。通常热降解是指在无氧或少氧情况下，由热能直接作用而导致的断链过程。热降解大致可归纳为三个类型。

（1）无规热降解　主链发生断裂的部位是任意的、无规律的。研究表明，大多数聚合物的热降解都是无规热降解，例如聚乙烯、聚丙烯、聚丙烯酸甲酯的热降解。

（2）链式降解　碳链聚合物在各种物理因素或氧的作用下，分子链末端或中间断开，形成活泼自由基，活泼自由基瞬时引发大分子链连续断裂，从而降解为大小不一的碎块，直至为低分子单体为止。这种降解可视为自由基引发的加聚反应的逆反应，所以也称作解聚反应。PMMA 的热降解就是典型的解聚反应，它常始于大分子链的末端，当分子量较大时，链中间的弱键也可能断裂。

（3）消除反应　某些含有活泼侧基的聚合物，如聚氯乙烯、聚乙酸乙烯酯和聚甲基丙烯酸叔丁酯等在热的作用下，首先发生侧基的消除反应，进而引起主链结构的变化。如聚氯乙烯的消除反应是脱 HCl，并在主链上生成共轭双键，然后含有双键的分子之间发生交联反应。第一步脱 HCl 反应产生出的 HCl 本身又是脱 HCl 反应的催化剂。所以，长时间加热，会引起聚氯乙烯碳化。因此，要增加聚氯乙烯的稳定性就必须减小游离 HCl 的含量，常采用的方法是添加稳定剂。

因此，当所处的温度非常高（大于其降解温度 T_d）时，聚合物会发生降解。但是在聚合物成型中，在低于 T_d 的温度下停留时间过长，聚合物也会发生降解。可见，除了温度对降解有影响外，时间因素也不可忽视。为此人们引入"热稳定性"这个概念来表征聚合物在温度和时间双重作用下的持久能力。聚合物的热稳定性很大程度上取决于组成聚合物主链化学键发生分解反应的难易，同时也与聚合物含有的、具有催化作用的微量杂质有关。聚合物种类不同，其使用的场合不同，衡量热稳定性的指标也不同，常见的有半寿命 $T_{1/2}$（聚合物在真空中加热 30min 后，重量损失 1/2 所需要的温度）和 K_{350}（聚合物在 350℃下的失重速率）等。$T_{1/2}$ 越高或 K_{350} 越小，聚合物的热稳定性越好。

在考察聚合物的耐热特性时，不能把温度作为唯一的因素，必须同时把时间，甚至力等因素综合考虑。当然，具体实施时，应考察哪些因素，哪些是主要因素，还必须根据聚合物在成型时所处的状态加以取舍和判断。

2.5.1.2　机械降解

聚合物在成型过程中及成型前的备料过程中（如粉碎、塑炼、高速搅拌、塑化、挤出、注射等过程），经常会受到剪切力及拉伸力的作用，这些力有时也会引起聚合物的降解，称为力降解或机械降解。力降解发生的难易及程度不仅与聚合物的种类和化学结构有关，而且与聚合物所处的物理状态（如温度等）有关。发生力降解反应时会有热放出，且常会产生大量的活泼自由基，如果控制不当，力降解反应又会诱发其它降解反应，如热降解等。因此，除特殊情况，如塑料的塑炼（借助热和机械力使热塑性塑料软化为具有可塑性的均匀熔体的过程）外，一般不希望出现力降解。

力降解过程的一般规律为：

① 聚合物分子量越大，越易发生降解；

② 在条件（包括应力大小、温度）一定时，最终力降解的程度是一定的，也就是说，一定的力只能将聚合物分子链断裂为一定长度，当全部分子链都断裂到这个长度后，力降解不再继续；

③ 初始聚合度相同，力降解条件相同时，聚合物种类不同，分子链最终的平均长度也不同；

④ 升高温度、添加增塑剂等降低聚合物黏度的方法，有助于减轻力降解；

⑤ 施加的应力越大，聚合物越易发生降解。

2.5.1.3　氧化降解

聚合物在成型过程中难免与氧接触发生氧化作用，但一般常温下这种氧化反应进行得极缓慢，而在热和紫外辐射的作用下就会表现得比较显著。聚合物的氧化作用主要表现为降解，有时也伴随着交联反应，聚合物的氧化降解比较复杂，降解机理争论较多，迄今为止，即使对一些常见的聚合物的氧化降解历程也只能作些定性解释。

关于氧化降解，已知的情况是：反应类型属自由基反应；碳链聚合物比杂链聚合物更易发生氧化降解反应；不饱和碳链的聚合物，由于主链上的双键及其 α 碳上的氢容易与氧反应，所以，主链中含有双键的聚合物加工成型时，应避免使其在高温下过久地暴露于空气中，因为氧会加速任何降解反应，尤其是当聚合物处于较高温度时，氧化降解更明显。发生了氧化降解的聚合物制品会变色（发黄、变黑等）、变脆，同时机械强度急剧降低。

2.4.1.4　水降解

聚酰胺、聚酯、缩醛及某些酮类聚合物的分子结构中含有可被水解的基团，成型过程中如遇水分存在，加之成型时的高温，极易发生水解反应。水解反应的发生同样会引起聚合物的断链，这种作用就是水降解。为避免在成型中水降解的发生，很重要的一点就是物料成型前进行充分的干燥，一般含水率应控制在 0.2%～0.5%。否则，会使制品内部及外观质量受到影响，如制品内部产生气泡、银纹，水降解严重时甚至使产物性能劣化至无法使用。

2.5.2　交联

热塑性塑料在热、氧等的作用下发生降解反应的同时，有时也会伴随着交联反应，这一类交联反应无论交联程度如何都是在成型中所不希望看到的。

交联，从化学意义上讲，是指具有化学反应活性的线型聚合物通过化学反应变为三维网状（体型）聚合物的过程。促使体系发生这一结构上转变的方法有加热和在体系中加入固化（交联）剂。所以，从本质上说，交联反应就是聚合物分子链上反应点之间或反应点与固化剂之间相互反应的过程，反应程度高低用交联度（已经参加交联反应的反应点与初始反应点数目之比）表示。实际的交联反应很难使交联度达到 100%，这是因为：

① 随着交联反应的进行，体系黏度越来越大，聚合物分子链的活动能力越来越小，分子链上反应点之间以及反应点与固化剂间的接触概率越来越小，最后，接触甚至完全成为不可能；

② 反应体系（尤其是可逆的缩聚反应体系）产生出的副产物，有时会阻止交联反应的继续进行。

在塑料成型工业中，常用硬化或熟化、固化程度衡量制品内部交联反应的程度，但它们与交联度是有区别的。所谓"硬化完全"或"硬化合适"并不意味着交联度达到了 100%，而是特指对制品的物理-机械性能等而言是适宜的交联程度。可见，交联度是衡量体系交联进行程度的一个客观标准，而硬化度是主观标准。同一种类塑料，由于使用要求不同，"硬化完全"的含义也可能不同。显然，交联度不可能大于 100%，但硬化程度却可以。因此，硬化程度为 100% 时，对应制品的交联度肯定小于 100%，如为 70% 或是其它某一数值；硬化程度超过 100% 时，对应的制品交联度过大，称为"过熟"或"超固化"；反之，硬化程度不足 100% 的，称为"欠熟"或"欠固化"。

过熟或欠熟都会给热固性塑料制品性能带来不利影响。首先，欠熟时，制品的机械强度、耐热性、耐化学腐蚀性和电绝缘性都会降低，而热膨胀、后收缩、内应力及受力时的蠕变量增加，同时还会出现表面光泽性差，易翘曲变形甚至产生裂纹；过度硬化会降低制品的机械强度，使制品变色、发脆，在制品表面出现小泡，影响制品的内存及外观质量。事实上，如果成型时模具温度过高，上下模温度不一致以及制品过大或过厚时，过熟和欠熟现象可能会出现在同一制品中。

习题与思考题

1. 试举例说明作为橡胶、塑料、纤维和高强度、高模量特种材料使用的高分子材料，其结构各有什么特点？并进一步阐明其结构是如何与其特有的性能相联系的。

2. 将聚丙烯丝抽伸至相同伸长比，分别用冰水或 90℃ 热水冷却后，再分别加热到 90℃ 的两个聚丙烯丝试样，哪种丝的收缩率高，为什么？

3. 为什么聚合物的结晶温度范围是 $T_g \sim T_m$ 之间？试分析注射成型试样从表层到芯层的球晶尺寸分布及产生的原因。

4. 取向与结晶有什么不同？非晶态高聚物取向后有什么变化？取向度对注塑制品的力学性能有何影响？

5. 为什么有的材料（如纤维）进行单轴取向，有的材料（如薄膜），则需要双轴取向？说明理由。

6. 聚合物很低的热导率和热扩散系数对塑料成型加工有哪些不利影响？

7. 从分子结构及最终产品性能的角度出发，说明塑料和纤维对加工过程要求的异同点。

8. 简述一到两种表征聚合物加工性能的方法及其原理。

9. 交联能赋予高聚物制品哪些性能？为什么热塑性聚合物成型加工过程中要避免不正常的交联？

10. 将 PA6 注射成长条试样（模温 20℃ 时），发现试样有一层透明度较高的表皮层，试分析为什么。

11. 聚丙烯腈只能用溶液纺丝，不能用熔融纺丝，而涤纶树脂可用熔融纺丝。为什么？

12. 发生热降解的聚合物主要有哪些？如何有效防止热降解？

第3章　流动与形变

3.1　聚合物的流变性质

除了少数几种成型方法外，大多数成型过程中都要求聚合物处于黏流状态。聚合物在黏流活化温度 T_f（或熔点 T_m）以上所处的力学状态为黏流态，或称熔融态。黏流态下聚合物的分子热运动大为激化，在外力作用下，整个分子链间的相对滑移变为可能，材料可发生持续的大形变（即流动）。当外力解除后，此时由整个分子链间的相对滑移产生的变形成为不可恢复的，故此时的变形又被称为塑性变形或黏流变形。在黏流态下可进行变形大、形状复杂的成型，如注射成型、挤出成型等，而且由于此时发生的形变主要是不可逆的黏流形变，因此当制品温度从成型温度迅速降至室温时不易产生热致内应力，制品的质量易于保证。大多数的热塑性塑料的成型、合成纤维的熔融纺丝和橡胶制品的成型，都是利用其黏流态下的流动行为进行加工成型的。

当聚合物熔体温度高于其降解温度 T_d 后，聚合物发生降解，使制品的外观质量和力学性能降低，因此我们主要考虑聚合物熔体在 $T_f(T_m) \sim T_d$ 之间的流变行为。表 3-1 列出了部分聚合物的热分解温度。

表 3-1　常用聚合物的热分解温度

聚合物	$T_d/℃$	聚合物	$T_d/℃$
聚乙烯	335～450	聚酰胺 6	310～380
聚丙烯	328～410	聚酰胺 66	310～380
聚氯乙烯	200～300	聚甲醛	222
聚苯乙烯	300～400	聚甲基丙烯酸甲酯	170～300

研究物质形变与流动的科学称为流变学（rheology）。聚合物的成型都必须依靠聚合物本身的变形和流动来实现，因此就相应产生聚合物流变学这门学科，它主要研究应力作用下聚合物材料产生弹性、塑性和黏性形变的行为以及这些行为与各种因素（聚合物结构与性质、温度、力的大小和作用方式、作用时间以及聚合物体系的组成等）之间的相互关系。我们知道，聚合物的聚集态结构对材料性质有重大的影响，而材料的聚集态常是在加工成型中形成的。由于聚合物的流动性质表现出非理想的行为，增加了成型制品的质量控制的复杂性，因此研究成型加工过程中聚合物流变性质是为了正确选择原材料、确定合理的成型工艺条件、设计合理的成型系统和模具结构，以确保和提高产品质量。

3.1.1　聚合物熔体的流变行为——非牛顿流动

聚合物在加工过程中熔体（或液体）的流动和变形都是外力作用的结果。随受力方式的不同，应力主要有三种类型：剪切应力 τ、拉伸应力 σ 和流体静压力 P。材料受力后产生的形变和尺寸改变（即几何形状的改变）也相应称为切应变 γ、拉伸应变 ε 和压应变。

聚合物加工时受到剪切力作用产生的流动称为剪切流动。例如聚合物在挤出机、口模、注塑机、喷嘴和流道以及纺丝喷丝板的毛细管孔道中的流动等主要是剪切流动。聚合物在加工过程中受到拉应力作用引起的流动称为拉伸流动，例如初生纤维离开喷丝板时和用吹塑法或拉幅法生产薄膜时都有这种拉伸流动。但是实际加工过程中材料的受力情况非常复杂，往往是三种简单应力的组合，因而材料中的实际应变也往往是两种或多种简单应变的叠加。但仍应指出，在聚合物的成型过程中，剪切应力的作用和剪切应变最为重要。因为在大多数加工过程中，聚合物流体主要受剪切应力作用，表现为剪切流动形式。拉伸应力和拉伸应变的重要性近几年来也逐渐为人们所认识。除了生产纤维、拉幅薄膜和吹塑薄膜中存在拉伸流动外，拉伸应力往往与剪切应力结合在一起产生一些复杂的流动，如挤出成型和注射成型中物料进入口模、浇口和型腔时，流道截面发生改变的条件下所出现的情况。加工中流体静压力对流体流动性质的影响相对地不及前两者显著，但它对黏度有一定影响。

根据经典流体力学理论，低分子液体在圆管中流动时，当其雷诺数（Reynolds number）Re 值小于 2100 时为层流流动，Re 值大于 2500 时液体就从层流逐渐转变为湍流。聚合物熔体通常在加工过程中的雷诺数一般不大于 10，其流动基本上是层流流动。

为了研究流体流动的性质，可以把层流流动看成是一层层彼此相邻的薄层液体沿外力作用方向进行的相对滑移。图 3-1 所示为流体层流模型。F 为外部作用于整个液体的恒定的剪切力，A 为向两端无限延伸的液层的面积。液层上的剪切应力 τ（N/m²）为

$$\tau = F/A \tag{3-1}$$

在恒定的应力作用下，液体的应变表现为液层以均匀的速度 v 沿剪切力作用方向移动。但液层间的黏性阻力（内摩擦）和管壁的摩擦力（外摩擦）使相邻液层间在移动方向上存在速度差 dv。管中心阻力最小，液层移动速度最大。管壁附近液层同时受到液体黏性阻力和管壁摩擦力作用，速度最小。假定在管壁上不产生滑动时，此处液层的移动速度为零。当液层间的径向距离为 dr 的两液层的移动速

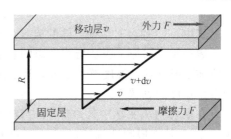

图 3-1　流体层流模型

度为 v 和 $v+dv$ 时，则液层间单位距离内的速度差就是速度梯度 dv/dr。但液层移动速度 v等于单位时间 dt 内液层沿管轴上移动的距离 dx，即 $v=dx/dt$。故速度梯度又可表示为

$$dv/dr = d(dx/dt)/dr = d(dx/dr)/dt \tag{3-2}$$

式中，dx/dr 表示径向距离为 dr 的两层面在 dt 时间内的相对移动距离，即流体在剪切应力作用下产生的切应变 γ，$\gamma = dx/dr$。式（3-2）可改写为

$$\dot{\gamma} = d\gamma/dt = dv/dr \tag{3-3}$$

式中，$\dot{\gamma}$ 为单位时间内流体产生的切应变，称为剪切速率，s^{-1}。这样，就可用剪切速率来代替速度梯度，且在数值上两者相等。

牛顿（Newton）在研究低分子液体的流动行为时发现，在一定温度下剪切应力和剪切速率之间存在着一定的关系，可表示为

$$\tau = \eta dv/dr = \eta d\gamma/dt = \eta \dot{\gamma} \tag{3-4}$$

式中，η 为比例常数，通称牛顿黏度或绝对黏度，Pa·s。

黏度不随剪切应力和剪切速率的大小而改变，始终保持常数的流体，通称为牛顿流体。牛顿黏度 η 是牛顿流体自身所固有的性质，不同流体的 η 值不同，与流体的分子结构和流体所处温度有关。η 的大小表征流体抵抗外力引起流动形变的能力，通常 η 越大，流体的黏稠度越大，剪切变形和流动越不易发生，一般需要较大的切应力；η 越小，情况相反。

由于大分子的长链结构和缠结，聚合物熔体、溶液和悬浮体的流动行为远比低分子液体

复杂。在较宽的剪切速率范围内，聚合物流体流动时，其剪切应力和剪切速率不再成比例关系，液体的黏度也不是一个常数，因而聚合物流体的流变行为不服从牛顿流动定律。通常把流动行为不服从牛顿流动定律的流动称为非牛顿型流动，具有这种流动行为的液体称为非牛顿流体。聚合物加工时大都处于中等剪切速率范围（$\dot{\gamma}=10\sim10^4\,\mathrm{s}^{-1}$），此时，大多数聚合物都表现为非牛顿流体。

非牛顿流体的流变性质大多数近似服从由 Ostwald-De Waele 提出的指数定律方程，即

$$\tau=K\dot{\gamma}^n \tag{3-5}$$

式中，K 为常数，它与流体本身性质及温度有关，反映非牛顿流体的黏稠度，流体愈黏稠 K 值愈高；n 为常数，它与流体本身性质及温度有关，反映非牛顿流体偏离牛顿流体性质的程度，称为流动行为特性指数（简称流动指数）。当 $n=1$ 时，式(3-5) 即与牛顿流体流动方程完全相同，说明该液体具有牛顿流体的流动行为。n 大于 1 或小于 1 时，表明该种流体不是牛顿流体。n 值偏离 1 愈远，流体的非牛顿性愈强。

比较牛顿流体规律，式(3-5) 可化为

$$\tau=(K\dot{\gamma}^{n-1})\dot{\gamma}$$

取

$$\eta_a=K\dot{\gamma}^{n-1}$$

则式(3-4) 可改写为

$$\tau=\eta_a\dot{\gamma} \tag{3-6}$$

式中，η_a 称为非牛顿流体的表观黏度，Pa·s。

表观黏度表征了服从指数规律的非牛顿流体在外力作用下抵抗剪切应变的能力。它除了与流体本身性质及温度有关之外，还受剪切速率影响，这就意味着外力大小及其作用时间也能改变流体的黏稠度。

在聚合物流变学中凡是服从指数流动规律的非牛顿流体通称黏性流体。在黏性流体中，$n<1$ 时称假塑性流体；$n>1$ 时则称膨胀性流体。图 3-2 表示了不同类型流体的流动曲线。

由图 3-2 可知，不同类型的非牛顿流体的流动曲线已不是简单的直线，而是向上或向下弯曲的曲线。这说明不同类型的非牛顿流体的黏度对剪切速率的依赖性不同。当作用于假塑性流体的剪切应力变化时，剪切速率的变化要比剪切应力的变化快得多，而膨胀性流体的流变行为则正好相反，流体中剪切速率的变化比应力的变化来得慢。曲线的弯曲还说明假塑性流体和膨胀性流体的黏度已不是一个常数，它随剪切速率或剪切应力而变化。图 3-3 表示了不同类型流体的表观黏度和剪切速率关系。以上关于黏性液体流变行为和指数流动定律的讨论，都是局限于剪切速率范围不宽的情况下的，而在非常低或非常高的剪切速率下，这些黏性流体也可能体现出牛顿流体的性质。

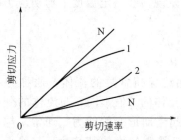

图 3-2　不同类型流体的流动曲线
N—牛顿流体；1—假塑性流体；
2—膨胀性流体

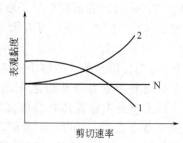

图 3-3　不同类型流体的表观
黏度-剪切速率关系
N—牛顿流体；1—假塑性流体；2—膨胀性流体

3.1.1.1　假塑性流体的流变性质

假塑性流体是非牛顿流体中最为普遍的一种，它所表现的流动曲线是非直线的，即流体的表观黏度随剪切应力的增加而降低，大多数聚合物的熔体、聚合物在良溶剂中的溶液，其流动行为都具有假塑性流体的特征。图 3-4 所示为假塑性流体在宽剪切速率范围的流动曲线。通常将这种流动曲线分成三个区域：第一牛顿区、假塑性区和第二牛顿区。

（1）第一牛顿区　是聚合物流体在较低剪切速率（或较低剪切应力）下表现为牛顿型流动的区域，即流体具有恒定的黏度。某些聚合物的加工过程如流延成型、胶乳的刮涂和浸渍以及涂料的涂刷等都是在这一剪切速率范围内进行的。解释这一现象的原因也不尽相同，一种看法认为：在低剪切速率或低剪切应力时，聚合物流体的结构状态并未因流动而发生明显改变，流动过程中大分子的构象分布，或大分子线团尺寸的分布以及大分子束（网络结构）与物料在静态时相同，长链分子的缠结和分子间的范德华力使大分子间形成了相当稳定的结合，因此黏度保持为常数。另一种看法认为：在较低的剪切

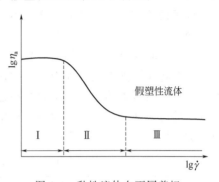

图 3-4　黏性流体在不同剪切
速率内的对数流变曲线
Ⅰ—第一牛顿区；Ⅱ—假塑性区；Ⅲ—第二牛顿区

速率范围，虽然大分子的构象变化和双重运动有足够时间使应变适应应力的作用，但由于熔体中大分子的热运动十分强烈，因而削弱或破坏了大分子应变对应力的依赖性，以致黏度不发生改变。

通常将聚合物流体在第一牛顿流动区所对应的黏度称为零切黏度 η_0（或称为零切变速率黏度）。不同聚合物出现第一牛顿区的剪切速率范围不同，故 η_0 也不同。对一定的聚合物来说，η_0 还与分子量、温度和液体的静压力有关。

（2）假塑性区　是聚合物流体表现为假塑性流动的区域。曲线的弯曲表明，从 $\dot{\gamma}$ 或 τ 增大到某一数值时开始，流体的某种结构发生了变化。这种变化包括流体中大分子构象的变化、分子束的改变等。流体结构的变化可以导致旧的结构破坏或新的结构形成，结构改变的同时黏度随之变化。但黏度的变化有两种趋势：如果因为剪切作用使流体原有结构破坏，流体的流动阻力减小，以致引起液体表观黏度随 $\dot{\gamma}$ 增大而降低，这种现象称为"剪切变稀"；若因新结构形成而导致表观黏度随 $\dot{\gamma}$ 增大而增加，这种现象则称为"剪切变稠"。聚合物流体流动时由于对剪切速率有这种依赖性而表现的黏度，通称为结构黏度。

"剪切变稀"现象是很多聚合物熔体、溶液以及一些聚合物悬浮体流变行为的特征。由于曲线在弯曲的起始阶段有类似塑性流动的行为，所以称这种流动为假塑性流动，具有假塑性流动行为（切力变稀）的流体称为假塑性流体。假塑性流体表观黏度的降低归因于大分子的长链性质。当剪切速率增大时，大分子逐渐从网络结构中解缠和滑移，熔体的结构出现明显的改变，高弹形变相对减小，分子间范德华力减弱，因此流动阻力减小，熔体黏度即随剪切速率增大而逐渐降低，所以增加剪切应力就能使剪切速率迅速增大；对具有假塑性行为的聚合物溶液或分散体来说，增大的剪切应力或剪切速率会迫使低分子物质（溶剂）从原来稳定的体系中分离出来。这些溶剂原来已经渗透到聚合物大分子线团或粒子内部，并使聚合物大分子溶剂化形成均匀的稳定体系。溶剂的被挤出导致体系的破坏，并使无规线团或粒子的尺寸缩小。由于在这些线团和粒子之间分布了更多的溶液，从而使整个体系的流动阻力大大减小，因此，流体的表观黏度降低。"剪切变稀"现象尤以分子链柔顺性较大和大分子形状不对称的聚合物表现最为显著。

（3）第二牛顿区　出现在比假塑性区更高的剪切速率或剪切应力下。这一区域，流体的流动曲线恢复成直线，表明在剪切应力或剪切速率很高时，流体的黏度再次表现出不依赖于 τ 和 γ 而保持为常数。产生这一现象的原因也有不同的解释。一种看法认为，剪切速率很高时，聚合物中网络结构的破坏和高弹形变已达极限状态，继续增大 τ 或 γ 对聚合物流体的结构已不再产生影响，流体的黏度已下降到最低值；另一种看法认为，剪切速率很高时，熔体中大分子构象和双重运动的应变来不及适应 τ 或 γ 的改变，以致流体的流动行为表现出牛顿型流动的特征，黏度保持为常数。在高剪切速率范围，这种不依赖于剪切速率的黏度称为极限黏度（有时又称为无穷切黏度），以 η_∞ 表示。

聚合物在假塑性区（即中等剪切速率范围）的流动行为对成型加工有特别重要的意义，因为大多数聚合物的成型加工都是在这一剪切速率范围内进行的。表 3-2 给出了主要成型加工方法的剪切速率范围，所列剪切速率数值是指在成型设备流道或型腔中流动的一般情况。同一加工设备，流体在流动过程处于不同位置上的剪切速率也是不相同的。

表 3-2　主要成型加工方法的剪切速率范围

加工方法	剪切速率/s^{-1}	加工方法	剪切速率/s^{-1}
模压成型	$1\sim10$	纤维纺丝	$10^3\sim10^4$
混炼与压延	$10\sim10^3$	注射成型	$10^3\sim10^4$（可高至 10^5）
挤出成型	$10^2\sim10^3$（可低至 10）		

虽然聚合物的流动曲线在非牛顿区域是弯曲的，但在剪切速率范围很窄的有限区域内，例如聚合物熔体，在剪切速率为 $1.5\sim2$ 个数量级范围或相当于剪切应力约在 1 个数量级范围时可以将流动曲线近似为直线。这种处理方法就是将黏弹性流体简化为黏性液体，使聚合物流体黏度和其它流动参数的计算更为方便。由于实际加工过程中剪切速率变化范围很窄，所以引起的偏差很小。几种聚合物的 n 值对剪切速率的依赖性，列于表 3-3 中，由此可以大致看出不同种类的聚合物在不同的剪切应力作用下，其非牛顿性的变化趋势。

表 3-3　六种热塑性聚合物用于指数定律时 n 的数值

剪切速率 /s^{-1}	聚合物					
	聚甲基丙烯酸甲酯（230℃）	共聚甲醛（200℃）	聚酰胺-66（285℃）	乙丙共聚物（230℃）	低密度聚乙烯（170℃）	未增塑聚氯乙烯（150℃）
10^{-1}	—	—	—	0.93	0.7	—
1	1.00	1.00	—	0.66	0.44	—
10	0.82	1.00	0.96	0.46	0.32	0.62
10^2	0.46	0.80	0.91	0.34	0.26	0.55
10^3	0.22	0.42	0.71	0.19	—	0.47
10^4	0.18	0.18	0.40	0.15		
10^5	—		0.28			

3.1.1.2　时间依赖性流体

时间依赖性流体是与假塑性流体有相似性质的另一类聚合物流体，这种流体在流动时的应变和黏度不仅与剪切应力或剪切速率的大小有关，而且还与应力作用的时间有关。

一般情况下，在同样剪切条件（剪切应力值相同）作用下，时间依赖性流体中的应变随剪切时间（即应力作用时间）而增大，同时对于流动形变，较低应力较长作用时间与较大应力较短时间的作用有同样的效果。

　　流体表观黏度对时间的依赖性也有两种情况：等温下表观黏度随剪切持续时间而降低的流体称为触变性流体；相反，表观黏度随剪切持续时间而增大的液体为震凝性液体，但这种流体不及触变性流体重要。产生触变行为的原因是，某些流体静置时聚合物粒子间能形成一种非永久性的次价交联点（缔合现象），因而表现出很大的黏度，具有类似凝胶的行为。当外部剪切力作用破坏临时交联点时，黏度即随剪切速率和剪切时间增加而降低。产生震凝性行为的原因是，溶液中不对称的粒子（椭球形线团）在剪切力场的速度作用下取向排列形成临时次价交联点，这种缔合使黏度不断增加，最后形成凝胶状，只要外力作用一停止，临时交联点就消失，黏度重新降低。触变性和震凝性流体中的黏度变化都是可逆的，因为流体中的粒子或分子并没有发生永久性的变化。聚合物加工常用的材料中，只有少数聚合物的溶液或悬浮体呈时间依赖性，例如聚氯乙烯树脂溶胶在有些情况下表现为触变性液体。

3.1.1.3　黏弹性流体

　　这是一类在黏性流动中弹性行为已不能忽视的流体，例如聚乙烯、聚甲基丙烯酸甲酯以及聚苯乙烯的熔体等。流体中弹性行为是流动过程中可自由内旋转聚合物大分子产生构象改变（蜷曲变为伸展）所引起的，大分子伸展储存了弹性能，大分子恢复原来蜷曲构象的过程就引起高弹形变回复并释放弹性能。流体流动中是以黏性形变为主还是以弹性形变为主，取决于外力作用时间 t 与自由内旋转决定的构象松弛时间 t^* 的关系。当 $t > t^*$ 时，即外力作用时间比松弛时间长得很多时，流体的总形变中以黏性形变为主，反之将以弹性形变为主。对黏度很低的简单液体，$t^* \approx 10^{-11}\,\mathrm{s}$；对基本上表现为固体的物质，$t^* > 10^4\,\mathrm{s}$；一般黏弹性聚合物流体的松弛时间在 $10^{-4} \sim 10^4\,\mathrm{s}$ 间。

　　流动流体中弹性形变与聚合物的分子量，外力作用的速度或时间以及熔体的温度等有关。一般，随分子量增大，外力作用时间缩短（或作用速度加快）以及当熔体的温度稍高于材料熔点时，弹性现象表现特别显著。聚合物挤出过程的出口膨胀就是一种典型的弹性效应。

3.1.2　影响聚合物流变行为的主要因素

　　聚合物熔体在任何给定剪切速率下的黏度主要由两个方面的因素来决定：聚合物熔体内的自由体积和大分子长链之间的缠结。自由体积是聚合物中未被聚合物分子所占领的空隙，它是大分子链段进行扩散运动的场所。凡是引起自由体积增加的因素都能活跃大分子的运动，并导致聚合物熔体黏度的降低。另一方面，大分子之间的缠结使得分子链的运动变得非常困难，凡能减少这种缠结作用的因素，都能加速分子的运动并导致熔体黏度的降低。因此成型过程中，各种环境因素如温度、应力、应变速率、低分子物质（如溶剂）等以及聚合物自身的分子量，支链结构对黏度的影响，大都能用这两种因素来解释。以下分别讨论这些环境因素和分子结构特征对聚合物熔体黏度的影响。

3.1.2.1　温度对黏度的影响

　　聚合物温度升高后，其体积膨胀，大分子间的自由空间随之增加，有利于大分子链的变形和流动，熔体表观黏度下降。很多研究结果也证明，对于处于黏流温度以上的热塑性聚合物，熔体的黏度随温度升高而呈指数函数的方式降低（参见图3-5）。由于过高的温度会使聚合物出现热降解，故熔体所处的温度范围

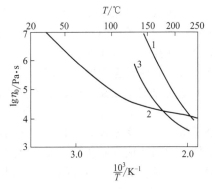

图 3-5　聚合物熔体黏度与温度的关系
1—低密度聚乙烯；2—乙烯丙烯共聚物；3—聚苯乙烯

不可能很宽。聚合物熔体表观黏度对温度的敏感性不完全相同。表 3-4 表示聚合物表观黏度与温度的关系。

从表中可知，聚合物分子链刚性越大、分子间的相互作用力越大时，表观黏度对温度的敏感性也越大。但这不是很肯定的结论，因为敏感程度还与聚合物分子量和分子量分布有关。表观黏度对温度的敏感性一般比它对剪切应力或剪切速率要强些。在成型操作中，对一种表观黏度随温度变化不大的聚合物来说，仅凭增加温度来增加其流动性是不适合的，因为温度即使升幅很大，其表观黏度却降低有限（如聚丙烯、聚乙烯、聚甲醛等）。另一方面，大幅度地增加温度很可能使它发生热降解，从而降低制品质量，此外成型设备等的损耗也较大，并且会恶化工作条件。相对而言，在成型中利用升温来降低聚甲基丙烯酸甲酯、聚碳酸酯和聚酰胺-66 等聚合物熔体的黏度是可行的，因为升温不多即可使其表观黏度下降较多。

表 3-4 常用聚合物在恒定剪切速率下表观黏度与温度的关系

聚合物	$T_1/℃$	$\eta_1/Pa \cdot s$	$T_2/℃$	$\eta_2/Pa \cdot s$	黏度对温度的敏感性 η_1/η_2
高压聚乙烯	150	400	190	230	1.7
低压聚乙烯	150	310	190	240	1.3
软聚氯乙烯	150	900	190	620	1.45
硬聚氯乙烯	150	2000	190	1000	2.0
聚丙烯	190	180	230	120	1.5
聚苯乙烯	200	180	240	110	1.6
聚甲醛	180	330	220	240	1.35
聚碳酸酯	230	2100	270	620	3.4
聚甲基丙烯酸甲酯	200	110	240	270	4.1
聚酰胺-6	240	175	280	80	2.2
聚酰胺-66	270	170	310	49	3.5

注：1. 表中数据是在剪切速率 $\dot{\gamma} = 10^3 s^{-1}$ 时测得的。

2. 表中所列聚合物均为指定产品，其数据仅供参考。

3.1.2.2 压力对剪切黏度的影响

一般低分子的压缩性不很大，压力的增加对其黏度的影响不大。但是，聚合物由于具有长链结构和分子链内旋转，产生孔隙较多，所以在加工温度下的压缩性比普通流体大得多。聚合物在高压下（注射成型时受压达 35～300MPa）体积收缩较大。分子间作用力增大，黏度增大，有些甚至会增加十倍以上，从而影响了流动性。在没有可靠的依据情况下，将低压下的流变数据用在高压场合是不正确的。

结构不同的聚合物对压力的敏感性也不同。一般情况下，带有体积庞大侧基的聚合物，分子量较大、密度较低者黏度受压力的影响较大。还应指出：即使同一压力下的同一聚合物熔体，如果在成型时所用设备的大小不同，则其流动行为也有差别，因为尽管所受压力相同，但其所受剪切应力可能不同。对于聚合物流体而言，压力的增加相当于温度的降低，即压力增大 1Pa，相当于温度降低 $(3～9) \times 10^{-7}℃$。

3.1.2.3 剪切速率或剪切应力对表观黏度的影响

如前所述，在通常的加工条件下，大多数聚合物熔体都表现为假塑性流体，其黏度对剪

切速率有依赖性。当剪切速率增加时，聚合物熔体的黏度
下降。但不同种类的聚合物对剪切速率的敏感性有差别，
除了聚甲醛外，聚乙烯、聚丙烯等都属于对 $\dot{\gamma}$ 敏感的聚合
物，而聚苯乙烯、聚碳酸酯、聚对苯二甲酸乙二酯等和聚
酰胺一样，属于对 $\dot{\gamma}$ 不敏感的聚合物（图 3-6）。在聚合物
加工中，如通过调整剪切速率（或剪切应力）来改变熔体
黏度，显然只有黏度对 $\dot{\gamma}$ 敏感的一类聚合物才会有较好的
效果。对加工过程而言，如果聚合物熔体的黏度在很宽的
剪切速率范围内都是可用的，那宁可选择在黏度对 $\dot{\gamma}$ 较不
敏感的剪切速率下操作更为合适。因为此时 $\dot{\gamma}$ 的波动不会
造成制品质量的显著差别。

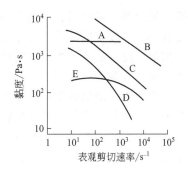

图 3-6　聚合物黏度对
剪切速率的敏感性
A—聚碳酸酯（288℃）；B—聚苯乙
烯（230℃）；C—低密度聚乙烯
（235℃）；D—聚丙烯（230℃）
E—尼龙-6（288℃）

3.1.2.4　聚合物结构因素的影响

聚合物的结构因素即链结构和链的极性、分子量、分子量
分布等对聚合物熔体的黏度有明显影响，此处简述如下。

聚合物链的柔性愈大，缠结点愈多，链的解缠和滑移愈困难，聚合物流动时非牛顿
性愈强。链的刚性增加和分子间相互作用力愈大时，熔体黏度对温度的敏感性增加，提
高这类聚合物的加工温度有利于增大流动性，聚碳酸酯、聚对苯二甲酸乙二酯和聚酰胺
等属于这种情况。聚合物分子中支链结构的存在对黏度也有影响，尤以长支链对熔体黏
度的影响最大，聚合物分子中的长支链能增加与其邻近分子的缠结，因此长支链对熔体
或溶液流动性的影响比短支链重要。一般，在相同特性黏度 $[\eta]$ 时，长支链支化使熔体
黏度显著增高，支化程度愈大，黏度升高愈多。长支链的存在也增大了聚合物黏度对剪
切速率的敏感性。当零切黏度 η_0 值相同时，有支链的聚合物比无支链的同种聚合物开始
出现非牛顿流动的临界剪切速率 $\dot{\gamma}$ 值要低。不过，对有些聚合物，支化对黏度的影响要
比上述情况复杂得多。链结构中含有大的侧基时，聚合物中自由体积增大，熔体黏度对
压力和温度的敏感性增加，所以聚甲基丙烯酸甲酯和聚苯乙烯等常通过升高加工温度和
压力来显著改变熔体流动性。

分子量较低时，缠结对流动的影响不明显，在分子量低到某一临界值以下时，聚合物熔
体表现为牛顿型流动；聚合物分子量增大，完成流动过程就需要更长的时间和更多的能量，
所以聚合物的黏度随分子量增加而增大，且分子量愈高非牛顿流动行为愈强烈。因此，采用
过高分子量的聚合物进行加工时，由于流动温度过高，以致使加工变得十分困难，实际加工
过程中，常用加入低分子物质（溶剂或增塑剂）或降低聚合物分子量以减小聚合物的黏度，
改善其加工性能。因此，针对制品不同用途和不同加工方法，选择适当分子量的聚合物对成
型加工是十分重要的。

熔体的黏度也与分子量分布有关。一般在平均分子量相同时，熔体的黏度随分子量分布
增宽而迅速下降，其流动行为表现出更多的非牛顿性。例如，在剪切应力为 10^5N/m^2 注射
聚苯乙烯时，分散性 $\overline{M_w}/\overline{M_n} = 4$ 的就比平均分子量相同的单分散聚苯乙烯的黏度要小。分
子量分布窄的聚合物，在较宽剪切速率范围流动时，则表现出更多的牛顿流体特征，其熔体
黏度对温度变化的敏感性要比分子量分布宽的聚合物大。分子量分布宽的聚合物，对剪切敏
感性较大，即使在较低的剪切速率或剪切应力下流动时，也比窄分布的同种材料假塑性
更强。

3.1.2.5　添加剂对黏度的影响

为满足使用和加工的需要，常须向聚合物本体中添加各种填充料、色料、润滑剂、溶

剂、增塑剂、稀释剂、热稳定剂或防老剂等。这些添加剂都会在不同程度上影响聚合物的流变行为。可以根据性质将上述这些添加剂分为两类，即粉末或纤维状的固体物质和能与聚合物相溶或混溶的液体物质（有些物质室温下不与聚合物相溶或混溶，但在聚合物的熔化温度下能相溶或混溶）。

固体物质添加到聚合物中有时起增强或补强的作用，有时也为了降低聚合物的成本或为改善其它性质。最常见的是橡胶中加入炭黑和塑料中加入粉状或纤维状的有机或无机填料，用量一般可达 $10\% \sim 50\%$ 或更多。通常，固体物质的加入都会增大体系的黏度，使流动性降低。

在聚合物中加入溶剂或增塑剂等液体添加剂时，可形成聚合物的浓溶液或悬浮液，有时体系液体添加剂的含量可高达 80%。溶剂或增塑剂的存在能削弱聚合物分子间的作用力，使分子距离增大，缠结减少，所以体系的黏度降低，流动性增大，且体系出现非牛顿流动的临界剪切速率随溶剂含量的增加而增大。

3.2 聚合物流体流动过程的弹性行为

如前所述，聚合物的分子可围绕单键进行内旋转，每个分子中的结构单元数目很大，因此聚合物的形变都是从微小的链段运动开始发生弹性变形，直至整个分子链的解缠、伸直和滑移引起的黏性流动为止，它总是一个渐进的过程。因此，大多数聚合物在流动中除表现出黏性行为外，必然伴随不同程度高弹形变，这种黏性流动和弹性形变同时存在的现象，被称为聚合物加工过程的黏弹行为。从分子运动观点来看，分子链在流动过程中受剪切作用，使分子链舒展与取向，外力去除后，弹性形变要发生回复，因而聚合物制品发生膨胀。因此流动过程中的弹性行为对聚合物成型加工有很大的影响。聚合物流动过程最常见的弹性行为是端末效应和不稳定流动。

3.2.1 端末效应

聚合物流体在管道中进行剪切流动时，当流体流经截面变化的部位时，将会发生弹性收敛和膨胀运动，这些运动统称为端末效应。一般端末效应对于聚合物材料成型加工都是有害的，它可以导致制件变形扭曲、尺寸不稳定、内应力过大和力学性能下降等问题，因此必须想办法加以克服。端末效应，可分为入口效应和离模膨胀即巴拉斯（Barus）效应两种。

3.2.1.1 入口效应

聚合物流体在管道入口端因截面变小出现收敛流动，使压力降突然增大的现象称为入口效应。管道入口和出口区流体流动情况如图 3-7 所示。流体从大流道进入小流道，需要经过一定距离 (L_e) 后才能形成稳定流动。L_e 称为入口效应区长度，对不同聚合物和不同直径的流道，入口效应区域也不相同。入口端产生压力降的原因主要有两个方面。当聚合物流体以收敛流动方式进入小流道时，经历了强烈的拉伸流动和剪切流动，聚合物分子链产生大的拉伸变形和剪切形变，引起大分子链的构象重排，因此一部分能量作为弹性应变能储存在聚合物体系中，另外一部分能量

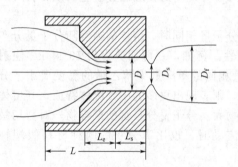

图 3-7　聚合物流体在流道入口区
域和出口区域的流动

消耗于黏性流动中。实验发现，在全部入口压力损失中，95%是由于弹性能储存引起的，5%是由于黏性损耗引起的。也就是说，聚合物流体沿整个流道的全长范围流动过程的总压力降中，入口端的压力降在很短范围内就会达到较大的数值。

按照流率-压力降方程计算压力降时，如果不考虑入口效应，实际所得结果往往偏低，因此应将入口端的压力降也包括在流动的计算中才能得到符合实际的压力降，所以这就需要对流率-压力降方程进行修正。一种简单可行的方法是将入口端的压力降看成是与某一"等效长度"流道所引起的压力降相等，实践证明，这一"等效长度"一般约为流道直径 D 的 $1\sim5$ 倍，并随具体条件而变化。

3.2.1.2　离模膨胀效应

聚合物流体离开流道口后，将产生体积膨胀的现象，称为离模膨胀（即出口膨化效应）。

流体流出流道口时，流体的直径并不等于流道出口端的直径，出现两种相反的情况；对低黏度牛顿流体，通常流体缩小变细；对黏弹性聚合物熔体，流体直径增大膨胀。后一种现象常称为挤出物胀大，如图 3-7 所示。

对大多数聚合物，挤出物胀大的程度用流体离开流道口后自然流动（即无拉伸）时膨胀的最大直径 D_f 对流道出口端直径 D 之比 D_f/D 表示，通常又称 D_f/D 为胀大比。

引起离模膨胀效应的机理曾有若干种解释。由于大多数聚合物都是黏弹性的，因而现在被广泛接受的较为简单的解释为：离模膨胀乃是流体流动过程中弹性行为的反映。聚合物流体在流入流道进口区 L_e 段的收敛流动和流过流道 L_s 段的剪切流动中，前者引起大分子产生拉伸弹性应变，后者引起剪切弹性应变，引起大分子沿流动方向伸展与取向。当入口效应及剪切流动所引起的弹性形变在到达出口之前来不及完全松弛时，流体流出流道口后在无应力约束下，伸展分子将很快回复蜷曲构象，从而使流体产生轴向收缩和显著的径向膨胀。

3.2.1.3　影响端末效应的因素

影响端末效应的因素，即影响入口效应的因素和影响离模膨胀效应的因素是相似的并且是相关的，例如入口效应中储存的弹性应变的量值也是影响离模膨胀效应中液流膨胀的程度和膨胀的位置的重要因素。这些影响因素主要是聚合物的性质，流体中应力或应变速率的大小，流体的温度以及流道的几何形状等。总之，凡是导致流动中弹性成分增加的因素都使入口效应和离模膨胀效应变得严重。

一般情况下，黏度大（即分子量高）、分子量分布窄和非牛顿性强的聚合物，流动中会储存更多的可逆弹性成分，同时又因松弛过程缓慢，流体流出流道口时膨胀现象就愈显著。流体中大分子为完成与应力或应变速率相适应的形变需要一定的时间，以致要求流体能稳定流动时间增加，即流道长度增大。增大流道的直径和提高流道的长径比 L/D 以及减小入口端的收敛角都能减少流体中的弹性形变，从而降低膨胀比；而聚合物熔体温度的降低，将使松弛时间大大延长，流动变得困难，此时若再增加剪切速率则使入口区域弹性形变显著增加，从而使离模膨胀效应加剧，但当剪切速率增加并超过某一数值时，膨胀比反而降低，这一数值称为临界剪切速率。实际上流体在这种情况下将转入不稳定流动状态。

总而言之，入口效应和离模膨胀效应对聚合物加工来说是不利的。通过增加管子或口模平直部分的长度（即增大管子的长径比 L/D）、适当降低加工时的应力和提高加工温度，并对挤出物加以适当速度的牵引或拉伸等均有利于减小或消除入口效应和离模膨胀效应。

3.2.2　不稳定流动和熔体破碎现象

在实际的聚合物材料成型加工过程中，熔体的流动状态受诸多内部和外部因素的影响。当成型工艺条件不适合时，会出现不稳定流动或熔体破碎，造成制品外观、规格尺寸及材质均一性严重受损，直接影响产品的质量和产量，严重时会影响生产的正常进行。

在聚合物挤出过程中，常常会看到这种现象：在低剪切速率或低剪切应力下，挤出物具有光滑的表面和均匀的形状，但当剪切速率或剪切应力增加到某一数值时，挤出物会变得表面粗糙，失去光泽，粗细不匀和出现扭曲等，严重时会得到波纹状、竹节状或周期性螺旋状的挤出物，在极端严重的情况下，甚至会得到断裂的、形状不规则的碎片或圆柱。这种现象一般统称为不稳定流动或弹性湍流，熔体破碎则是其中最严重的情况。图 3-8 所示为聚丁二烯及其炭黑混炼胶在不同剪切速率下的挤出物外观及其熔体破碎现象。这些现象说明，在低应力或低剪切速率的牛顿流动条件下，流动中较小的扰动很容易受到抑制，而在高应力或高剪切速率时，流体中的扰动难以抑制并易发展成不稳定流动，引起料流破坏，这种现象称为"熔体破碎"。出现"熔体破碎"时的应力或剪切速率称为临界剪切应力 τ_c 和临界剪切速率 $\dot{\gamma}_c$。

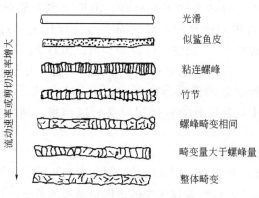

图 3-8　聚丁二烯及其炭黑混炼胶的熔体不稳定流动示意图

产生熔体破碎的机理目前还不十分清楚，但可以肯定的是熔体破碎与流体流动时在管壁上出现滑移和流体中的弹性回复有关。由于流体在管道中流动时，管壁附近的内外摩擦的双重作用，使该处的剪切速率最大，并且黏度对剪切速率有较大的依赖性，所以管壁附近的流体必然有较低的黏度，同时流动过程的分级效应又使聚合物中低分子量级分较多地集中到管壁附近，这两种作用都使管壁附近的流体黏滞性降低，从而容易引起流体在管壁上滑移，使流体流速增大。剪切速率分布的不均匀性还使流体中弹性能的分布沿径向方向存在差异，剪切速率大的区域，聚合物分子的弹性形变和弹性能的储存较多，流体中的弹性能的不均匀分布导致在大致平行于速度梯度的方向上产生弹性应力。当流体中产生的弹性应力一旦增加到与黏滞流动阻力相当时，黏滞阻力就不能再平衡弹性应力的作用，流体中弹性应力间的平衡即遭破坏，随即发生弹性回复作用。既然管壁附近的流体黏度最低，弹性回复作用在这里受到的黏滞阻力也最小，所以弹性回复较容易在管壁附近发生。可见，流体通过自身的滑移就使流体中弹性得到回复，从而使该区域流体中的弹性应力降低。当流体处于稳定流动的情况时，具有正常的沿管轴对称的速度分布，并得到直线形表面光滑的挤出物。当管壁的某一区域形成低黏度层时，伴随弹性回复滑移作用使流道中流速分布发生改变，产生滑移区域的流体流速增加，压力降减小，层流流动被破坏，一定时间内通过滑移区域的流体增多，总流率增大。当新的弹性形变发生并建立起新的弹性应力平衡后，这一区域的流速分布又恢复到正常状态，然后流体中的压力降重新升高。在这同时，流道中另外的区域又会出现上述类似的滑移-流速增大-应力平衡破坏的过程。流体流速在某一位置上的瞬时增大并非雷诺数增大引起，而是弹性效应所致，所以又称这种流动为"弹性湍流"，有时又称为"应力破碎"现象。在圆管中，如果产生弹性湍流的不稳定点沿着管的周围移动，则挤出物将呈螺旋状，如果不稳定点在整个圆周上产生，就得到竹节状的粗糙挤出物。

产生熔体破碎的另一个原因是流体剪切历史的差异。已如前述，流体在入口区域和管内流动时，受到的剪切作用不一样，因而能引起流体中产生不均匀的弹性回复。另一方面，在入口端收敛角以外的区域（常称死角）存在着旋涡流动，这部分流体与其它区域的流体比较，受到不同剪切作用。当旋涡中的流体周期性进入流道中时，这种剪切历史不同的流体能引起流线的中断，当它们流过流道并流出管口时，就可能引起极不一致的弹性回复，如果这种弹性回复力很大，以致能克服液体的黏滞阻力时，就能引起挤出物出现畸变和断裂。熔体破碎现象是聚合物流体产生弹性应变与弹性回复的总结果，是一种整体现象。

不稳定流动和熔体破碎现象还与聚合物的性质、剪切应力和剪切速率的大小、流体流动管道的几何形状等因素有关。

非牛顿性愈强的线型聚合物（聚丙烯、高密度聚乙烯、聚氯乙烯等），流体在入口区域和流道中流动时，强的剪切作用是引起不稳定流动的主要原因。非牛顿性较弱的聚合物（聚酯和低密度聚乙烯等），易在入口端产生旋涡流动，流动历史的差异是这类聚合物产生不稳定流动的主要原因。如前所述，一般在剪切应力低于某一临界值以下时，随剪切应力和剪切速率的增大，流体流动中的弹性应变增加，当其弹性形变达到黏滞阻力可控的极限值时，将出现弹性回复，即不稳定流动，此时的剪切应力或剪切速率称为出现不稳定流动的临界剪切应力或剪切速率。对不同聚合物，出现不稳定流动的临界剪切应力 τ_c 约在 $10^5 \sim 10^7$ Pa 数量级，一般为 $(0.4 \sim 3.7) \times 10^5$ Pa，平均值为 1.25×10^5 Pa。由于各种聚合物熔体黏度相差颇多，因而它们出现熔体破碎的难易和严重程度很不一致。例如，聚酰胺 66 熔体的牛顿性较强，要在高达 10^5 s^{-1} 的剪切速率下（275℃）才出现熔体破碎，而聚乙烯熔体这样的非牛顿液体在剪切速率为 $10^2 \sim 10^3$ s^{-1}（250℃）时便产生熔体破碎。随聚合物分子量增加和分子量分布变窄，出现不稳定流动的 τ_c 值降低。分子量相差悬殊的聚合物，出现不稳定流动的 γ_c 可相差几个数量级。所以，聚合物熔体的非牛顿性愈强，弹性行为愈突出，τ_c 值愈低时，熔体破碎现象愈严重。另一方面，提高聚合物熔体的温度可使出现不稳定流动的 γ 和 τ_c 值增加。因此，对聚合物进行成型时，可用的温度下限不是流动温度，而是产生不稳定流动的温度，但是不考虑液体流动管道的几何形状，仅以剪切应力或剪切速率的标准来判断产生不稳定流动的条件是不够的。如果减小流道的收敛角，适当增大流道的长径比 L/D，并使流道表面流线型化，可使 γ_c 提高。挤出金属线缆包覆物的口模正是根据这一原理设计的。通常收敛角均小于 $10°$，常在 $4°$ 左右。显然，过分提高挤出速度会使制品外观和内在质量受到不良的影响。

不稳定流动的另一种现象是发生在挤出物表面上的"鲨鱼皮症"。其特点是在挤出物表面上形成很多细微的皱纹，类似于鲨鱼皮。随不稳定流动程度的差异，这些皱纹从人字形、鱼鳞状到鲨鱼皮状不等，或密或疏。引起这种现象的原因主要是熔体在管壁上滑移和熔体挤出流道口时口模对挤出物产生的拉伸作用。已知弹性流体在流道中流动时速度梯度在流道壁附近最大，因而流道壁附近聚合物分子的形变程度较之流道中心部分为大。如果熔体中弹性形变发生松弛时，就必然引起熔体在流道壁上产生周期性的滑移。另一方面，口模对挤出物的拉伸作用时大时小，随着这种周期性的张力变化，挤出物表层的移动速度也时快时慢，从而形成了各种形状的皱纹。可以看出，与引起竹节形、螺旋形等严重不稳定流动的整体现象比较起来，由在流道壁和口模内周期性的滑移和拉伸作用引起的乃是一种较轻微的表层的不稳定流动。

3.2.3　影响聚合物熔体弹性的因素

聚合物的弹性形变是由链段运动引起的，而链段运动的能力，即松弛的快慢程度，由松弛时间 τ 所决定。当 τ 很小时（松弛较快），形变的观察时间 $t > \tau$，则形变以黏性流动为主；当 τ 很大时（松弛较慢），观察时间 $t < \tau$，则以弹性形变为主，弹性效应显著。因此影响聚合物分子链段松弛快慢的因素也是影响聚合物熔体弹性的因素，可以从以下几个方面进行分析。

(1) 分子量及分子量分布　分子量大，分子间作用力强，熔体黏度高，松弛时间长，弹性形变松弛较慢，则弹性效应就可明显地观察出来。挤出膨胀率高，熔体易破碎。分子量分布宽，则高分子量级分的松弛时间长，熔体的弹性表现则更明显。

(2) 温度与剪切速率　温度升高，分子的活动能力增强，分子间距离增大，分子间作用力减小，大分子的松弛时间缩短，熔体膨胀收缩率减小，熔体破碎的临界剪切速率提高；剪切速率增大，外力作用时间短，分子链来不及松弛，则弹性效应显著。如果剪切速率太大，以致流道中的大分子链来不及伸展及松弛，则弹性效应反而不太明显。

应该强调指出，温度与剪切速度（即加工机械的剪切速度）虽然是两个外因条件，但实际上可看作一个因素。因为物料黏弹性的响应在高温、短时间（高速）的结果与低温、长时间（低速）的结果是一样的，提高温度可以节省时间，所以温度与时间是等效的。为获得宏观光滑的挤出半成品及其准确的规格尺寸，可以提高温度或者降低速度（即降低剪切速率）。

(3) 流道的几何尺寸　聚合物熔体流经流道的几何形状对其弹性也有很大影响。例如，流道中有管径的突变，会导致不同位置的流速及应力分布情况不同，进而引起大小不同的弹性形变导致弹性湍流。口模长径比（L/D）增大，熔体在入口处由于流线收敛引起的弹性形变可在口模中充分松弛掉，带到口模外的弹性恢复量小，则挤出胀大

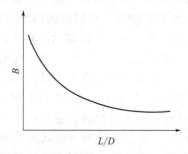

图 3-9　挤出胀大比（B）与口模长径比（L/D）的关系

比（B）减小，达一定 L/D 后，B 基本不变，如图 3-9 所示。

习题与思考题

1. 试述聚合物熔体和小分子流体流动性的差别，并简单分析聚合物熔体的流动特点对其加工性能的影响。

2. 什么是牛顿型流体和非牛顿型流体？试用流变方程和流动曲线说明非牛顿型流体的类型。

3. 聚合物熔体在剪切流动过程中有哪些弹性表现形式？在成型过程中可采取哪些措施来减少弹性表现对制品质量的不良影响？

4. 简述影响高聚物流体剪切黏度的各种因素和机理。为什么在高聚物成型加工时要求聚合物"在保证足够的机械强度条件下，分子量尽可能小一些，分子量分布宽一些？"

5. 聚合物熔体产生离模膨胀的原因是什么？分析影响因素。

6. 简述影响熔体破裂的因素。试分析塑料熔体在注射充模流动过程中产生熔体破裂的原因及对制品质

量的影响。在生产上应采取哪些措施避免出现熔体破裂观象？

7. 聚合物的成型过程中，常常要添加一些无机粒子作为增强增韧的填料，利用你所学到的知识，试着分析一下填料的形状、粒径大小、粒子长径比、粒子含量等对聚合物熔体剪切黏度的影响。

8. 在生产工艺和机械设计上采取哪些措施以确保挤出物尺寸的稳定性？

9. 高聚物熔体在流动中为何会出现剪切变稀？

10. 高聚物的分子量增加时，非牛顿流动的剪切速率范围如何变化？

11. 试讨论 PE、PC、POM、PVC 在成型过程中剪切黏度的变化趋势？通过哪些手段可以改善这些材料的流动性？

12. 加工中材料降解非常严重，其流动曲线会有何变化？

13. 在塑料的成型加工过程中，如果提高产量常常会导致制品表面出现波纹状，有时呈竹节形或鲨鱼皮状等缺陷，问产生的原因是什么？如何克服？

第4章 传　　热

如前述，成型加工过程中聚合物材料都需要先加热熔融，以便流动和成型。熔体通过各种成型方法获得模具赋予的形状后，又必须冷却凝固得到确定形状的产品。本质上这是在外力作用下聚合物材料微观结构形成的重要环节，对最终性能影响极大。因此，无论是热塑性聚合物受热熔融并实现均匀化而不显著降解，然后在可控温度场与应力场综合作用下凝聚态结构的形成；还是热固性聚合物材料在温度的作用下发生化学反应，形成预期结构的过程，传热都伴随着过程的每一个步骤，其重要性不言而喻，这也是本教材将其单独列为一章进行讨论的原因。从传热学的观点看，加热、熔融、凝固、冷却等都是化学工程传热的基本操作，符合传热的一般规律，这也是把传热问题单列的理由。由于聚合物的特殊性质、几何形状、运动状况、相态变化复杂等，使得聚合物材料成型加工中的传热机理十分复杂。本章将重点讨论熔融的方式、方法和物理机理，并提出其控制方程，为在该领域研究工作的深入奠定基础。

通常，冷却凝固过程的传热机理与加热熔融基本相同，只是传热方向相反，而且在处理上的难度要小一些。

4.1　传热基本问题和原理

4.1.1　传热原理

化学工程中处理牛顿流体的传热原理都适合聚合物加工中的传热过程。

聚合物加工中的热传导服从傅里叶定律。但聚合物的 k 值低，热传导速率很低。而且聚合物容易热降解，也限制了传热温差，若欲提高热传导速率，只有增大传热面积和减小厚度。

聚合物熔体流动时，因黏度很大，产生的内摩擦力转换为热能，在整个容积内迅速加热熔体，即黏性发热。

聚合物原料颗粒受外压作用，发生移动。因相互移动和形变所消耗的机械功转换热能，可以加热或熔融聚合物颗粒，即塑性形变加热。

聚合物熔体流动时，因黏度很大，一般都是蠕动流动，因此对流传热可以忽略。

4.1.2　聚合物的热稳定性

聚合物的热稳定性限制了加工最高温度和经受高温的时间。图 4-1 表明了聚合物所能承受的最高温度 T_{max} 和高温下的停留时间 $\theta(t)$。

图 4-1 中，$\theta(t)$ 为聚合物开始降解时间，（a）为 $\theta(t)$ 与加热温度的关系；（b）为降解速率与温度的关系，降解速率是以黏度幂律模型中稠度系数 m 与温度的关系表示的。

当 $t < \theta(t)$ 时，$m(t) = m_0$

当 $t > \theta(t)$ 时，$m(t) = m_0 \exp(Cte^{\frac{-\Delta E}{RT}})$

如果聚合物温度高于 T_{max} 或停留时间过长，就会发生热降解。这两个条件实质上限制了传热过程中的温度梯度和熔融速率，也是实际加工过程中选用何种传热方法的判据之一。

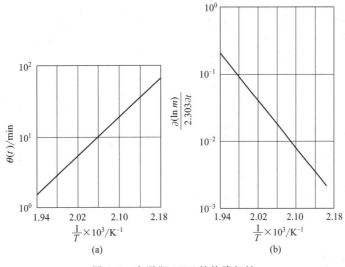

图 4-1　未增塑 PVC 的热降解性

4.1.3　聚合物的热物理性能参数

聚合物的物性如密度 ρ、比热容 C_p、黏度 μ、热导率 k、热扩散系数 $a = \dfrac{k}{\rho C_p}$ 等，都与温度和聚合物形态密切相关。作为近似计算，对大多数固体和熔体的传热，假设这些热性能参数恒定，不随温度变化，其计算结果与校正了这些参数的计算值非常接近。

聚合物熔体为非牛顿流体，在实际情况下，熔体的流动为非等温流动，其黏度除受温度影响外，还有剪切变稀的影响，因此在流动中黏度是随处改变的。想要直接建立其传热模型是非常困难的。在工程上作近似评估和分析时，一般都采取假设熔体流动为牛顿流体等温稳定流动，熔体为不可压缩和物性恒定，这样的简化数学模型易于求解，从中得到有用的信息，以此作为基础，再根据实际情况做进一步的改进。

聚合物材料中有各种添加剂，因添加剂种类和用量不同，这些参数有较大变化，但是很难查到和修正。k 及 C_p 对传热计算结果的影响很大，应慎重选用。

4.1.4　选择适宜的速度

聚合物熔体的黏度是很大的（$10^2 \sim 10^6$ Pa·s）。当选用较大流速时，会产生的大量的黏性能量耗散，导致聚合物热降解。另一方面，必须从外部输入很大的机械功，才能实现熔体在狭窄通道中的蠕变流动，能量消耗很大，大约占整个加工过程的 $70\% \sim 80\%$。因此，要选用适宜的流动速度，以便使传热过程达到允许的最高传热速率，加热均匀，熔体在狭窄通道的停留时间很短。

4.1.5　压实体的性质

聚合物加工的原始材料大多数为微细粒子（<3mm），通常为粒状、粉状或纤维状。在许多某些加工方法中，这些微细粉粒会在压力作用下形成紧密的压实体。

由图 4-2 可知，压实体具有一定刚性和不均匀的孔隙度，因而应力分布也是不均匀的，显然是离散型的。所以物性参数往往会有很大改变，工程上常采用"等效物性"来代替，如等效热导率 k_e。为简化数学处理，对紧密压实层近似地视为固体（固体是刚性、各向同性的均匀的连续体），且熔体和压实体界面清晰。

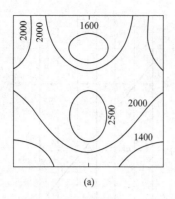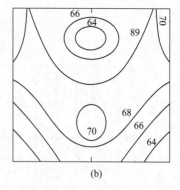

图 4-2　在 200MPa 下，圆柱形碳酸镁压块中应力（kgf/cm²）分布（a）
和视密度（固体含量，%）分布（b）

4.2　传热机理

聚合物材料在加工过程中的传热规律符合热能量平衡方程：

$$\rho C_p \frac{\partial T}{\partial t} = -\rho C_p \left(v_x \frac{\partial T}{\partial x} + v_y \frac{\partial T}{\partial y} + v_z \frac{\partial T}{\partial z} \right) - k \left(\frac{\partial^2 T}{\partial x^2} + \frac{\partial^2 T}{\partial y^2} + \frac{\partial^2 T}{\partial z^2} \right) - p \left(\frac{\partial v_x}{\partial x} + \frac{\partial v_y}{\partial y} \right) - \phi + \dot{S}$$

$$(4-1)$$

式（4-1）左端为单位体积内能增加速率，J/(m³·s)；右端第一项为对流传热引起的内能增加速率，J/(m³·s)；第二项是由热传导引起的内能增加速率，J/(m³·s)；第三项是由压缩做功产生的内能增加速率（可逆的），J/(m³·s)；第四项是由机械功耗散引起的内能增加速率，其中包括黏性耗散和塑性形变耗散（不可逆的），J/(m³·s)；第五项是由外界加入其它能源如介电加热和反应热引起的内能增加速率，J/(m³·s)。

依据上式右端提供的热源，可得到聚合物获得内能的多少，进而求出聚合物材料被加热到工艺要求的温度，或其熔体的温度所需的加热时间和熔融速率。在实用中，右端有些项是不重要的，可以简化。如聚合物材料在静止状况下受热或冷却，或者相变潜热远大于显热 $\left[\frac{r}{\rho C_p (T - T_m)} \gg 1 \right]$ 时，右端第一项可以略去；若无外加热源，则 $\dot{S}$ 可略去。

以下将依次逐项讨论。

4.2.1　对流传热

聚合物熔体在挤出和注射时，受压力和拖曳力的作用通过狭窄的流道，一般都是蠕动流动，其流速虽低，仍在流道截面上形成速度场。与此同时，由于传热和黏度耗散使熔体温度上升，在流道截面上形成温度场。由温度场可发现是否会出现局部温度高于热降解温度，或者能否将非等温流动近似视为等温流动。为此，必须求出熔体流动的温度场。

例如聚合物材料在单螺杆挤出机中的传热与流动是很复杂的。如果将聚合物熔体视为牛顿流体等温流动，并把螺旋流道展开为平面，螺杆与器壁的相对运动就与两平板间的 couett 流动等价，同为压力流和曳力流的组合流动。如果转动螺旋角，就可进一步简化为一维流动，如图 4-3 所示。这

图 4-3　couett 流动示意图

个简化模型的控制方程很容易求得分析解。从分析解中可以得到下列丰富的信息：流速场、温度场、适宜的流速、总的黏性耗散、外加机械功、注入口模压力、高温熔体对两板是加热还是冷却。以上信息与螺旋挤出机处理牛顿流体和聚合物熔体都有类似的结果。

4.2.2　热传导

聚合物材料在整个传热阶段，无论是固态的加热、熔融，还是熔体的冷却、凝固都是利用热传导来实现的，并符合傅里叶定律：

$$-\nabla q = k\ \nabla^2 T = k\left(\frac{\partial^2 T}{\partial x^2} + \frac{\partial^2 T}{\partial y^2} + \frac{\partial^2 T}{\partial z^2}\right) \qquad (4-2)$$

式中　　q——导热通量，W/m^2；

∇q——导热通量的散度，$\nabla q = \frac{\partial q_x}{\partial x} + \frac{\partial q_y}{\partial y} + \frac{\partial q_z}{\partial z}$；

k——热导率，$W/(m \cdot K)$；

T——温度，K；

∇^2——拉普拉斯算子，$\nabla^2 T = \frac{\partial^2 T}{\partial x^2} + \frac{\partial^2 T}{\partial y^2} + \frac{\partial^2 T}{\partial z^2}$。

在一维温度场中

$$Q_x = -kA\frac{\mathrm{d}T}{\mathrm{d}x} \qquad (4-3)$$

式中　　Q_x——导热速率，W；

A——传热面积，m^2。

热传导速率的快慢受到温度梯度、热导率及换热面积的影响。聚合物的热稳定性限制了温度差，产品形状限制了加热面积，而且体系 k 值很小，基本等同于热绝缘材料［聚合物的 $k=0.5\sim2.1W/(m \cdot K)$，石棉 $k=0.54W/(m \cdot K)$］。由于聚合物体系的热传导阻力（$\mathrm{d}x/kA$）很大，所以传导熔融的效率是很差的。所以，虽然热传导是加工中聚合物传热的主要方式，但是单纯利用传导方式来熔融聚合物材料是不可取的。

4.2.3　压缩能量

由于聚合物熔体几乎不可压缩，一般可以略去。

4.2.4　黏性耗散

聚合物熔体在流动时，两相邻层间由内摩擦力所产生的热能叫黏性耗散（viscous energy dissipation，VED）。由于熔体黏度大，产生的热能是很大的，此热能可直接加热熔体。应当关注的是要选用适宜的熔体流动速度，确保不会引起熔体热降解。

对于牛顿流体的稳定流动，VED 是可以量化的。

VED 也表明，流体在流动过程中因黏性耗散所需的机械功，这是不可逆过程。

4.2.5　塑性形变耗散

当外压力施加到聚合物材料粒子群上，粒子群开始流动后，粒子间相互滑动产生摩擦力。因粒子表面摩擦力而产生的热能叫阻力能耗散（frictional energy dissipation，FED）。当粒子受到外压力作用发生变形、破裂产生的热能，叫塑性形变耗散（plastic energy dissipation，PED）。这二者都是由外加机械功转换为热能的，是不可逆过程。当聚合物粒子被压实为压实体后，从图 4-2 可知，压实体不是真正的固体，它是各向异性的，且是不均质、不可重复和离散性的，甚至压实体内处于不同位置的单个粒子的内部应力分布和所受压力也是不均一的，所以要量化 FED 和 PED 十分困难。

在粒子群达到压实层之前，由于压力不断反复地作用于粒子，由此产生的热能在总体上累积的热量也相对大，在熔融过程所需总热量中占有较大比例。

若试图采用单纯的 PED 和 FED 来熔融聚合物固体，必须再施加更大的压力，显然这将导致操作费用和设备投资急剧增加，所以是不可取的。

4.2.6 耗散混合熔融

双螺杆挤出机之类的设备具有强烈的挤压功能和搅混混合功能。当粒子群进入进料段，粒子受到强烈的挤压，产生大量 PED 和 FED，但不形成粒子压实层，呈松散状向前输送。进入熔融段，由于搅混作用，与熔体相互渗混，形成浓粒子悬浮液，悬浮液中固粒和熔体一起受到挤压，由 PED、FED、VED 共同作用产生的热量促使粒子熔融，由于悬浮体被反复挤压和搅混交互作用，未熔的粒子始终散布在熔体中，直到全部熔化，形成单一的熔体相。所以，耗散混合熔融（dissipation mixing melt，DMM）实质上是粒子的分散熔融，有别于前述粒子层从受热面渐进的熔融，它是一种非常快速高效的熔融方法。

4.3 熔融方法分类

实际加工中采取何种熔融方法是一个工程问题。可以根据聚合物材料的形状和性质，产品要求的质量和几何形状，较高的熔融速度，以及防止热降解和在高温区合理的停留时间来判定式(4-1)右端各项组合的熔融的方法。按产品要求和较高的熔融速率，主要的熔融方法有以下几类：无熔体移走的传导熔融、移动热源的熔融、强制移走的传导熔融、耗散-混合熔融。

4.3.1 无熔体移走的传导熔融

4.3.1.1 操作原理

无熔体移走的传导熔融操作示意图见图 4-4。热壁面直接接触聚合物压实体，因二者间

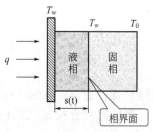

图 4-4 无熔体移走的传导
熔融操作示意图

有温度差（$T_w - T$），压实体被加热和熔融，在二者之间形成聚合物熔体 $[s(t)]$。因无熔体移走，熔体层逐渐变厚，相界面逐渐向右移动，压实体逐渐变薄，最终完全消失，完全成为聚合物熔体。

4.3.1.2 控制方程式

聚合物熔体的黏度很高且静止不动，其传热机理与压实体同为热传导，为液-固两相间传热，有相转变，相界面移动，为不稳定传热。故热传导问题更复杂。假设：

① 相界面温度为熔点温度 T_m，T_m 恒定，并能满足能量平衡；

② 两相的物性恒定，无其它热源；

③ 热壁面温度 T_w 恒定；

④ 压实体为半无限体。

则式(4-1)简化为：

熔体内的热传导：

$$\rho_1 C_{p1} \frac{\mathrm{d}T_1}{\mathrm{d}t} = -k_1 \frac{\mathrm{d}^2 T_1}{\mathrm{d}x^2} \tag{4-4a}$$

边界条件 $$T(0,t) = T_w \tag{4-4b}$$

$$T[s(t),t]=T_{\mathrm{m}} \tag{4-4c}$$

固体层内的热传导：

$$\rho_{\mathrm{s}}C_{p\mathrm{s}}\frac{\mathrm{d}T_{\mathrm{s}}}{\mathrm{d}t}=-k_{\mathrm{s}}\frac{\mathrm{d}^2 T_{\mathrm{s}}}{\mathrm{d}x^2} \tag{4-5a}$$

边界条件 $\qquad\qquad\qquad T_{\mathrm{s}}[s(t),t]=T_{\mathrm{m}} \tag{4-5b}$

$$T_{\mathrm{l}}(\infty,t)=T_0 \tag{4-5c}$$

对于结晶性聚合物，相界面上有熔融热放出，界面位置不断向右移动。在固液界面处应满足能量恒算方程。

固液界面处的能量恒算方程：

$$k_{\mathrm{l}}\frac{\mathrm{d}T_{\mathrm{l}}}{\mathrm{d}x}-k_{\mathrm{s}}\frac{\mathrm{d}T_{\mathrm{s}}}{\mathrm{d}x}=\rho_{\mathrm{s}}r\frac{\mathrm{d}s(t)}{\mathrm{d}t} \tag{4-6}$$

$$\underset{\substack{\text{进入相}\\\text{界面的}\\\text{热量}}}{}\quad\underset{\substack{\text{流出相}\\\text{界面的}\\\text{热量}}}{}\quad\underset{\substack{\text{单位面}\\\text{积的熔}\\\text{融速率}}}{}$$

以上几式中 $\quad T_{\mathrm{s}}$、T_{l}、T_{m}——固、液相温度及相变温度，K；

$\qquad\qquad T_0$、T_{w}——固体初始温度、加热壁面温度，K；

$\qquad\qquad k_{\mathrm{s}}$、$k_{\mathrm{l}}$——固、液相热导率，W/(m·K)；

$\qquad\qquad \rho_{\mathrm{s}}$、$\rho_{\mathrm{l}}$——固、液相密度，kg/m³；

$\qquad\qquad r$——结晶性聚合物熔融潜热，kJ/kg；

$\qquad\qquad s(t)$——熔体厚度（界面位置），m，$s(t)=2\lambda\sqrt{\alpha_{\mathrm{l}}t}$，$\lambda$ 为常数；

$\qquad\qquad \alpha_{\mathrm{s}}$、$\alpha_{\mathrm{l}}$——固、液相热扩散系数，m²/s。

求解后，两相层内的温度分布都是指数函数（图 4-5）。

熔体内温度分布表达式为：

$$T_{\mathrm{l}}=T_{\mathrm{w}}+A\mathrm{erf}\left(\frac{x_{\mathrm{l}}}{2\sqrt{\alpha_{\mathrm{l}}t}}\right)$$

固相内温度分布表达式为：

$$T_{\mathrm{s}}=T_0+B\mathrm{erfc}\left(\frac{x_{\mathrm{s}}}{2\sqrt{\alpha_{\mathrm{s}}t}}\right)$$

式中，A、B 为积分常数，可分别由边界条件（4-4b）、（4-5c）解得。

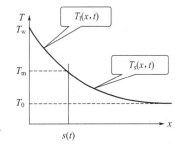

图 4-5 两相内温度分布

加热面的热通量为：

$$q_x=-k_{\mathrm{l}}\left(\frac{\partial T_{\mathrm{l}}}{\partial x}\right)_{x=0}=\frac{k_{\mathrm{l}}}{\sqrt{\pi\alpha_{\mathrm{l}}t}} \tag{4-7}$$

由式(4-7) 可知，热通量 q 比例于 $t^{-(1/2)}$。如以开始传热后 1s 的 q 为基准，经过 10s 后 q 减少到 32%；经过 40s 后 q 减少到 16%，说明传热速率下降很快。这是因为两相温度差减小很快，而传导热阻 $R=x/k$ 增大得很快，所以传导熔融速率很低。同时在壁面熔体停留在高温区时间过长，引起热降解机会增多，因此应慎重选择壁温 T_{w}，厚度不宜过大。

无熔体移走的传导熔融显然不是一种高效的熔融方法，但仍常用。多用于滚塑成型，或成型的半成品和成品的凝固。

4.3.2 移动热源的加热和熔融

在聚合物加工中，如聚氯乙烯焊接，连续介电加热密封或两辊间加热或冷却薄板、薄

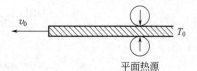

图 4-6 具有平面热源
的移动薄板的加热

膜。热源和聚合物材料之间总是一个静止不动，一个在移动，因此相对来说热源是移动的，这就是移动热源加热熔融方法。

现以两辊间加热薄板再冷却的过程为例，求出轴向温度分布 $T(x)$ 和加热到预期的最高温度 T_{max} 所需的热源强度。

为了便于数学处理，将加入热源点视为坐标原点。假定薄片很薄，其温度为 T_0，以恒速 v_0 运动，其物性恒定（图 4-6）。在冷却过程中薄板不断与周围空气进行对流热交换。此时，能量方程(4-1) 简化为一维的能量方程：

$$\rho C_p v_0 \frac{\mathrm{d}T}{\mathrm{d}x} = k\frac{\mathrm{d}^2 T}{\mathrm{d}x^2} - Q_V \tag{4-8a}$$

式中 Q_V——单位体积薄板与周围空气对流传热速率，W/m^3；

$$Q_V = \frac{hC}{A}[T(x) - T_0] \tag{4-8b}$$

式中 C——薄板周长，m；

A——薄板横截面积，m^2；

h——对流传热系数，$W/(m^2 \cdot K)$。

令 $T'(x) = T(x) - T_0$，$m = \left(\frac{hC}{kA}\right)^{1/2}$，

将方程(4-8b) 带入方程(4-8a) 中，得到

$$\frac{\mathrm{d}^2 T'}{\mathrm{d}x^2} = -\frac{v_0}{\alpha}\frac{\mathrm{d}T'}{\mathrm{d}x} - m^2 T' = 0 \tag{4-9}$$

式中 α——热扩散系数，m^2/s，$\alpha = \frac{k}{\rho C_p}$。

结合边界条件 $T'(\pm\infty) = 0$ 解方程(4-9) 得：

$$T'(x) = T'(0)\exp\left[-\left(\sqrt{m^2 + \left(\frac{v_0}{2\alpha}\right)^2} - \frac{v_0}{2\alpha}\right)x\right] \qquad x \geq 0 \tag{4-10}$$

$$T'(x) = T'(0)\exp\left[\left(\sqrt{m^2 + \left(\frac{v_0}{2\alpha}\right)^2} + \frac{v_0}{2\alpha}\right)x\right] \qquad x \leq 0 \tag{4-11}$$

从 $x = 0$ 处输入热源是在 x 和 $-x$ 方向传导，对应的热通量由方程(4-10) 和方程(4-11) 得到。

$$q_1|_{x=0} = kT'(0)\left(\sqrt{m^2 + \left(\frac{v_0}{2\alpha}\right)^2} - \frac{v_0}{2\alpha}\right) \tag{4-12}$$

$$q_2|_{x=0} = kT'(0)\left(\sqrt{m^2 + \left(\frac{v_0}{2\alpha}\right)^2} + \frac{v_0}{2\alpha}\right) \tag{4-13}$$

根据界面热平衡要求，$q = |q_1| + |q_2|$，由方程(4-12)、方程(4-13) 解出 $T'(0)$

$$T'(0) = T'_{max} = \frac{q}{2k\sqrt{m^2 + \left(\frac{v_0}{2\alpha}\right)^2} + \frac{v_0}{2\alpha}} \tag{4-14}$$

即热源输入点温度最高 $[T(0) = T'(0) + T_0]$，它随热源强度增加而增大，随速度 v_0 增加而下降。并且由式(4-10)、式(4-11) 可知，在正 x 方向温度很快下降，而在运动方向 $(x < 0)$ 温度下降很慢（图 4-7）。

移动热源的传导还有另一种情况：如结晶性聚合物的熔体冷却。此时熔体不移动，但是

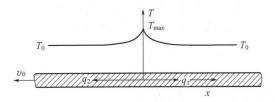

图 4-7 移动薄板被平面热源加热后的温度分布

在熔-固界面处放出结晶潜热。此结晶潜热释放位置是随界面的移动而移动的，这可视为内部移动热源，其模型的数学处理要更复杂，有兴趣者可参阅相关文献。

4.3.3 强制熔体移走的传导熔融

强制移走熔体的方法有拖曳力移走和压力移走两种方法（图 4-8）。两种方法的机理相同。但后者研究不充分，应用范围也有限，仅在制造某些合成纤维（如聚酯纤维）时，才使用这一方法。所以本节只讨论拖曳力移走熔体的传导熔融。

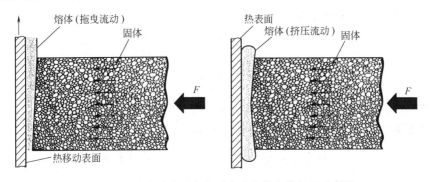

图 4-8 拖曳力移走熔体和压力移走熔体的机理示意图

4.3.3.1 操作原理

聚合物压实体紧压在移动热板上（$T_0 > T_m$），由传导热和高剪切应力耗散，在压实体和热板间产生聚合物熔体膜，并被拖曳力连续带走。经过一段时间后，当被移走的熔体量等于压实体被熔融量，并且保持厚度为 δ 的熔体膜，形成了有温度在外加压力 P 作用下，熔体移走速率为 v_0 的稳态操作。这个操作可以改变 v_0 及 P 则可调控熔融速率。外加压力 P 的作用是将压实体前沿始终与熔膜紧紧贴附。

口模成型、压延涂覆等模面成型就是这种熔融方式，其特点是：

① 液相传导速率因液相层（δ）很薄，增大了温度梯度 $[(T_0 - T_m/\delta)]$，所以提高了热传导速率；

② 因及时移走部分熔体，使熔体在高温区的停留时间缩短，减少了热降解的机会。因而存在提高壁温 T_0 的可能性。T_0 的提高可增加传导速率，使熔融速率提高；但是 T_0 的提高，熔体的黏度下降，减小了黏性耗散，其净结果有可能使熔融速率降低。所以正确选取 T_0 是非常重要的。

③ 膜内的黏性耗散为加热熔融增加了一个重要热源，为工程设计带来了更多的灵活性。

4.3.3.2 控制方程

拖曳力移走熔体的传导熔融的传热方式有三种：①未移走熔膜与压实体间的相变传热；②拖曳力带走熔膜产生黏性耗散；③压实体以 v_{sy} 的速度移向熔膜外缘导致的热传导。所以这种熔融机理更为复杂。

由于移动热板有一定的宽度，在数学模拟上是二维问题，当选取图4-9所示的体系，并设定熔体物性不变且不可压缩，热板厚度远小于板的宽度。

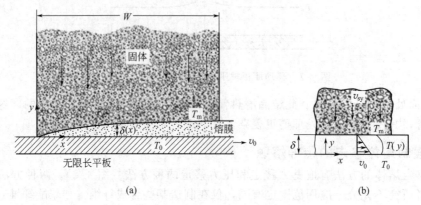

图 4-9 拖曳力移走熔体熔融

（1）连续性方程和运动方程

$$-\frac{\partial u_x}{\partial y} = C_1 \tag{4-15}$$

$$\frac{\partial P}{\partial x} = \frac{\partial \tau_{yx}}{\partial y} = 0 \tag{4-16}$$

即熔体膜内流速分布为线性分布，并表明液膜内的压力改变不大。

（2）稳态下的能量方程式　简化式（4-1）得：

$$\rho_1 C_{p_1} \left(u_x \frac{\partial T}{\partial x} + u_y \frac{\partial T}{\partial y} \right) = k_1 \frac{\partial^2 T}{\partial y^2} - VED \tag{4-17}$$

式中，$VED = \tau_{xy} \dfrac{\partial u_x}{\partial y}$ 可由上式求出温度场 ［见图 4-9(b)］。

（3）相界面上热平衡方程式

$$k_1 \left(\frac{\partial T_1}{\partial y} \right)_{y=\delta} - k_s \left(\frac{\partial T_s}{\partial y} \right)_{y=\delta} = \left[\rho_1 u_y (\delta) \right] r \tag{4-18}$$

由此式可求出熔融速率 $[\rho_1 u_y (\delta)]$。

（4）压实体向相界面的移动速率　由于压实体的厚度远大于熔体膜厚度 δ，所以对该问题的讨论可简化为一维体系。则压实体向相界面的移动速率为：

$$\rho_s C_{ps} u_{sy} \frac{\partial T_s}{\partial y} = k_s \frac{\partial^2 T_s}{\partial y^2} \tag{4-19}$$

利用式（4-15）至式（4-19）可求出熔膜内速度场、温度场、熔融速率、熔膜厚度、熔膜平均厚度以及压实体的移动速度。

在单螺杆挤出机研究中应用上述方法分析聚合物的熔融机理，已经取得了较为实际的理论研究结果，并用于挤出机设计和不同聚合物挤出过程的研究。

4.3.4　耗散混合熔融

双螺杆挤出机的特点是其挤压、破碎、混合能力都很强。进入挤出机的粒子群很快受到强烈的挤压，粒子的塑性形变产生形变耗散（PED＋FED），随即被新生熔体、漏流和返流熔体强烈混合形成固液悬浮液，同时将耗散能量均匀分布在整个容积内，体系呈现耗散混合熔融机理。通常，在很短的距离内固体颗粒就能完全成为熔体，所以它是高熔融速率、低熔体温度的熔融操作。

由于各种形变耗散的量化比较困难，尤其是在形成固液悬浮物后的流动和形变耗散更难量化，其控制方程虽然可以表达，但要求解及其困难，仅可能进行定性描述。

聚丙烯在 ϕ30mm 的同向双螺杆挤出机中的整个熔融过程可以分为六个阶段，各阶段的物流状态及传热机理如表 4-1 所示。

表 4-1　聚丙烯在双螺杆挤出机中熔融过程的物流状态及传热机理

	CO-TSE 中物料前进方向→						熔体出口
操作阶段	Ⅰ	Ⅱ	Ⅲ	Ⅳ	Ⅴ	Ⅵ	Ⅶ
物流状态	固体颗粒加料及输送	粒子轻度形变	粒子重度形变	固粒被熔体润湿	浓固粒悬浮熔融液	稀固粒悬浮熔融液	熔体均化输送
传热机理	传导	FED，PED	PED，FED	PED、VED、DMM	PED、VED、DMM	VED、热传导	VED、热传导

4.4　几何形状、边界条件和物理性质对熔融过程的影响

描述聚合物加工过程中传热问题的控制方程［见方程(4-1)、方程(4-2)］都是非线性偏微分方程，求解传热问题实质上归结为对微分方程的求解。这里不仅要求得微分方程的通解，还要通过定解条件得到满足实际问题的特解。因此，必须确定物体的几何形状、物理性质以及边界条件。

一般来说，不稳定传热问题的定解条件有两个方面：初始时刻温度分布的条件，即初始条件；物体边界上的温度或换热情况的条件，此为边界条件。传热微分方程式要结合初始条件和边界条件才能完整地描述一个具体的传热问题。对稳态传热，定解条件中没有初始条件，仅有边界条件。

聚合物加工传热问题的边界条件可以归纳为以下三类。

(1) 限定表面温度　即规定了边界上的温度值，称为第一类边界条件。这也是聚合物加工传热问题中最重要的边界条件。对稳定传热而言，边界温度保持常数，即 T_w=常数。对不稳定传热，这类边界条件以下列关系式给出：

$$t>0 \text{ 时}, T_w=f(t) \tag{4-20}$$

大多数加工机械中的加热或熔融阶段，或者是冷却和凝固时的边界条件可视为第一类边界条件。

(2) 限定表面对流条件　规定了物体边界与周围流体间的对流传热系数及周围流体的温度 T_a，称为第二类边界条件，可表示为：

$$h\left[T_a(t)-T(0,t)\right]=-k\frac{\partial}{\partial x}T(0,t) \tag{4-21}$$

式中　h——对流传热系数，W/(m²·K)；

$T_a(t)$——周围流体温度，K；

$T(0,t)$——物体边界温度，K；

k——物体热导率，W/(m·K)。

在聚合物加工中，吹塑薄膜在空气中冷却、真空成型前在烘箱中的加热、注塑制品的冷却等都属于这种情况。

(3) 限定表面热流密度　规定了边界上的热流密度值，称为第三类边界条件。此类边界条件就是规定边界上的热流密度保持定值，即 q_w=常数。对不稳定导热的关系式为：

$$t>0 \text{ 时，} -k\frac{\partial}{\partial x}T(0,t)=f(t) \tag{4-22}$$

在聚合物加工中，在摩擦焊接和在螺杆挤出机的固体输送中的固-固表面摩擦生热可视为此类传热边界条件。而且，某些作为表面温度弱函数（weak function）的特定强辐射加热和对流加热，也可以视为限定表面热流密度的边界条件。对不透明物质的辐射加热，当辐射源温度（T_r）≫物料温度（T）时，可以满足"限定的表面辐射"表述：

$$\sigma_0\phi[T_r^4-T^4(0,t)]=-k\frac{\partial}{\partial x}T(0,t) \tag{4-23}$$

式中　σ_0——黑体的辐射常数（Stefan-Boltzmann 常数），$5.67 \text{W}/(\text{m}^2 \cdot \text{K}^4)$；

　　　ϕ——角系数；

　　　T_r——辐射源温度，K。

聚合物的物性和热性能参数，在求解传热问题时都可做某些假设，使问题简化而又不过分影响计算精度。最基本的就是假设整个过程中物性恒定不随温度改变。如 $P=50\text{MPa}$，$T\leqslant200℃$ 范围内大多数聚合物的密度 ρ 改变范围约 $10\%\sim20\%$，热导率 k、比热容 C_p 的变化约为 $30\%\sim40\%$，因此热扩散率 α 的改变约为 10%，所以假设其恒定得到解的精确度在工程上是满意的。

如果某些高聚物的这些性质随温度的改变很大，可将其与温度的函数关系带入控制方程，这增加了求解难度，可采用数值方法求解。

虽然聚合物加工中的传热过程发生在几何结构复杂的机械或模具中，但是速率决定阶段经常可以用简单的几何形状来模拟，如半无限体、无限平板和薄膜等。在这些情况下，可以用解析方法求解。在熔体凝固时，尽管几何形状复杂，但与传热问题的几何边界条件一致，因此仍可采用数值方法求解。

4.5　聚合物在注射成型中的冷却

4.5.1　结晶性聚合物冷却阶段的温度分布

聚合物在注射成型的高剪切速率下会形成各种相态结构，除了受到充模过程流动的影响外，其在模具中的温度变化速率也是重要的影响因素。所以，聚合物材料在模具中的温度变化规律是其结构形成的控制因素之一。理论上，可以通过对材料在模具中的温度分布的研究，进而掌握相态结构随温度的变化规律，达到对材料结构的预测，并在加工过程中实现对结构的控制。所以，对聚合物在注射成型冷却过程的温度分布研究十分重要。

浇口冻结后模腔内物料的冷却过程中由于没有物料的流动，因此是一个典型的热传导过程。其内部较高温度的熔体将热量传导给温度较低的外层及表面的冻结层，冻结层再将热量传递给模腔壁，直到制品具有足够的刚度从模腔中脱出。由于塑料的热导率远小于金属，因此冷却时间主要取决于塑料的热物理性能和制品的壁厚。对于薄壁制品，一般将其中心层温度降低到玻璃化转变温度或热变形温度以下所需的时间称为冷却时间。冷却时间一般占注塑周期的一半以上，是决定注塑效率的主要因素之一。

4.5.1.1　模型假设

（1）模型描述　如图 4-10 所示，结晶性塑料熔体被注入板状模腔，由于模具的冷却作用，使与两模壁接触的熔体首先冷却凝固。在靠近两模壁附近的物料中出现两个固液相界面，分界面处伴随有潜热释放。随着时间的推移，两界面以相同的速度逐渐向中心推进，当两界面在中心相遇时，型腔内的塑料熔体全部凝固，在某一脱模温度下，开模取出制品。根据上述冷却凝固过程热传导的特点和聚合物材料的热导率很低的性质，过程热传模型描述为：①液相等温区存在，中心温度维持不变；②液相等温区消失，中心温度不断下降；③固相冷却可以根据这三个连续阶段来建立数模，求解注塑平板冷却凝固全过程的温度分布。

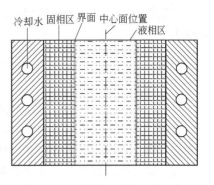

图 4-10　注塑件在模具内的冷却

（2）基本假设

① 塑料熔体充模时间极短，充模完毕后即开始固化。

② 初始料温均一，令为 T_i。

③ 冷却过程中模具温度 T_0 恒定，且塑料表面温度也恒为 T_0。

④ 因为该塑件长度、宽度远远大于其厚度，即可忽略其长宽对冷却过程的影响，整个冷却过程为沿塑料厚度的一维传热。且塑件对称，取其一半作为研究对象。

⑤ 物料为结晶性塑料，相变发生于熔点 T_m。

⑥ 固化界面仅与时间有关，设为 $s(t)$。

⑦ 由于研究对象是高密度聚合物，属高黏度非流动性物体，且假设塑件与模具之间缝隙忽略，即可认为其不存在对流传热。

4.5.1.2　数学模型推导及计算

（1）控制方程　方程（4-1）简化为：

固相：

$$\frac{\partial^2 T_s}{\partial x^2}=\frac{1}{\alpha_s}\frac{\partial T_s(x,t)}{\partial t} \qquad 0<x<x(t),t>0 \tag{4-24}$$

$$T_s(x,t)=T_0 \qquad x=0,t=0 \tag{4-25}$$

液相：

$$\frac{\partial^2 T_l}{\partial x^2}=\frac{l}{\alpha_1}\frac{\partial T_1(x,t)}{\partial t} \qquad s(t)<x<L,t>0 \tag{4-26}$$

$$\frac{\partial T_1}{\partial x}=0 \qquad x=L,t>0 \tag{4-27}$$

固液界面方程：

$$T_s=T_1=T_m \qquad t>0,x=s(t) \tag{4-28}$$

$$k_s\frac{\partial T_s}{\partial x}-k_1\frac{\partial T_1}{\partial x}=\rho\gamma\frac{\mathrm{d}s(t)}{\mathrm{d}t} \qquad t>0,x=s(t) \tag{4-29}$$

上述各式中，α_s 和 α_1 分别为固液相的热扩散系数；k_s 和 k_1 分别为固液相的热导率；ρ 为固相密度；γ 为潜热。

（2）第一阶段数模——液相等温区存在，中心面温度恒定阶段（图 4-11）　本阶段固、液两相同时存在。固相界定在 $0\leqslant x\leqslant s(t)$，其边界面温度分别为 T_0 和熔点 T_m，二者在冷却过程中都是恒定的。根据热层概念（有温差存在的区域），液相出现热层区和等温区。热层区界定在 $s(t)<x<\delta(t)$，其边界面温度分别为 T_m 和 T_i，T_i 在本阶段内是恒定的。液相恒温区界定在 $\delta(t)<x\leqslant l$，在此区域内液相温度均为 T_i，它起到了储备热熔能的作用。由于固相和液相热层区内都有温度梯度存在和冷却水及时带走传导出的热量，使得熔料的冷却凝固过程得以继续进行，固液界面 $s(t)$ 及热层界面 $\delta(t)$ 都不断地向中心面移动。当 $\delta(t)$ 移动到中心面时，即 $\delta(t)=L$，冷却过程过渡到第二阶段。

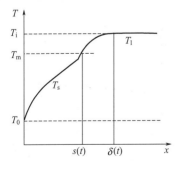

图 4-11　第一阶段温度分布示意图

根据精确解法与积分解法相结合求解该类问题的方法，可直接得出第一阶段固、液温度分布关系式为：

固相：
$$\frac{T_s - T_0}{T_m - T_0} = \frac{1}{\mathrm{erf}(\lambda)} \mathrm{erf}\left(\frac{x}{\sqrt{4\alpha_s t}}\right) \tag{4-30}$$

液相：
$$\frac{T_1 - T_i}{T_0 - T_i} = \left[\frac{\delta(t) - x}{\delta(t) - S(t)}\right]^n \cdot \frac{T_m - T_i}{T_0 - T_i} \quad (n=3) \tag{4-31}$$

式中，$s(t) = \lambda\sqrt{4\alpha_s t} = 2\lambda\sqrt{\alpha_s t}$；$\delta(t) = \beta\sqrt{4\alpha_s t} = 2\beta\sqrt{\alpha_s t}$，其中 λ、β 为待定系数，由界面方程，固、液温度分布方程联立解得。

（3）第二阶段数模——液相等温区消失，中心面温度下降阶段　本阶段固、液两相同时

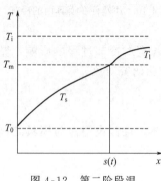

图 4-12　第二阶段温
度分布示意图

存在。固相界定在 $0 \leqslant x \leqslant s(t)$，其边界面温度仍为 T_0 和熔点 T_m，但液相内因热层厚度 $\delta(t)$ 扩展到了中心面，其恒温层消失了。液相热层区界定在 $s(t) < x < \delta(t) = L$（图4-12），其边界面温度为 T_m，但中心面温度则随冷却凝固过程继续进行不能保持在 T_i，而是逐渐下降。由 T_i 下降到 T_m 的同时，固相界面区 $s(t)$ 亦移动到中心面上，即 $s(t) = L$。此时所有液相全部冷却凝固为固相，冷却过程进入第三阶段。

由于该阶段固相与第一阶段固相边界条件相同，因此第二阶段的固相温度分布关系式为：

$$T_s = T_0 + (T_m - T_0)\mathrm{erf}\left(\frac{x}{\sqrt{\alpha_s t}}\right) / \mathrm{erf}[\lambda(t)] \tag{4-32}$$

由于等温层消失，中心温度不再是一定值，而是不断下降至 T_m，因此，该阶段的 λ 不同于第一阶段的 λ，第一阶段的 λ 是一个常数，而该阶段的 λ 是时间的函数可写成 $\lambda(t)$。

再将固、液温度分布关系式分别带入界面方程（4-29）可得：

$$\frac{\mathrm{e}^{-\lambda^2(t)}}{\mathrm{erf}[\lambda(t)]} - \frac{k_1}{k_s} \cdot \frac{\sqrt{4\alpha_s\pi}}{T_m - T_0} \cdot \frac{\eta(t)\sqrt{t}}{L - s(t)} = \frac{\gamma\sqrt{\pi}}{C_{p_s}(T_m - T_0)}\lambda(t) \tag{4-33}$$

在设定不同时刻 t 下，由式（4-31）～式（4-33）联合使用即可确定不同时刻 t 所对应的 $\lambda(t)$、$\eta(t)$ 值，进而得出第二阶段的温度分布关系。从计算过程中的数据可看出 λ 是一变量，不同时刻 t 对应不同的 λ 值，但在该阶段末的那一段时间 λ 值趋为一常数，即 $\lambda = 0.634$。

（4）第三阶段数模——固相冷却阶段　此阶段为固相冷却阶段（图4-13），从模具中物料由液相全部变为固相时起到塑件中心温度降到出模温度 $T_e = 50℃$ 时止（由于出模温度 T_e 的取值关系到塑件质量和注塑效益，在例中，根据已有经验假设其等于50℃）。

因为没有相变，但中心温度 T_i 在不停地下降。可直接得出第三阶段的温度分布关系式如下：

$$T(x, t) = T_0 + (T_0 - T_i)\eta(t)\left[\frac{x}{L} - \frac{1}{3}\left(\frac{x}{L}\right)^3\right] \tag{4-34}$$

式中，$\eta(t) = (-1.1875)\exp\left(1.4928 - \frac{12\alpha_s}{5L^2}t\right)$

4.5.1.3　计算实例

（1）物性参数（表4-2）

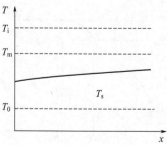

图 4-13　第三阶段温
度分布示意图

表 4-2 HDPE 物性参数

ρ_s /(kg/m³)	ρ_l /(kg/m³)	k_s/[W/ (m·℃)]	k_l/[W/ (m·℃)]	C_{ps}/[J/ (kg·℃)]	C_{pl} /(J/kg·℃)	α_s /(W·m²/J)	α_l /(W·m²/J)
845.53	785.7	0.3472	0.25	2250	2250	1.82×10^{-7}	1.41×10^{-7}

（2）整个冷却过程的温度场分布　根据以上三个阶段的分析，可作出整个冷却过程的温度场分布图。表 4-3、表 4-4 是第一阶段和第二阶段不同时刻 t 下所对应的 $s(t)$ 和 $\delta(t)$ 或 $a(t)$ 数值。

表 4-3　第一阶段不同时刻 t 下的 $s(t)$ 和 $\delta(t)$

t/s	0	0.1	0.3	0.5	0.8	1.15	1.51
$s(t)$/mm	0	0.1486	0.25732	0.3322	0.4202	0.5038	0.5773
$\delta(t)$/mm	0	0.5156	0.8929	1.1527	1.4581	1.7482	2.0000

表 4-4　第二阶段不同时刻 t 下的 $s(t)$ 和 $\lambda(t)$

t/s	1.6	2.5	5	8	10	12	13.64
$\lambda(t)$/mm	0.595	0.577	0.566	0.613	0.634	0.634	0.634
$s(t)$/mm	0.6429	0.7793	1.0810	1.4810	1.7125	1.8464	2.0000

塑件整个冷却过程的温度分布如图 4-14。曲线 1～3 为热层存在阶段的温度分布，热层到达塑件中心的时间为 $t_{1f}=1.51s$；曲线 4～7 为中心温度下降段不同时刻的温度分布，熔料全部凝固的时间为 $t_{2f}=13.64s$；曲线 8～11 为固相冷却阶段的温度分布，塑件最后冷却到出模时的时间为 $t_{3f}=34.21s$。

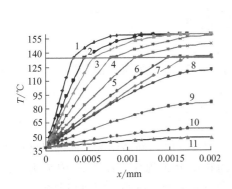

图 4-14　整个冷却过程的温度分

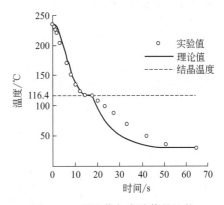

图 4-15　理论值与实验值的比较

4.5.1.4　实验验证

将 HDPE 通过注射机注入模具，用模具中安装的测温元件同步测试熔体的温度变化，并用前述数学模型，取进口温度 $T_i=230℃$，$T_e=30℃$，$L=2mm$，计算出 $x=L=2mm$ 处的温度-时间对应关系曲线。

在塑件中心 $L=2.0mm$ 处冷却温度分布的计算值与实验值的比较见图 4-15。

图 4-15 中理论值与实测值反映出的温度变化趋势是相同的，与 4.5.1.1 的模型描述一致。在冷却过程的第二阶段结束时出现温度平台。在此阶段由于固相厚度增加，热传导速率降低，结晶释放的潜热很难立即被固相移走，当温度降至结晶温度时，液相恒定在结晶温度下结晶凝固，因而产生温度平台。第三阶段为固相冷却段，从图中可以看出在该阶段计算值

降温速率比实验值快，出现这种现象的原因是：模具型腔内塑件冷却收缩和变形，塑件与模具之间出现空气层，导致热阻变大，从而实验过程中传热速率降低，温度变化较慢；聚合物在实际冷却过程中的结晶并不是瞬间完成的在相变平台之后的冷却过程中仍然存在少量的结晶行为，因此实际冷却并不是单纯的固相冷却，因而在该阶段中实验的降温速率比理论计算结果要慢。

4.5.2 无定形聚合物冷却阶段的温度分布

如图 4-16 所示，可假定塑料制品在模具型腔中冷却时，热量只沿垂直于型腔壁的方向传递，并假定制品表面的温度在充模时同时降低到模温并维持恒定，由此建立一维导热微分方程：

$$\frac{\partial T}{\partial t} = \alpha \frac{\partial^2 T}{\partial x^2} \tag{4-34}$$

其边界条件为：$x=0$，$T=T_{w1}$

$x=s$，$T=T_{w2}$

其初时条件为：$t=0$，$T=T_0$

式中　T——制品内的温度，℃；

t——冷却时间，s；

α——塑料热扩散率，mm^2/s；

T_0——熔体温度，℃；充模后假定制品内温度为 T_0；

s——制品厚度，mm；

T_{w1}——型腔内壁温度，℃，设定 w_1 为基准边；

T_{w2}——型腔外壁温度，℃。

采用分离变量法求解式(4-24)，有

$$T(t,x) = T_{w1} + \frac{x}{s}(T_{w2} - T_{w1}) + \sum_{n=1}^{\infty} \frac{2}{n\pi} \sin\frac{n\pi x}{s} \exp\left(-\frac{\alpha n^2 \pi^2 t}{s^2}\right)$$

$$[(T_0 - T_{w1}) - (T_0 - T_{w2})(-1)^n] \tag{4-35}$$

假定模具型腔内外表面温度相等，则有 $T_{w1} = T_{w2} = T_w$，并取 $n=1$，则式(4-35)可简化为：

$$T = T_w + \frac{4}{\pi}\sin\frac{\pi x}{s}\exp\left(-\frac{\alpha\pi^2 t}{s^2}\right)(T_0 - T_w) \tag{4-36}$$

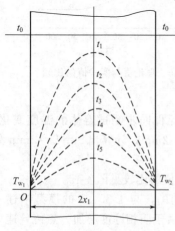

图 4-16　注塑制品在
模具型腔中的冷却

由此可见，冷却过程中，制品厚度方向的温度以中心层为对称轴，呈抛物线分布规律。图 4-16 中给出了冷却过程中 $t_1 \sim t_5$ 五种不同时刻的制品温度冷却曲线。

4.5.3 冷却时间的计算

塑料制品在模腔中的冷却时间，通常是指塑料熔体从充满型腔起，到可以开模取出制品时的这一时间。可以开模的标准是制品已充分固化，具有一定强度和刚度，在开模过程中不致发生变形破坏。目前主要有三种衡量制品是否已充分固化的准则：

① 对于无定形塑料的厚壁制品，其最大壁厚中心部分的温度已冷却到该塑料的热变形温度以下；

② 对于无定形塑料的薄壁制品，制品截面内的平均

温度已达到所规定的制品的出模温度;

③ 对于结晶性塑料，最大壁厚的中心层温度达到材料的熔点，或者结晶度达到某一百分比。

4.5.3.1 无定形聚合物厚壁制品冷却时间的简化计算

无定形聚合物的厚壁制品（通常指壁厚与平均直径之比大于 1/20），其最大壁厚中心层温度在该塑料的热变形温度之下时，制品的内外表面皮层会有足够刚度脱模，因此可采用塑料的热变形温度或略低于该温度作为脱模温度 T_1。

无定形塑料厚壁制品冷却时间可采用以下经验公式计算。

$$t = \frac{s^2}{\pi^2 \alpha} \ln \left[\frac{4}{\pi} \left(\frac{T_0 - T_w}{T_1 - T_w} \right) \right] \tag{4-37}$$

式中 s——制品的最大壁厚，mm;

     α——塑料的热扩散率，mm^2/s;

     T_0——塑料熔体的注射温度，℃;

     T_1——制品最厚部位中心层达到的脱模温度，℃;

     T_w——模具温度，℃。

计算冷却时间所需的参数可参阅相关手册。

4.5.3.2 无定形聚合物薄壁制品冷却时间的简化计算

无定形聚合物薄壁制品通常按制品截面的平均脱模温度 T_2 来计算冷却到该温度的时间。T_2 应低于塑料的热变形温度，表 4-5 给出了部分塑料制品截面的平均脱模温度以供参考。

$$T_2 = \frac{1}{2} (T_{w1} - T_{w2}) + \frac{4}{\pi^2} [2T_0 - (T_{w1} + T_{w2})] e^{\frac{-\alpha \pi^2 t}{s^2}} \tag{4-38}$$

假定模具型腔内外表面温度相等，$T_w = T_{w1} = T_{w2}$，则有

$$t = \frac{s^2}{\pi^2 \alpha} \ln \left[\frac{8}{\pi^2} \left(\frac{T_0 - T_w}{T_2 - T_w} \right) \right] \tag{4-39}$$

式中，T_2 为制品截面的平均脱模温度，℃。其它符号含义同式(4-37)。

表 4-5 部分塑料注射成型冷却时间计算的参数参考值

塑料名称	$\alpha/(mm^2/s)$	$T_0/℃$	$T_w/℃$	$T_1/℃$	$T_2/℃$
PC	0.105	230～290	80～100	90～110	132～140
PS	0.080	150～190	20～70	50～70	82～104
SAN	0.080	220～250	50～80	85～90	90～110
ABS	0.080～0.10	190～240	40～70	50～70	90～108
PMMA	0.075	180～230	40～60	50～70	80～109
RPVC	0.070	150～200	15～60	45～60	70～82
PSF	0.110	280～330	130～150	135～155	182
PBT	0.090	240～260	60～80	65～85	150～165
PA66	0.085	250～280	50～80	60～90	150～180
PA6	0.070	210～240	50～80	60～90	140～176
PP	0.065	170～220	50～60	55～70	102～115
LDPE	0.090	140～200	35～60	50～60	50～60
HDPE	0.095	150～230	35～60	50～60	65～82
POM	0.065	180～220	50～90	90～120	158～174

习题与思考题

1. 在一圆管中装有静止的聚合物熔体，管壁的温度低于聚合物的熔点，且保持不变。试给出表达凝固层厚度随时间变化的方程和边界条件。

2. 对于一维非稳态热传导问题，通过定义一个新变量 $\beta = Cxt^m$（C 和 m 是常数），证明偏微分方程

$$\frac{\partial T}{\partial t} = \alpha \frac{\partial^2 T}{\partial x^2}$$

可简化为常微分方程

$$m\beta \frac{\mathrm{d}T}{\mathrm{d}\beta} = \alpha C^2 t^{2m+1} \frac{\mathrm{d}^2 T}{\mathrm{d}\beta^2}$$

式中　α——热扩散系数，m/s；

　　　T——温度，K；

　　　t——时间，s。

3. 在流化床中用 PVC 对矩形金属零件（0.5mm×0.5mm×10mm）进行涂覆。涂覆厚度为 0.01cm，流化床的温度为 20℃，金属的初始温度为 150℃。假设流化床没有对流损失，为了形成所希望的涂覆厚度，金属温度将降至多少？［金属零件密度为 7860kg/m³，定压热容为 0.42J/(kg·K)］。如果考虑对流热损失，金属温度将如何变化？

4. 阐述传导熔融中熔体移走的必要性。比较无熔体移走和有熔体移走的情况下，熔融 PVC 时的熔融效率和聚合物熔体的稳定性。

5. 采用中空吹塑的成型方法，将一块温度为 200℃，长 20cm，外径为 4cm，厚 0.3cm 的型坯在 15℃的柱形瓶子模具中被夹紧，用 5℃的冷空气吹胀。瓶体直径为 10cm，长为 15cm。试分析该过程的传热问题并求解。

6. 将聚乙烯熔体条挤出到水浴中使其凝固，在设计水浴是必须估算该过程的接触时间。假设聚合物进入水浴时的温度为 170℃，水浴 25℃，试估算冷却直径分别为 3.2mm 和 1.6mm 条的接触时间。

7. 在一列管式换热器中将 500kg/h 聚乙烯熔体从 205℃降低到 150℃，冷却介质温度恒定为 35℃。要求换热器阻力损失不大于 2070kPa，试确定换热器列管根数、列管直径和长度。

第 5 章　混合与配制

聚合物成型加工用原料是指直接用于制品成型的原材料。工业上用作成型的聚合物（塑料）有粉料、粒料、溶液和分散体等几种。无论是哪一种原料，一般都不是单纯的聚合物（合成树脂），或多或少都加有各种助剂（添加剂）。加入助剂的目的是改善材料的成型工艺性能、制品的使用性能和降低成本。为了成型过程的需要，有将聚合物与助剂配制成粉料或粒料的，也有将其配制成溶液或分散体的。完成配制的方法大都靠混合，以使它们形成一种均匀的复合物。

5.1　混合的原理与方法

混合是使用一种有效的手段将多组分原料制备成更加均匀、方便使用的产品的过程。混合作用涉及界面、浸润、分散、扩散等许多方面的内容。

5.1.1　界面及界面张力

对于存在不同相的复杂系统，在各相过渡的地方就存在着界面。界面的类型取决于物质的聚集态，一般包括五种类型：液-气界面、液-液界面、液-固界面、固-气界面、固-固界面。而所谓表面即是固相或液相与气相接触的界面。迄今为止，人们已经认识到，处在两相交接的区域是一个具有相当厚度的界面层。两相接触会引起多种界面效应，使界面层的结构和性质不同于它两侧紧邻相的结构和性质。

对于气液体系，处于液体表面层的分子与处在液体内部的分子的受力情况并不相同：处在液体内部的分子受到周围同种分子的相互作用力是相互抵消的；而处在液体表面的分子不仅受到指向液体内部的液体分子的吸引力，同时也受到指向气相的气体分子的吸引力，由于气体方面的吸引力比液体方面小得多，因此气液界面的分子受到的力表现为指向液体内部并垂直于界面的引力。

从液相内部将一个分子移到表面层是需要克服这种分子间作用力而做功的。如图 5-1 所示，在一边可自由活动的金属丝框中有一层液膜，如果不在右边施加一个如图所示方向的外力 F，液膜就会收缩，即在沿液膜的切线方向上存在一个与外力 F 方向相反，大小相等且垂直于液膜边缘的作用力。外力 F 与液膜边缘的长度成正比，比例常数与液体表面特性有关，以 γ 表示，称为表面张力，即

$$\gamma = F/(2L) \tag{5-1}$$

式中，L 为液膜边缘长度，由于液膜有一定的厚度，故有两个表面，取系数 2。式(5-1)表明，表面张力是单位长度的作用力，单位是 N/m。它是反抗表面扩大的一种收缩力，其作用是能使一定体积的系统收缩至最小的表面积。

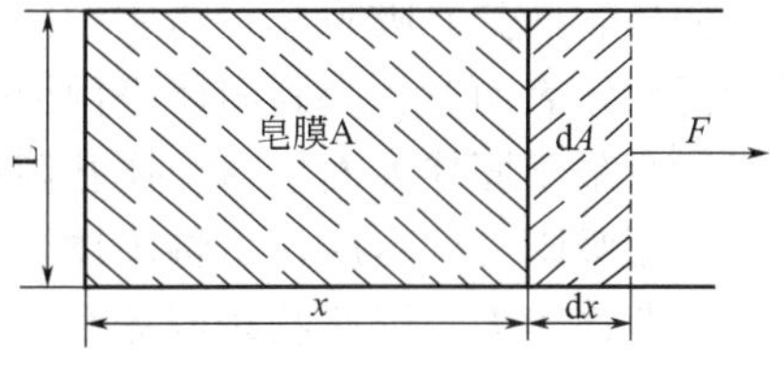

表面张力 γ 与物质性质（如分子间的作用力、化学键、极性、分子量等）有关：①分子间作用力愈大的体系，其表面张力愈大；②金属键的物质（如银、铜等），表面张力最大；其次为离子键的物质（如氧化物熔融体）；再次为极性分子的物质（如

图 5-1　皂膜的拉伸

水等）；最小的是非极性分子的液体（如液体石蜡、乙醚等）；③各类有机化合物中，具有极性的碳氢化合物液体的表面张力大于相应大小的非极性碳氢化合物液体的表面张力；有芳环或共轭双键的化合物比饱和碳氢化合物液体的表面张力高；④同系物中，分子量较大的表面张力高。

表面张力同时还受到温度、压力等因素的影响。一般而言，表面张力随温度上升而线性降低，即表面张力的温度系数（$\mathrm{d}\gamma/\mathrm{d}T$）均为负值。压力对表面张力也有影响。压力增加，气体的密度增加，所以一般说来，压力增加，表面张力降低。但是当压力变化不大时，液体表面张力受其影响不大。

5.1.2 浸润及润湿

当液滴滴落于固体表面时，液滴有时会立即铺展开来，甚至遮盖整个固体表面，这种现象称为润湿。如果液滴在固体表面上仍然团聚成凸透镜状，称为润湿不好或不润湿。液体对固体的润湿程度通常可以用液、固之间接触角（θ）的大小来表示。接触角是固-液界面张力 $\gamma_{\text{s-l}}$ 和液-气表面张力 $\gamma_{\text{l-g}}$ 的夹角（图5-2）。接触角的大小是由3个界面张力 $\gamma_{\text{s-g}}$、$\gamma_{\text{s-l}}$、$\gamma_{\text{l-g}}$ 的相对大小来确定的。固-气界面张力 $\gamma_{\text{s-g}}$ 使液滴沿固体表面铺开，而 $\gamma_{\text{s-l}}$、$\gamma_{\text{l-g}}$ 则使液滴收缩。当3个界面张力在 A 点达到平衡时，下列关系式成立：

$$\gamma_{\text{s-g}} = \gamma_{\text{s-l}} + \gamma_{\text{l-g}}\cos\theta$$

则：
$$\cos\theta = \frac{\gamma_{\text{s-g}} - \gamma_{\text{s-l}}}{\gamma_{\text{l-g}}} \tag{5-2}$$

式(5-2)称为杨氏（Yong）方程，由此方程可得出如下结论：

① 如果 $\gamma_{\text{s-g}} - \gamma_{\text{s-l}} = \gamma_{\text{l-g}}$，则 $\cos\theta = 1$，$\theta = 0°$，这是完全润湿的情况；

② 如果 $\gamma_{\text{l-g}} > \gamma_{\text{s-g}} - \gamma_{\text{s-l}}$，则 $0 < \cos\theta < 1$，$\theta < 90°$，固体能被液体润湿 [图5-2(a)]；

③ 如果 $\gamma_{\text{s-g}} < \gamma_{\text{s-l}}$，则 $\cos\theta < 0$，$\theta > 90°$，固体不被液体润湿 [图5-2(b)]。

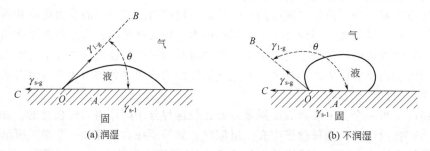

(a) 润湿　　　　　　　　　　　　(b) 不润湿

图5-2　润湿与不润湿

研究润湿作用有重要的实际意义，研究证明，改变系统的界面张力，就可以改变接触角，即改变系统的润湿情况。固体表面的润湿性能与其表面结构有关，通过对纤维或者其它无机材料的表面处理，可以改变表面状态，改变系统的润湿情况。

5.1.3 固体的表面吸附作用

固体表面具有吸附其它物质的能力。固体表面的分子或原子具有剩余的力场，当气体分子趋近固体表面时，受到固体表面分子或原子的吸引力，被拉到表面，在固体表面富集。这种吸附只限于固体表面包括固体孔隙中的内表面。

根据吸附力的本质，可将固体表面的吸附作用分为物理吸附和化学吸附。物理吸附的作用力是范德华力，因此物理吸附层可看作是蒸汽冷凝形成的液膜，物理吸附热与液化热相似，一般在40kJ/mol以下。在化学吸附中，作用力与化合物中形成化学键的作用力相似，这种力比范德华力大很多，化学吸附热也与化学反应热相似，一般在 $40\sim400kJ/mol$ 之间。因为范德华力存在于任何分子之间，所以物理吸附没有选择性，只要条件适合，任何固体皆可吸附任何气体，吸附多少因吸附剂和吸附质种类不同而异。反之，化学吸附只有在特定的固-气体系之间才能发生，有选择性。物理吸附的速度一般较快，而化学吸附像化学反应一样需要一定活化能，所以速度较慢。化学吸附时，固体表面与吸附质之间要形成化学键，所以化学吸附总是单分子层的，而物理吸附可以是多分子层的。物理吸附往往容易脱附，是可逆的。

物理吸附与化学吸附的比较列于表 5-1 中。

表 5-1　物理吸附与化学吸附的比较

项　　目	物理吸附	化学吸附
吸附力	范德华力	化学键力
吸附热	较小,接近于液化热,$20\sim40kJ/mol$	较大,接近化学反应热,$40\sim400kJ/mol$
选择性	无选择性	有选择性
吸附速率	较快,不受温度影响	较慢,温度升高速度加快,需要活化能
分子层	单分子层或多分子层	单分子层
稳定性	不稳定,易解吸	较稳定,不易解吸

5. 1. 4　扩散及扩散系数

扩散作用的推动力是各组分之间的浓度差。扩散是体系中各组分的微粒由浓度较大的区域迁移到浓度较小的区域，从而达到组成均一的过程。

对于无对流流动、无化学反应的系统，扩散过程中浓度随空间位置和时间的变化可以用费克第二定律表示：

$$\frac{\partial c}{\partial t}=D\left(\frac{\partial^2 c}{\partial x^2}+\frac{\partial^2 c}{\partial y^2}+\frac{\partial^2 c}{\partial z^2}\right) \tag{5-3}$$

式中，D 为物质的分子扩散系数，是物质的重要的传递性质。影响扩散系数的因素有温度、浓度、分子量等。

（1）扩散系数与温度的关系　气体在聚合物中的扩散系数与温度的关系表示为：

$$D=D_0\exp\left(-\frac{E_d}{RT}\right) \tag{5-4}$$

式中，E_d 为扩散活化能；D_0 为常数。

温度升高，扩散系数增大。

（2）扩散系数与浓度的关系　有机液体通过高聚物的扩散，扩散系数与扩散剂的浓度有很大关系。已有不同公式描述这一行为。

线性关系式为：

$$D=D_0(1+KC) \tag{5-5}$$

式中，D_0 和 K 为常数；C 为扩散剂浓度。

而应用范围更广的是指数关系式：

$$D=D_0\exp(KC) \tag{5-6}$$

（3）扩散系数与分子量的关系　扩散系数与分子量的关系由式（5-7）给出：

$$D=KM^{-a} \tag{5-7}$$

式中，K、a 为常数。

由式(5-7)看出,扩散系数随分子量增加而减小。因为 Bueche 的缠结模型认为,分子的缠结无异于增加了一个向后的拉力,因而阻止了扩散链的移动。

5.1.5 混合的原理与方法

物料的混合是指使用有效的手段将多组分原料加工成更加均匀、更加实用的产品的过程。物料的混合作用一般通过扩散、对流、剪切三种作用来完成。

聚合物与聚合物、聚合物与助剂之间的混合一般多为固体与固体之间的混合或者是高黏度体系的混合,而固体与固体之间或者高黏度体系的混合,扩散作用是很小的,因此,它们之间的混合扩散作用是有限的。增加其扩散作用的措施包括:升高温度,增加接触面,减少料层厚度等。

对流过程是使混合体系中的多种物料在相互占有的空间内发生流动,从而达到组分均一的目的。对流作用的动力一般来自外力的作用,如温度场以及机械力场,其中机械搅拌就是最常见的方式。对流作用在物料的混合过程中总会起到很重要的作用。

剪切作用是利用剪切应力促使物料组分均一的混合过程。剪切作用可以使物料块在体积不变的情况下,截面变小,并向倾斜方向伸长,从而使物料块表面积增大,扩大物料分布区域,达到混合的目的。剪切的混合效果与剪切力的方向是否连续改变以及剪切速率的大小有关。剪切速率愈大,对混合作用愈为有利。剪切力对物料的作用方向,最好是能不断作 $90°$ 的改变,即希望能使物料连续承受互为 $90°$ 的两剪切力的交替作用,如此混合作用的效果最好。通常的混合(塑炼)设备,不是用改变剪切力的方向,而是用改变物料的受力位置来达到这一目的。

5.2 混合的分类与评价

5.2.1 混合的分类

混合按不同的标准可以进行不同的分类,如按分散程度可以分为简单混合(分配混合)、分散混合;按混合形式,可以分为层流剪切混合、固定混合、挤出混合及搅拌混合;按混合过程的特点,可以分为间歇混合和连续混合。

5.2.1.1 简单混合和分散混合

简单混合(或称分配混合)是指使各组分作空间无规分布的混合。简单混合是靠应变作用下置换流动单元位置来实现的,一般而言,在滚筒类或螺带类捏合机中混合一般是简单混合。

分散混合除简单混合外,还要求混合体系的聚集态尺寸减小。分散混合主要是靠剪切应力和拉伸应力作用实现的。在开炼机、密炼机、单螺杆挤出机、双螺杆挤出机等类型的混合设备中的混合则是分散混合。而在高速混合机中混合的前阶段只是简单混合,而在其后阶段则是分散混合。例如对于聚合物/短切玻璃纤维混合体系,要使该体系混合均匀,达到简单混合的效果,就必须使玻璃纤维束散开(但不要将其碾成粉),使玻璃束在聚合物基体中达到均匀的分布。

分散混合是将组分的粒度减小,将固体块或聚集体破碎成微粒,或使不相容聚合物的分散相尺寸达到所要求的范围;而分配混合是使各组分的空间分布达到均匀。分散混合过程是一个复杂的过程,要发生各种物理、力学和化学作用,如图 5-3 所示。其中物理和力学的作用包括:大块的固体添加剂或者其它粒子破碎为较小的粒子;聚合物熔融塑化,形成黏流状态;物料粒子之间及与聚合物之间的相互融合和渗透;物料在流场的作用下,产生分布混合，混合均匀等。而化学作用则是指聚合物与活性填充物之间发生的化学反应，从而导致分散体系的界面结合得更加紧密。分散混合作用机理见图 5-4。

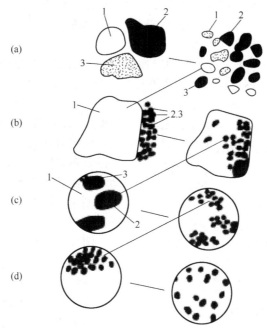

图 5-3　分散混合过程中体系发生变化的示意图

1—聚合物；2,3—任何粒状和粉状固体添加剂

（a）聚合物与添加剂的粉碎过程；（b）添加剂混入聚合物中；（c）进一步分散过程；（d）均化过程

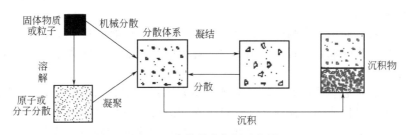

图 5-4　分散混合作用示意图

上述两种混合方式都是两种或两种以上组分的物质通过几何尺寸减小，同组分物质之间距离以及不同组分物质之间距离达到相近的过程，属于几何分散的范畴，几何分散的过程如下所示。

（1）固态物料

各组分细化──→固态物料间的混合──→几何分散状态

（2）固-液态物料

固态物料细化──→液体浸润（分散体）──→几何分散状态

（3）液-液物料

液-液物料（不混溶）──→混合──→几何分散状态

5.2.1.2　间歇混合和连续混合

间歇混合时所有被混组分同时或依次加入到聚合物中，而聚合物则多次通过混合设备的工作机构。此时，混合过程要一直进行到混合物质量达到要求为止。连续混合时，混合物通过混合机工作室一次即可达到规定的混合质量。

5.2.1.3　层流剪切混合和固定混合

（1）层流剪切混合　对于图5-5所示的一个简单剪切流动，可以利用两个典型方向（平行于流动方向和垂直于流动方向，即剪切方向）上的示踪条纹层在流动中的形态变化情况来反映层流剪切对体系混合程度的影响。

从图5-5可以看出，对于平行于流动方向的示踪条纹层，只要条纹层的初始宽度 W 与长度 L 相比足够小，除了两端的几何形状稍有变化外，条纹整体状况不会发生太大的变化。

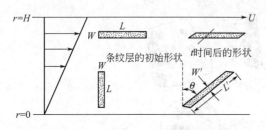

图5-5　在层流剪切流动中两个条纹层的混合

r—流动半径；H—最大流动半径；U—最大流动线速度；W—流动单元宽度；L—流动单元的长度；W'—流动时间 t 后，流动单元的宽度；L'—流动时间 t 后，流动单元的长度；θ—流动时间 t 后，流动单元倾斜的角度

而对于剪切方向的示踪条纹层则转动了一个角度 θ，而且条纹层伸长并变薄了。由此可知，层流剪切对体系不同位置和方向的混合作用是不相同的。而把少数组分引进剪切流动场时使其成为垂直于流动方向，亦即沿着速度梯度方向的条纹层，可以促进混合过程。

图5-5中引入的条纹层厚度概念可以作为层流体系中表征混合程度的一种定量量度。条纹层长度的增加及厚度的减小两者都表示混合程度的增加。条纹层的长度变长增加了两个相或两个组分之间的界面面积（在该两维流动的例子中是长度的增加），所以在这两组分之间每单位数量的少数组分与多数组分有了更多的接触，虽然条纹层厚度的减小与其长度的增加不是互相独立的，但它可以具有单独的效果。如果某一组分的扩散过程能够由于该相的微小化而加快，则扩散速率将会由于形成了更薄的条纹层而增大。

（2）固定混合　固定混合是指混合器没有运动部件，仅通过其内部几何形状的变化使物料得到剪切、均匀化的混合过程。在固定混合过程中，混合体系被动力送入混合器，迫使流体沿一定槽路流动来实现混合。

图5-6是一个填充床断面图（即固体颗粒填充床用作混合器的情况），是由内部填充了固体颗粒的一个管道构成的。流体单元通过填充间隙时受到两种有混合效果的作用：第一是形变场使流体发生应变，使它的面积增加；第二是在填充颗粒附近发生的"流动分割"，这种分割进一步减小了条纹层厚度。流动分割还能在一定程度上促进混合体系在径向上的混合程度，因为流动分割还可以促使其某个区域的物质与其相邻区域的物质发生混合。

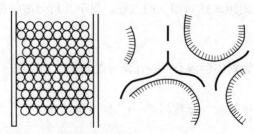

图5-6　固体颗粒填充床用作混合器的情况

虽然在混合方式、混合特点以及混合效果等方面有所区别，但是不同的固定式混合器都能使流体发生应变并因此而产生混合。图5-7是一种普通商品固定式混合器，商品名为Kenics。这种固定混合器由一个圆管构成，一系列左旋和右旋的短螺旋板交替分布在该圆管

内，一个螺旋板的尾边与下一个螺旋板的前沿成直角连接。由于这些螺旋板的存在，使得在垂直于管轴的平面内有横向流动发生。因此，在管道中心附近的流体向外转动到管壁；反之，管壁处的流体则转动到中心处，从而实现了径向混合。

图 5-7　Kenics 固定式混合器的螺旋板

图 5-8 是固定式混合器的作用机理。物料进入固定式混合器时互相分隔开，发生混合作用，而每当流体流经一个新的螺旋板时都被平均分割一次，所以可以预料条纹层厚度能够减小 2^N 倍，这里 N 是串接的螺旋板数目。

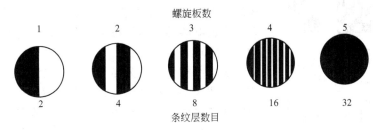

图 5-8　理想化的固定式混合器流动分割作用示意图

5.2.2　混合的评价

5.2.2.1　混合程度的量度

对混合程度的描述有直接描述和间接描述两种。

为了研究混合物的宏观结构和微观结构，必须明确研究尺度和试样的大小两个概念。研究尺度是指被分析的全部试样的尺度或大小，它一般被表示为一个数量级（如长度、面积或体积等）；而在选择试样大小时，应当考虑样品相对尺寸的大小或对比尺度。在研究混合物的宏观结构时，所取试样应当比研究尺寸小很多，比最终粒子大许多。最终粒子是指存在于混合物体系中各组分的最小相畴，不是指分子。

（1）混合状态的直接描述　直接对混合物取样检查其混合状态，分定性描述和定量描述。

① 定性描述　对混合状态的定性描述是指直接对混合物取样，并利用现代分析测试设备观察混合体系的形态结构、各组分分布的均一性和分散度。

均一性是指混合物中分散相浓度是否均匀，如图 5-9 所示。其中图 5-9（a）混合物中浓度变化较大，在其不同部位取样，分散相的含量不一样，故均一性差；图 5-9（b）的浓度变化较小，在混合物不同部位取样，分散相的含量基本相同。

混合物的分散程度是指被分散物质的破碎程度以及分布。对一般混合体系而言，粒径小，其分散程度就高，则分散得好；反之，粒径大，分散程度就低，则分散得不好。

② 定量描述　从统计学的角度提出对混合物的均匀性的判定指标。可以从两个角度考虑，一是混合物的总体均匀性；二是混合物的局部均匀性：织态结构和局部结构。

a. 总体均匀度　总体均匀度是指混合物的平均组成，是所研究的整个系统中少组分的分布，也称为混合度。

在判断混合状态时，如果分散均匀，在试样中抽样，少组分的浓度都是相同的。但是，

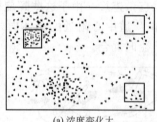 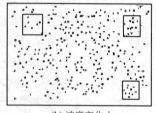

(a) 浓度变化大　　　　　　　　　(b) 浓度变化小

图 5-9　不同均一性共混物示意图

从统计学上说，混合过程大多是无规的或假无规的，最大可能的均匀性由二次分布式给出。

　　b. 织态（texture）结构　　织态结构实质上是表示少组分的分布方式。它是指虽然在被研究的若干试样中，少组分的含量相同（即具有相同的总体均匀度），但每个试样中少组分的分布是不一样的。混合物中的某些性能与织态结构有关，因此可以根据织态结构来判断混合均匀与否。

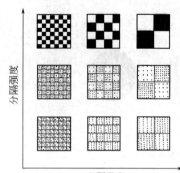

图 5-10　分隔尺度与分隔强度

　　织态结构可以用分隔尺度和分隔强度两个参数来定量描述。假设 A、B 两组分混合物如图 5-10 所示。相同组分的团块之间的距离即为分隔尺度，从左至右，分隔尺度增加。A 组分区域与 B 组分区域之间组分浓度的差异称为分隔强度。浓度差异越大，分隔强度就越大。在图 5-10 中，由下而上，分隔强度增加。显然，分隔尺度和强度的减小，均可导致混合物均匀程度增加。

　　分隔尺度和分隔强度的定量描述可参考相关文献。

　　c. 局部结构　　局部结构是在微观范围内研究混合状态时所用到的概念。局部结构是指最终颗粒在其余物质中的分布方式。混合物具有均匀织态，仍可能存在不同的局部结构。它们可以聚集成群或者单个分散。无论哪种方式，织态可以是均匀的。

　　混合物组成均匀性的三种特征均与少组分最终颗粒在多组分中的分布有关。它们间的差别在于研究尺寸。总体均匀度对应于整个系统；为了了解织态，研究尺度应远大于最终颗粒，又小于混合物整体；局部结构的研究尺度与最终颗粒相当。

　　(2) 混合状态的间接判定　　所谓混合状态的间接判定是指不检查混合物各组分的混合状态，而是检测制品或试样的物理性能、力学性能和化学性能等，以此判定混合状态。因为这些性能往往和混合状态有关。

　　例如，聚合物共混物的玻璃化转变温度同两种聚合物组分分子级的混合程度有直接关系。简单的均聚物和无规共聚物常表现出一个主要的玻璃化转变。而热力学相容的聚合物共混体系，同样也只有一个玻璃化转变温度，其值介于两共混组分的玻璃化温度之间，且与两组分相对体积含量成正比。这说明两种聚合物完全达到分子级的混合，形成均相体系。当两种热力学不相容的聚合物共混时，形成了两相体系，则两相分别保持原组分的玻璃化温度。大多数共混物、嵌段物、接枝物以及互相贯穿聚合物网络（IPN）都呈现出两个主要的玻璃化转变温度。

5.2.2.2　混合程度的测定

　　混合优劣程度不仅需要根据混合物的用途来决定，同时，不同的成型方法对混合物混合程度的要求也不一样，而混合均匀度将直接影响到制品的性能。因此，对混合终点的判断原则上是以制品能得到预期的性能为准。

对聚合物混合体系，判断其混合程度的方法很多，以下简述最为常用的几种。

（1）机械振荡　机械振荡法是以力场与被研究体系相互作用，并记录下体系的反应结果，作为表征体系微观状态的依据。其检测机理是在材料与振荡场相互作用情况下，样品形状不发生小幅度的实际变化，而是以一定的扰动速度进行扩散并吸收能量，如果检测出这种变化，就可以用来表征体系的内部情况。

其中，机械光谱法的基础是在剪切变形作用下动态弹性模量与浓度，动态机械特性与温度这两种关系的变化效应。而该效应使按动态弹性模量低或按复合物机械损失峰评价聚合物多相物系的混合质量成为可能。

对组成较窄的混合物而言，在弹性模量较低的组分为连续相的范围内，根据恒定温度下的动态弹性模量值评价混合质量是可能的。例如，用热塑性树脂改性的弹性体就是这种体系。由复合物在松弛转变区的力学损耗值来评价混合质量的方法，可检验弹性体-热塑性塑料型混合物，弹性体-弹性体型混合物和热塑性塑料-热塑性塑料型混合物在其整个组成范围内的混合质量。

本方法的表征性特点是，可在链段水平上检验混合物中各组分的相互作用，给出关于所形成的过渡层内各组分的分散性、相界面变化度、组分相互作用程度的宝贵资料。但由于玻璃化温度相同的各组分的松弛转变重叠，使本法的适用性受到限制。

（2）电磁波法　电磁波法是以电磁场与被研究体系相互作用，并记录其结果为基础的。聚合物基体中分散体系的尺寸和形状，可以用可见光波段或接近它的红外光波段开始的所有光波段进行测试。因为复合物的电性能和介电性能是填充剂粒子和聚合物基体共同与电磁场相互作用的结果。因此，对复合物进行整体评价有很大意义。

其中，超声波检测法能给出关于固体内分散体系的尺寸和分布均匀性的信息，可以用于分析高、低分子橡胶与非聚合物型固体填充剂的混炼胶、热塑性塑料复合物的混合质量。但是，因为脉冲在这些介质中的扩散速度彼此相近，因而用超声波检测法评价聚合物混合物或聚合物-低黏性液体混合物的质量时，其分辨能力低。因此，利用超声波检验法的上述方案不适用于组成中有大量空气包藏体的复合物。有气相存在和填充剂分散不良，都会使声振动衰减系数单值地增大。这大体上说明了复合物质量的低下。

（3）介电检验法　对聚合物介电性质与其结构的关系的研究表明，用电容法检验混合质量原则上是可能的。

在检测聚合物材料的各黏性组分的混合质量时，此被检测量是被研究的混合物的介电系数。混合体系内部结构的任何有序性将会使介电系数值产生偏差，即根据此偏差的大小就可以判断混合物的均质性。

（4）视觉检测法　视觉检测方法是 ASTM 方法之一，也称为对比样本法。

用于评判炭黑的分布情况时，将观察到的试样切口情况与一组标准照片相比较来评定炭黑的分散等级，其结果可用数值来表示。视觉上的分散等级与混合物的某些重要物理特性有关。共有五个视觉等级。等级为 5 时，表示这样的分散状态使这些物理性能接近程度最好；而等级为 1 时，表明这时的分散状态使这些物理性能明显下降。

（5）显微镜法

① 光学显微镜法　当聚合物共混物的相畴较大时，可用光学显微镜直接观察。图 5-11 为光学显微镜下炭黑在 LDPE 中的分散情况。

② 电子显微镜法　电子显微镜可观察到 $0.01\mu m$ 甚至更小的颗粒。

（6）光电法　光电法是直接判断混合状态的方法。其原理是把由 LDPE 和炭黑的混合物制得的厚度为 $40\mu m$ 的试样薄膜经过处理，在微光度计下扫描。由于炭黑聚集体的大小及

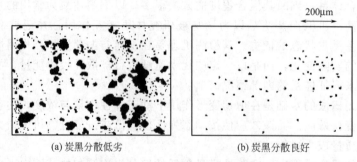

图 5-11 显微镜下固相分散情况优劣的比较（70％LDPE＋30％炭黑）

其分布不均匀，则透过的光度也不同。将透过的光度由光电倍增管转变成电压波动信号，从而得到图 5-12 所示的扫描距离和电压波动之间的关系。由图 5-12 可见，炭黑分散分布得越好，电压波动越小，大的炭黑聚集体对应着大的电压波动，小的炭黑聚集体对应着小的电压波动。

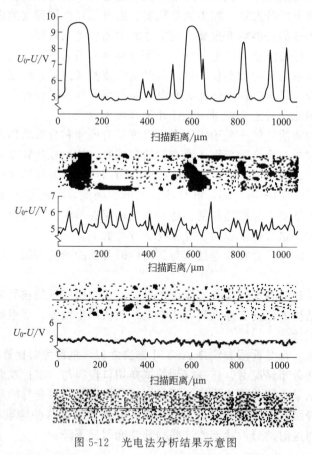

图 5-12 光电法分析结果示意图

5.3 混合技术与设备

5.3.1 转鼓式混合机

转鼓式混合机的工作原理是通过盛载混合物料的混合室的转动来完成的。混合作用较弱且只能用于非润性物料的混合，主要用于两种或两种以上树脂粒料混合或粒料的着色等混合操作。转鼓式混合机示意如图 5-13 所示。混合室一般用钢或不锈钢制成，为了强化混合作用，混合室的内壁上也可加设曲线型的挡板，以便在混合室转动时引导物料自混合室的一端移动到另一端。

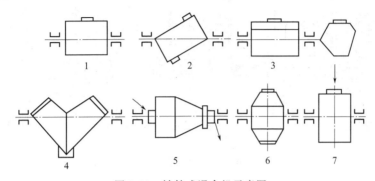

图 5-13 转鼓式混合机示意图

1—筒式；2—斜形筒式；3—六角形式；4—双筒式；5—锥式；6—双锥式；7—颠覆筒式

5.3.2 螺带式混合机

螺带式混合机的工作原理是：当螺带转动时，两根螺带各以一定方向将物料推动，以使物料各部分产生不同的位移，从而达到混合的目的，如图 5-14 所示。螺带式混合机多用于高速混合后物料的冷却操作，也称作冷混合机。其结构特点是混合室（筒身）是固定的。混合室内有结构坚固、方向相反的两根螺带。混合室的外部装有夹套，可通入蒸汽或冷水进行加热或冷却。混合室的上下部有开口，用以装卸物料，其位置可以根据需要设置。为加强混合作用，螺带的根数也可以增加，但须按正反两个方向运动，此时同一方向螺带的直径常是不相同的。

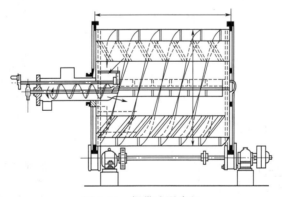

图 5-14 螺带式混合机

5.3.3 捏合机

捏合机带有鞍形底的混合室和一对搅拌器（包括 S 形和 Z 形两种形式），如图 5-15 所示。捏合机的加热冷却方式包括电热外附夹套，还可在搅拌器的中心开设通道以冷、热载体进行。必要时，捏合机还可在真空或惰性气氛下工作。捏合机的卸料一般是靠混合室的倾斜来实现的，也可在底部开设卸料孔来完成。

捏合机的工作原理是：物料借搅拌器的转动（两个搅拌器的转动方向相反，速度也可以不同）沿混合室的侧壁上翻而在混合室的中间下落，使物料受到重复折叠和撕捏作用，达到混合的目的。捏合机一般用于润性与非润性物料的混合。

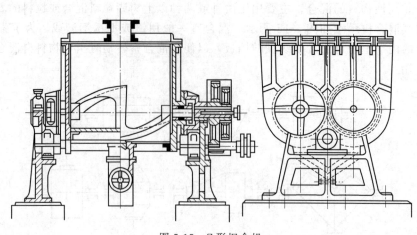

图 5-15 Z 形捏合机

5.3.4 高速混合机

高速混合机的结构特点是由一个圆筒形的混合室和一个设在混合室内的搅拌装置组成，如图 5-16 所示。主要用于润性与非润性物料的混合以及粉料的配制。高速混合机已可全自动操作，加料时不需将盖打开，树脂和量大的添加剂由配料室送入混合机，其余添加剂由顶部加料口加入。高速混合机的混合效率较高，所用时间远比捏合机为短，在一般情况下只需 8～10min。实际生产中常以料温升至某一特定值时，作为混合操作的终点。因此，近年来有逐步取代捏合机的趋势，使用量增长很大。

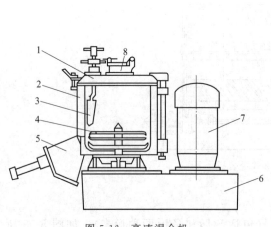

图 5-16 高速混合机

1—回转盖；2—容器；3—挡板；4—快转叶轮；
5—出料口；6—机座；7—电机；8—进料口

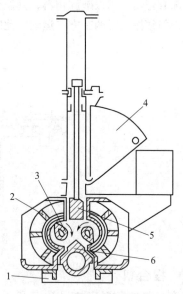

图 5-17 密炼机

1—底座；2—塑炼室；3—转子；4—加
料斗；5—上顶柱；6—下顶柱

5.3.5 密炼机

密炼机的结构特点是由一对转子和一个塑炼室组成，如图 5-17 所示。其中，塑炼室的外部和转子的内部都开设有循环加热或冷却载体的通道，以对物料进行加热或冷却，而转子的横切面呈梨形，并以螺旋的方式沿着轴向排列，两个转子的转动方向是相反的，转速也略有差别，而且两个转子的侧面以及顶尖与塑炼室内壁之间的间距都很小。密炼机的工作原理是当其转动时，被塑炼物料不仅绕着转子，而且也沿着轴向移动；转子在这些位置扫过时都会对物料施加强大的剪切力。塑炼室的顶部设有由压缩空气操纵的活塞，以压紧物料而使其更有利于塑炼。密炼机由于内摩擦生热的关系，物料除在塑炼最初阶段外，其温度常比塑炼室的内壁高。当物料温度上升时，黏度随即下降，因此所需剪切力亦减少。密炼后的物料一般呈团状，为了便于粉碎或粒化，还需用双辊机将它辊成片状物。

密炼机的特点是能在较短的时间内给予物料大量的剪切能，而且是在隔绝空气下进行操作，所以在劳动条件、塑炼效果和防止物料氧化等方面都比较好。

5.3.6 双辊混炼机

双辊混炼机又称为开启式塑炼机，其结构如图 5-18 所示。双辊混炼机对物料在大范围内的混匀是不利的，因为它的主要作用在于单方向的剪切，而很少有对流作用，因此这些料也很少和其相邻的料发生混合。双辊机为了克服这一缺点，可在塑炼中用切割装置或铜刀不断地划开辊出的物料，而后再使其交叉叠合并进行辊压，这样可以不断改变物料受剪切力的方向以提高混合的效果。双辊机的特点是投资较低，但劳动强度大，劳动条件差，粉尘及排出的低分子物料污染大。

图 5-18 双辊混炼机

5.3.7 挤出机

单螺杆挤出机的主要部件是螺杆和料筒（其结构如图 5-19 所示，具体结构与构造将在以后的章节中详细介绍）。单螺杆挤出机的工作原理为：在固体输送区，物料是靠它与螺杆和机筒之间的摩擦力而向前输送的。当物料熔融成为熔体后，在螺纹区物料是靠黏性拖曳向前输送的。而在无螺纹区则是靠压差向前输送的。在单螺杆挤出机中，只有当物料熔融后，混合才得以进行。

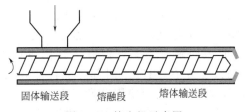

固体输送段　　熔融段　　熔体输送段

图 5-19 挤出机示意图

5.4 常用塑料材料品种及性能

聚合物是塑料的主要成分，它决定了制品的基本性能。在塑料制品中，聚合物应成为均一的连续相，其作用在于将各种助剂黏结成一个整体，从而具有一定的物理力学特性。由聚合物与助剂配制成复合物需要有良好的成型工艺性能。

各种常用的聚合物品种简述如下。

5.4.1 聚乙烯

聚乙烯（polyethylene，PE）是由乙烯单体聚合而成的热塑性树脂，是乙烯衍生产品中产量最大的化工产品，约占乙烯消费量的 50% 左右。根据其密度的不同，主要有低密度聚乙烯（LDPE）、高密度聚乙烯（HDPE）、线型低密度聚乙烯（LLDPE）及一些具有特殊性能的品种，如超高分子量聚乙烯、茂金属催化聚乙烯、交联聚乙烯、氯化聚乙烯和多种乙烯共聚物等。

各种 PE 的结构通式均可表示成

$$\text{─}(CH_2\text{─}CH_2\text{─})_n$$

其组成仅为碳、氢两种原子，由单键相连的 C—C 主链周围仅被原子氢所围绕，在高分子碳氢化合物中结构最简单、链节最小。

PE 的力学性能除了韧性和冲击强度较好外，诸如硬度、刚性、弹性模量和一系列强度都较常用塑料都低。PE 的力学性能还与 PE 的分子量及其分布、结晶度和密度等有关；PE 是无极性的饱和脂肪烃长链聚合物，因此它对水与各种化学试剂显示出惰性；PE 大分子链是由许多原子以共价链连接而成的，价电子处于较稳定的低能态，结构本身不易产生导电离子，加之 PE 大分子对称、无极性等结构特征，决定了它的疏水性，从而增进了电绝缘性能。PE 必加的助剂种类与用量也很少，因此电绝缘性与常用塑料相比也属优异。但是，PE 的耐热性不高并且是对环境应力开裂极为敏感的塑料。

5.4.2 聚丙烯

聚丙烯（polypropylene，PP）是聚烯烃类塑料中的重要品种，其生产能力以 8%～12% 的年增长速度发展。

聚丙烯的结构式为：

$$\text{─}(CH_2\text{─}\underset{\underset{CH_3}{|}}{CH}\text{─})_n$$

聚丙烯侧甲基的存在使主链略显僵硬，分子对称性下降，僵硬性使聚丙烯的结晶温度、熔融温度增高，而对称性下降又使它熔融温度降低，其净效应是熔融温度比聚乙烯提高近 50℃。聚丙烯中的侧甲基还使叔 C 原子活化，影响了聚丙烯的化学特性，如对氧更敏感，更不稳定，热和高能射线辐射能导致聚丙烯发生断链而不是交联。

PP 无毒、无味和无臭，呈乳白色蜡状，密度是通用塑料中最小的。由于等规 PP 结晶度较大，分子堆砌紧密，其密度为 $0.90～0.91 g/cm^3$，比间规 PP 和无规 PP 要大。

聚丙烯是非极性高聚物，由于等规度高、易结晶，力学性能一般较高。缺点是抗蠕变性差，低温脆性大。PP 的表面硬度不高，但有良好的表面光泽。PP 的耐热性比 PE 高，等规 PP 的熔点 T_m 在 170℃左右，120℃时部分晶体才开始熔融，其制品开始变形。所以 PP 短期使用温度可达到 150℃，长期使用温度可为 100～120℃。PP 的热膨胀系数很大，室温下热膨胀系数为 $1×10^{-4}℃^{-1}$。PP 是近乎无极性高聚物，具有与 PS 相近的抗溶剂和耐腐蚀能力。

聚丙烯树脂具有价格低廉，综合性能优良和容易加工成型等特点。同时，由于近年来聚丙烯树脂共聚、共混、填充增强、拉伸、发泡、交联和添加剂等改性技术迅速发展，所以聚丙烯树脂的用途日趋广泛。我国的 PP 约有 2/3 用于塑料，1/3 用作纤维。塑料用品主要是日用品、工业零部件、电器零件、家用电器零部件、容器、产品包装、管材、板材等。纤维主要用作编织品、地毯背衬、绳索等。此外，还可作涂料、合成纸、合成木材及蒸煮消毒容器等方面。

5.4.3　聚氯乙烯

聚氯乙烯（polyvinyl chloride，PVC）是五大通用塑料之一，产量仅次于聚乙烯和聚丙烯。

PVC 的分子式是 $-\!\!\left(CH_2-CHCl\right)\!\!_n$，其分子链节是以头尾相连接方式排列的无定形聚合物：

$$\sim\!\sim\!CH_2-CH-CH_2-CH-CH_2-CH\sim\!\sim$$
$$\qquad\qquad\; |\qquad\qquad |\qquad\qquad |$$
$$\qquad\qquad Cl\qquad\quad Cl\qquad\quad Cl$$

PVC 分子链中含有强极性的氯原子，分子间作用力大，这使 PVC 制品的刚性、硬度、力学较高，并赋予优异的难燃性能，但其介电常数和介电损耗角正切值比 PE 大。PVC 树脂含有聚合反应中残留的少量双键、支链及引发剂残基，加之两相邻碳原子之间含有氯原子和氢原子，易脱氯化氢，使 PVC 在光、热作用下易发生降解反应。PVC 分子链上的氯、氢原子空间排列基本无序，制品的结晶度低，一般只有 5%～15%。PVC 树脂为一种白色或淡黄色的粉末，密度为 1.35～1.45g/cm³。纯 PVC 的吸水率和透气性都很小。PVC 是一种电性能较好的聚合物，但由于极性较大，其电绝缘性不如 PE 和 PP，介电常数、介电损耗角正切值和体积电阻率较大。PVC 的热稳定性十分差，受热分解脱出氯化氢（HCl），并形成多烯结构。PVC 加热到 100℃，就开始脱 HCl；达到 130℃时，已比较严重，超过 150℃，则脱 HCl 十分迅速。PVC 在光的作用下，特别是紫外光（290～400nm）的作用下，会发生降解，脱出 HCl 并形成多烯结构。但是，仅受光照射降解过程十分缓慢，因此，PVC 的耐候性较优秀。PVC 分子中氯含量为 56.8%，其氧指数为 45%～49%，是难燃材料，具有自熄性。

由于聚氯乙烯具有较好的机械性、耐化学品性、耐腐蚀性和难燃性以及优越的价格性能比，所以应用十分广泛，特别是在建筑业用做管材、板材，及在其它行业做薄膜、人造革、电线电缆等。PVC 是一种低能耗、低成本的通用塑料。

5.4.4　聚苯乙烯

聚苯乙烯（polystyrene，PS）是一种无色透明、质坚、性脆、玻璃状的非结晶性塑料。PS 无毒、无嗅、易燃烧，燃烧时发浓烟并带有松节油气味，吹熄可拉长丝。PS 的密度为 1.04～1.07g/cm³，相对分子质量一般为 (2～3)×10⁵，吸水率很低，约 0.02%～0.05%，但对制品的强度和尺寸稳定性影响不大，制品能在潮湿的环境条件下保持其强度和尺寸的稳定性。

PS 树脂主要包括四个基本品种：通用级 PS（GPPS）、抗冲级 PS（HIPS）、可发性 PS（EPS）和间规 PS（SPS）等。

通用级聚苯乙烯（GPPS）树脂是一种透明的热塑性树脂，质硬发脆。其挤出片材经横向及纵向拉伸后，可得到双向拉伸 PS 片材（BOPS），这种材料比较柔韧耐用，基本克服了硬脆的缺陷。而注塑级 PS 的典型用途是制造各种医疗器皿、办公文具、家用器皿和光盘盒等。耐热型注塑级 PS 树脂主要用于器具，如医疗器械、包装器皿、家用器皿、办公器械、光盘盒等。挤出级高耐热 PS 树脂主要用于泡沫板材制作，餐具和快餐包装材料等。

抗冲级聚苯乙烯（HIPS）有高抗冲型、中等抗冲型、耐环境应力开裂型和阻燃型及有光泽型等产品。HIPS 树脂含有 6%～12% 的弹性体；中等抗冲击型 PS 树脂含有弹性体约 2%～5%。HIPS 冲击强度及刚性高，有优良的尺寸稳定性，易于加工。

可发性聚苯乙烯（EPS）一般分为普通型和改性型两种。不同大小的发泡珠粒，用于不同的发泡制品。EPS 主要用作缓冲包装、绝热材料及一次性餐具。

间规聚苯乙烯（SPS）是用茂金属催化剂并利用齐格勒-纳塔连续聚合方法生产的新型

半结晶性聚合物。SPS 的优点是熔点高（270℃）、介电常数低、电性能优异、化学性能稳定，缺点是脆性较大，需要用玻璃纤维增强或与其它聚合物共混来改善其韧性。SPS 的机械性能接近工程树脂，价格却相对较低，主要用于电子电器部件、汽车部件及医疗器械领域。

5.4.5   ABS 树脂

ABS（acrylnitrile-butadiene-styrene，ABS）树脂是丙烯腈、丁二烯和苯乙烯的三元共聚物，是聚苯乙烯的一个重要改性品种，也是五大通用塑料之一。ABS 树脂是一类复杂的聚合物体系，由接枝共聚物（以聚丁二烯为主链，以苯乙烯、丙烯腈为支链）、苯乙烯与丙烯腈的无规共聚物（SAN）以及未接枝的游离基丁二烯三种成分所构成。

ABS 树脂是一种浅象牙色、不透明、无毒、无味的非晶共聚物。密度为 1.02～1.05g/cm³，不透水，略透水蒸气，吸水率低。ABS 突出的力学性能是有极好的冲击强度，且在广泛的温度范围内仍具有较高的强度值，低温下也不会严重下降。ABS 的耐热性较差，不同的品级热变形温度从 65～124℃ 不等。ABS 的电绝缘性好，基本不受温度、湿度的影响，其绝缘性在很大的频率变化范围内能保持基本恒定。

ABS 树脂由于具有优良的抗冲性、高刚性、耐油性、耐低温性、耐化学腐蚀和良好的电气性能、容易加工等优点，因而广泛用于电子电器、仪器仪表、汽车、建材工业和日用制品等各种领域。商业上提供的 ABS 树脂品种繁多，诸如超抗冲级、高抗冲级、低温抗冲级、耐热级、耐候级等。

5.4.6   聚碳酸酯（双酚 A 型）

聚碳酸酯（polycarbonate，PC）是一种无味、无臭、无毒、透明的无定形热塑性塑料，具有优良的机械、热及电综合性能，尤其是耐冲击，韧性好，蠕变小，制品尺寸稳定。其缺口冲击强度达到 44kJ/m²，拉伸强度大于 60MPa。

PC 耐热性较好，可在 -60～120℃ 下长期使用，热变形温度 130～140℃（1082MPa 负荷下），玻璃化转变温度 145～150℃，无明显熔点，在 220～230℃ 呈熔融态。热分解温度大于 310℃。由于分子链刚性大，其熔体黏度比通用热塑性塑料高得多。

PC 具有优良的电性能，其体积电阻率和介电常数与聚酯薄膜相当，分别为 $5 \times 10^{13} \Omega \cdot m$ 和 2.9（10^6Hz），介电损耗角正切（10^6Hz）$< 1.0 \times 10^{-2}$，仅次于聚乙烯和聚苯乙烯，且几乎不受温度的影响，在 10～130℃ 范围内接近常数，适宜制作在较高温度下工作的电子部件。

聚碳酸酯透光性好，透光率为 85%～90%。

PC 对稀酸、氧化剂、还原剂、盐、油、脂肪烃稳定，但不耐碱、胺、酮、芳香烃等介质，易溶于二氯甲烷、二氯乙烷等氯代烃。制品易产生应力开裂，尤其是长期浸入沸水中易引起水解和开裂。

此外，PC 吸水率低，为 0.16%；耐候性优良；着色性好；耐燃性符合 UL 规范 94V-1、94V-2 的标准，属自熄性树脂。

5.4.7   聚酰胺

聚酰胺（polyamide，PA）俗称尼龙（nylon）是分子主链上含有重复酰胺基团 $\pm$NHCO$\pm$ 的热塑性树脂总称，其命名由合成单体具体的碳原子数而定。PA 产品包括脂肪族 PA、脂肪-芳香族 PA 和芳香族 PA，其中以脂肪族 PA 品种多产量大，而且应用广泛。

尼龙的改性品种数量繁多，如增强尼龙、单体浇铸尼龙（MCPA）、反应注射成型（RIM）尼龙、芳香族尼龙、透明尼龙、高抗冲（超韧）尼龙、电镀尼龙、导电尼龙、阻燃尼龙，以及尼龙与其它聚合物的共混物等。此外，还有二元、三元共聚物，如尼龙 6/66、尼龙 610/66 等品种。尼龙改性是为了满足不同的特殊要求，广泛用作金属、木材等传统材料的代用品，作为各种结构材料使用。

PA 常温下的拉伸、冲击、疲劳性能及耐油性较好。摩擦系数小，耐磨与自润滑性优良。耐燃烧和耐化学腐蚀性好。PA 本身无嗅、无味、无毒，不会霉烂，易染色。此外，PA 成型加工性良好，可用注射、挤出等多种方式成型，也可用车削、钻孔、锯割等进行二次加工。因此，PA 已经广泛地应用于各种机械、仪器、仪表、化工、交通运输、电子电气的零部件，以及医疗卫生和各种日用材料领域。

PA 的缺点是热变形温度低，长期使用温度低（80℃以下），易吸湿，蠕变性较大，PA 制件的力学性能和尺寸稳定性会在使用过程中随着环境温度和湿度的变化而变化，这在一定程度上限制了 PA 的应用范围。

5.4.8　聚四氟乙烯

聚四氟乙烯（polytetrafluoroethylene，PTFE）具有优异的耐化学特性，不论是强酸浓碱，如硫酸、盐酸、硝酸、王水、烧碱，还是强氧化剂，如重镉酸钾、高锰酸钾等，都不与之反应。其化学稳定性超过了玻璃、陶瓷、不锈钢以及金、铂。

PTFE 在水中不会被浸湿，也不会膨胀。实验证明，在水中浸泡了一年，PTFE 的重量也没有增加。至今，人们还没有发现有哪一种溶剂，能够在高温下使聚四氟乙烯塑料膨胀。

PTFE 的介电性能也很好，介电性能既与频率无关，也不随温度而改变。

PTFE 的应用领域包括：①化学工业，用作耐腐蚀材料，如制造反应罐、蓄电池壳、管、过滤板；②电器工业，只需在金属裸线外包上 15μm 厚的 PTFE 就能很好地使电线彼此绝缘；③机械工业，因为 PTFE 塑料的表面异常光滑，用它制造的轴承、活塞环，不需要任何润滑剂；用它制造的雪橇，在冰雪上滑行如飞；④医药工业，用 PTFE 塑料制造人造骨骼、软骨与外科器械，因为它对人体无害，而且可以用酒精、高压罐加热等方法消毒。

5.5　常用加工助剂品种及性能

聚合物助剂是指那些为改善材料的加工特性和使用性能而分布于聚合物中，对聚合物分子结构又无明显影响的物质。因此，这里所谓的助剂专指聚合物加工和改性助剂，而合成聚合物时所用的助剂不包括在聚合物助剂之内。

聚合物助剂的种类和品种十分繁多，而且随聚合物应用的发展，新型助剂不断涌现。从助剂的化学结构看，既有无机物，又有有机物；既有低分子物，又有聚合物；既有纯物质，又有混合物。目前，聚合物助剂一般是按助剂的功用来进行分类的，包括稳定化助剂，改善力学性能的助剂，改善加工性能的助剂，柔软化与轻质化的助剂，改变表面性能的助剂，改变色光的助剂，难燃化与抑烟助剂及其它。

在为数众多的聚合物助剂中如何恰当地选用，是非常重要的问题。首先应该考虑的是助剂对塑料材料性能改善所起效果的大小，然后需要考虑其卫生性。助剂效果大小又与它同树脂的相容性和挥发性有关。如果助剂与树脂的相容性好，助剂的分布就均匀，两种分子间可能存在一定的作用力，助剂分子就难以向塑料表面迁移，因此所起的作用就可持久。

5.5.1　稳定剂

聚合物材料在成型、储存、长期使用过程中，会因各种外界因素（如光、热、氧、射线、细菌、霉菌等）的作用，而引起其主要组分——聚合物内部结构发生变化，从而导致降解或交联，性能变坏，并逐渐失去应用价值，这种现象称为聚合物的老化。这类现象在日常生活中随处可见，如塑料雨衣使用日久后会逐渐发脆；鲜艳的塑料花会渐渐失去原来的颜色，发黄变脏；地下的电缆，天长日久会发霉变质……

因此，只有在聚合物加工过程中加入适当的助剂，阻止上述老化现象的出现，才能保证聚合物制品具有实用价值。凡在成型加工和使用期间为有助于材料性能保持原始值或接近原始值而在聚合物配方中加入的物质称为稳定剂。在聚合物中加入稳定剂是制止或抑制聚合物因受外界因素（光、热、氧、细菌、霉菌以致简单的长期存放等）所引起的破坏作用。按所发挥的作用，稳定剂可分为热稳定剂、光稳定剂及抗氧剂等。由于稳定剂的作用原理大多是排除降解过程的化学原理。因此这里将按此进行以下的分类。

5.5.1.1 紫外线抗御剂

从太阳辐射到地面的光波中，紫外线（波长为 $290 \sim 400 \mu m$）约占 5%，其强度随地理位置、季节、气候等有一定变化。由于波长与光量子能量成反比，波长越短，辐射能量越强，所以，紫外线足以引起一般有机物化学键的破坏。因此户外或照明用的聚合物制品，常会因光照而发生聚合物分子的降解，其降解机理如下所示（假定 P—H 表示聚合物）。

链引发：

$$P—H \xrightarrow{h\gamma} P \cdot + H \cdot \qquad\qquad P \cdot + O_2 \longrightarrow POO \cdot$$

$$P—H \xrightarrow{h\gamma} P—H \cdot \qquad\qquad P—H \cdot \longrightarrow POOH \longrightarrow PO \cdot + HO \cdot$$

链增长：

$$POO \cdot + PH \longrightarrow POOH + P \cdot \qquad PO \cdot + PH \longrightarrow POH + P \cdot$$

$$HO \cdot + P—H \longrightarrow H_2O + P \cdot$$

链终止：

$$H \cdot + PO \cdot \longrightarrow POH \qquad\qquad 2POO \cdot \longrightarrow POOP + O_2$$

$$P \cdot + P \cdot \longrightarrow P—P \qquad\qquad HO \cdot + H \cdot \longrightarrow H_2O$$

$$POO \cdot + P \cdot \longrightarrow POOP$$

反映在外观上则是制品发生开裂、起霜、变色、褪光、性能变劣、起泡以致完全粉化等现象。如表 5-2 所示，各种聚合物对紫外线的抵抗能力有所不同。如聚甲基丙烯酸甲酯和聚氯乙烯抵抗紫外线的能力就很强，而聚丙烯则会很快地变质。为了防止这种光降解，通用的方法是加入紫外线抗御剂。

表 5-2 聚合物品种及其敏感的紫外光波长

聚合物品种	最敏感的紫外光波长/μm	聚合物品种	最敏感的紫外光波长/μm
聚甲醛	$300 \sim 320$	聚苯乙烯	318
聚碳酸酯	295	聚氯乙烯	310
聚乙烯	300	热塑性聚酯	$290 \sim 320$
有机玻璃	$290 \sim 315$	不饱和聚酯	325
聚丙烯	310		

紫外线抗御剂的作用有两种：①先于聚合物吸收入射的紫外线而放出无破坏性的长波光能或热能，从而使聚合物减缓或免除降解，具有这种作用的物质称为紫外线吸收剂或放光剂；②移出聚合物吸收的光能，使其内储的光能达不到光降解所需要的水平，以这种作用保护聚合物的物质常称为能量转移剂。

常用的紫外线抗御剂有以下几类：①2-羟基二苯甲酮的衍生物；②2(2-羟基苯）联二氮

杂茚的衍生物；③取代的丙烯酸酯类；④芳酯类，包括水杨酸芳酯类和间苯二酚的酯类；⑤含镍络合物，主要是硫代双酚、氨荒酸和磷酸的镍盐或镍络合物；⑥某些颜料，如炭黑、氧化锌、氧化钴和絮凝状的金属等。这些颜料主要是对聚合物起屏蔽作用，避免紫外线的射入。其中氧化钛在紫外线作用下可能生成原子氧，对聚丙烯起降解作用，但在用量较多时则可起屏蔽作用；⑦三嗪系紫外线吸收剂，能强烈吸收 300～800nm 的紫外线，性能较好，成本较低。

5.5.1.2　抗氧剂

许多聚合物在制造、储存、加工和使用过程中都会因氧化而加速降解，从而使其物理力学性能和化学性能下降。抗氧剂是这样一类物质，将其加至聚合物中（用量通常为0.01%～1.00%），就可以制止或推后聚合物在正常或较高温度下的氧化。抗氧剂的基本分类如图5-20所示。易于氧化而采用抗氧剂的塑料有：聚烯烃类、聚苯乙烯、聚甲醛、聚苯醚、聚氯乙烯、苯乙烯-丁二烯-丙烯腈共聚物等。

按照抗氧剂的抗氧作用可粗略地分为两类。①自由基或增长链的终止剂。属于这一类的主要物质是化合酚类（阻碍酚类）和芳基仲胺类。属于化合酚类的主要有烷代单酚、亚烷基双酚、烷代多酚等。胺类化合物都具有不稳定的氢原子，借此可以与自由基或增长链发生作用，从而免除自由基或增长链从聚合物中夺取氢原子，从而终止聚合物的氧化降解。②过氧化物分解剂，这类物质主要是亚磷酸酯类和各种类型的含硫化合物。它们能使过氧化物分解成非自由基型的稳定化合物，从而避免聚合物的降解。

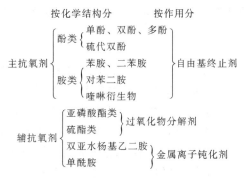

图 5-20　抗氧剂的基本分类方法

5.5.2　增塑剂

5.5.2.1　概述

为降低聚合物的软化温度范围和提高其加工性、柔韧性或延展性，加入的低挥发性或挥发性可忽略的物质称为增塑剂，而这种作用则称为增塑作用。增塑剂通常是一类对热和化学试剂都很稳定的有机物，大多是挥发性低的液体，少数则是熔点较低的固体，并且至少在一定范围内能与聚合物相容。经过增塑的聚合物，其软化点（或流动温度）、玻璃化温度、脆性、硬度、拉伸强度、弹性模量等均将下降；而耐寒性、柔顺性、断裂伸长率等则会提高。目前工业上大量应用增塑剂的聚合物只有聚氯乙烯、醋酸纤维、硝酸纤维等少数几种。

对增塑剂的要求包括：与聚合物的相容性好，增塑效率高，挥发度低，化学稳定性高，对光、热稳定性好等外，而且无色、无臭、无毒、不燃、吸水量低，在水、油、溶剂等中的溶解度和迁移性小、介电性能好，在室温和低温下制品外观和手感好，耐霉菌及污染以及价廉等。

除挥发外，增塑剂还可由于游移、萃出和渗出而损失。游移是指增塑剂从已增塑的聚合物中向着与它接触的另一种聚合物中迁移的现象。萃出是指制品中的增塑剂因与溶剂接触而被萃取的现象。它主要取决于增塑剂对所接触溶剂的溶解度。渗出是指聚合物中所加增塑剂的量超过一定值后，会像"发汗"一样从制品中游离出来的现象。

5.5.2.2　增塑剂的分类

增塑剂的分类有不同的方法。目前分类方法虽多，但都存在一定的不足。工业上的使用也比较混乱，现简述常用的几种。

(1) 按化学组成分类　将所用增塑剂按其化学属性可分为邻苯二甲酸酯、脂肪族二元酸酯、石油磺酸苯酯、磷酸酯、聚酯、环氧化合物、含氯化合物等类。

(2) 按相容性分类　可分为主增塑剂和次增塑剂。主增塑剂对聚合物具有足够的相容性，因而与聚合物可在合理的范围内完全相容，故能单独使用。次（辅助）增塑剂对聚合物的亲和力较差，致使其相容性难以符合工艺或使用上的要求，不能单独使用，只能与主增塑剂共用。

(3) 按结构分类　可以分为单体型和聚合体型。两者的主要不同点是黏度，单体型黏度常在 0.03Pa·s 左右，聚合体型则为 20～100Pa·s。黏度大的分子活动受到较大的抑制，作增塑剂时不易从制品中逸失。

(4) 按应用性能分类　可分为耐热型增塑剂（如双季戊四醇酯、偏苯酸三酯），耐寒型增塑剂（如癸二酸二辛酯、己二酸二辛酯），耐光热增塑剂（如环氧大豆油、环氧十八酸辛酯），耐燃型增塑剂（如磷酸酯、含氯增塑剂），耐霉菌增塑剂（如磷酸酯类）及无毒、低毒增塑剂等。

5.5.2.3　增塑机理

聚合物大分子链常会以次价力而使它们彼此之间形成许多聚合物-聚合物的连接点，

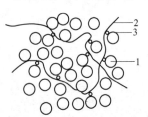

图 5-21　聚合物增塑机理示意图
1—增塑剂分子；2—聚合物分子；
3—增塑剂与聚合物之间的连接点

从而使聚合物具有刚性。这些连接点在分子热运动中是会解开或复结的，而且十分频繁。但在一定温度下，连接点的数目却相对地稳定，处于一种动态平衡。加入增塑剂后，增塑剂的分子因溶剂化及偶极力等作用而"插入"聚合物分子之间并与聚合物分子的活性中心发生时解时接的连接点。这种连接点的数目在一定温度和浓度的情况下也不会有多大的变化，所以也是一种动平衡。但是由于有了增塑剂-聚合物的连接点，聚合物之间原有的连接点就会减少，从而使其分子间的力减弱，并导致聚合物材料一系列性能的改变（如图5-21所示）。

5.5.3　填充剂

聚合物的填充，就是指在聚合物的成型加工过程中，加入无机或者有机物质，填塞在其空间中，能够改进某些性能或使其具有一定功能的做法，这类填充物简称填料。

应用于聚合物中的填料，可以按不同标准分为以下几类：①根据填料在聚合物中的主要功能，可将其外力增量性填料、增强性填料、阻燃性填料、导电性填料、着色性填料、耐热性填料、耐候性填料、防粘连性填料等；②根据填料的来源可分为矿物性填料、植物性填料、合成填料等；③按照外观形态可分为粉状、粒状、薄片状、实心微珠、中空微球等；④按照化学结构可分为碳酸钙类、炭黑类、纤维类、硅酸盐类、二氧化硅类、氧化物、金属粉等。

填充剂的作用效果受下列因素影响：①粒子的形状；②粒径；③化学成分和表面性质等影响。填料的形状对填充改性的影响较大。一般薄片状、纤维状、板状填料在聚合物中应用后，使加工性变差，但力学强度优良；而球状、无定形粉末填料则加工性能优良，力学强度比纤维状和板状差。填充剂粒子的大小对塑料的刚性、尺寸稳定性、抗冲击性等力学性能以及制品的表面光泽和手感有很大影响。因此，为了保证制品的质量，要求采用粒度合适的填料。一般细粒子填充有较好效果。但粒径太小则因其表面积增大，吸油最大，分散困难反而使加工性能不好。

此外，填充剂的效能也与树脂基体有关。对非极性聚合物，因其与填料粒子之间只存在一种物理的弱作用。由此，该填充剂多作为增量材料对强度方面贡献很小。树脂与填充剂粒子之间相互间作用力越强，则树脂对填料粒子的浸润性越好，补强效果越大。如果它们之间存在如橡胶与炭黑那样的化学作用力，则会产生突出的补强效果。因此，经表面处理的填充剂，由于树脂对其浸润性增强了和填料与树脂发生了物理或化学结合，所以能极大地提高塑料的力学强度，如拉伸强度、冲击强度等。

加入填充剂后也有缺点，如粉状填料常使塑料的拉伸和撕裂强度、耐低温性等下降。大量加入时使成型加工性能和表面光泽下降，故应合理地选用品种、规格和加入量。一般要求是分散性好，吸油量小，对聚合物及其它助剂呈惰性，对加工性能无严重损害，不严重磨损设备，不因分解或吸湿使制品产生气泡等。

为了改善填料在塑料中的分散状况，使成型加工过程更为方便、清洁，除了在生产的配料或成型加工现场直接添加填料外，也有将填料中加入少量树脂及其它助剂，制备成粒状的填料含量极高的"填充母料"。在成型加工现场，只需在使用的树脂粒料中均匀混入一定量的填充母料即可。

5.5.4　着色剂

聚合物制品在不少场合为了某种需要，如制品美化和便于识别、隐蔽和保护内容物、改善耐候性和化学性能、防止事故的发生、改造生产的环境等，还要考虑其外观色泽，以提高制品的商品价值，增加市场竞争力。因此，常需要将聚合物制品进行着色，例如光学仪器的旋转光栏，采用 ABS 制造时为了防止反光，需将 ABS 着成黑色。本色的聚甲醛在紫外线作用下，机械强度会下降。用炭黑着色后，能在一定程度上改善其耐候性。又如电线、电缆、包装材料、道路标志物等，若用塑料制造，则需要着成各种颜色，便于识别和使用。特别是塑料做的紧急开关、报警指示灯等必须着红色，便于被人识别。对塑料花、塑料纽扣等一类装饰品，应着以鲜艳的颜色，增加美观性，所以更要研究着色。

聚合物制品的着色，就是在聚合物及其制品中或表面上加入或涂覆着色剂，即利用着色剂对日光的减色混合使制品带色。通过改变光的吸收和反射，而获得不同的颜色，如吸收所有的光时，呈现黑色；如果只吸收一部分光，并且散射光的数量很小，那么聚合物制品变成有色透明；而形成的颜色取决于反射光的波长；假如是全部反射，则聚合物制品呈白色。

聚合物制品的着色剂较多，按其形态可分为：①粉状着色剂，将着色剂研磨成细粉后，不加处理，直接用于着色。这种着色剂成本低，但分散性较差，易造成飞散污染和配料不准；②糊或膏状着色剂，把着色剂分散在增塑剂等挥发性有机液体中，制成糊或膏状物。这种着色剂分散性好，无飞散污染，但需要多次研磨；③浓色母料，将着色剂以高浓度分散在聚合物中，经研磨成细粉后，再用于着色。特点是分散好，但使用时仍有飞散污染等问题；④粒状着色剂，将着色剂分散在聚合物中制成粒状物，具有分散好、混炼性质好、无飞散，且使用方便等优点，但增加了工序和塑料的受热历史。

按种类分，可分为染料和颜料两大类。染料可溶于水、油、有机溶剂等，分子内一般都含有发色基团和助色基团，具有强烈的着色能力，色泽鲜艳，色谱齐全。主要用于纺织纤维的印染，在塑料着色中应用很少，原因是耐热性、耐光性、耐溶剂性差，即在塑料的加工温度下易分解，在制品的使用过程中容易渗出、迁移而导致串色等。使用于纺织印染工业中的水溶性或反应性染料不适用于塑料着色。染料着色的塑料制品色彩鲜艳透明，使用少许即可达到要求，而且相对密度小。颜料不溶于水和溶剂，是塑料的主要着色剂。它们呈微小颗粒分散于塑料中，借遮盖作用而着色。根据其化学组成，分为无机颜料和有机颜料两类。无机颜料耐热、耐光性优良，而且原料易得、制造简便、价格低廉，但使塑料制品透明度和鲜艳度下降，色光不鲜明，相对密度也大。有机颜料的特性介于无机颜料和有机染料之间，耐热、耐光和分散性均不及无机颜料，但色彩鲜艳。

5.5.5　润滑剂

聚合物在成型加工时，存在着熔融聚合物分子间的摩擦和聚合物熔体与加工设备表面间的摩擦。前者称内摩擦，可能会影响聚合物的熔融流动黏度，降低流动性。强烈的内摩擦还会导致塑料的过热、老化。后者称为外摩擦，可能会使聚合物熔体黏附在加工设备和其它接触材料的表面上，特别是在高温下，熔体与金属表面的摩擦系数会随温度升高而显著增大。这样将影响制品从模具中的脱出，严重时会使制品表面非常粗糙、无光泽、甚至产生流纹。

为了减少这两类摩擦，改进塑料熔体的流动性，防止聚合物在加工过程中对设备发生的黏附现象，使制品表面光洁度等得到保证而采用的措施称为润滑。为完成润滑这一目的而加入的物质即是润滑剂。不是所有的聚合物都需要加入润滑剂，如聚乙烯、聚四氟乙烯等具有润滑性，所以不需润滑剂。而聚氯乙烯（特别是硬质聚氯乙烯）、聚丙烯、聚苯乙烯、聚酰胺、ABS 等，则必须加入润滑剂才能很好加工。

润滑方法可分为内润滑和外润滑两种。内润滑是在聚合物加工前的配制中，加入与聚合物有一定相容性的润滑剂，采用强制性的手段，让其均匀地分散到聚合物中，然后在聚合物加工时起润滑作用。外润滑也是在聚合物加工前的配料中加入，与聚合物相容性很小，在加工过程中，很易从聚合物内部迁移到表面，形成一隔离层起到润滑作用。外润滑也可以在聚合物成型加工时，将其涂布在加工设备的表面，让其在加工温度下熔化，并在金属表面形成一"薄膜层"，使聚合物熔体与加工设备隔离，不黏附在设备上，易于脱膜或离辊。

5.5.6　抗静电剂

当聚合物制品因摩擦而产生静电时，由于其电阻很高，吸水性低，静电不易消除，积累的静电压很高，可达几千伏甚至几万伏，由此产生的放电对生产、生活很不利。此外，浅色聚合物制品的表面粘灰，矿井、纺织厂、计算机房发生的火灾、爆炸都与静电有直接关系。因此，聚合物制品的抗静电性能在上述领域必须得到很好解决。

工业上消除和防静电的方法有：①在聚合物加工中使用导电装置消除静电；②增加聚合物制品加工和使用环境的空气湿度；③通过接枝共聚改变聚合物结构，使其带有较多的极性基团、增加导电性；④用强氧化剂氧化聚合物制品表面，或用电晕放电处理其表面，增加导电性；⑤向聚合物中添加导电性填料，如金属粉；⑥使用抗静电剂。

聚合物的静电防止，就是在聚合物中加入或制品的表面涂布一种物质（通称抗静电剂），通过制品的表面减少或泄漏掉聚合物表面静电荷的方法。抗静电剂的分类方法较多，按其使用方法的不同可分为外部涂层用和内部添加用两种。根据其分子中的亲水基能否电离，可分为阳离子型、阴离子型、非离子型、两性离子型等几种。也可根据化学结构的不同，分为硫酸衍生物、磷酸衍生物、环氧乙烷衍生物、胺类、季铵盐等。

选择和使用抗静电剂时应注意：①抗静电效能大且持久性好，用量少而能满足要求；②与聚合物相容性适中，而与其它助剂相容性好，无或很少对抗效应；③耐热性好，在成型加工的高温下不会分解；④不影响或很少影响聚合物的透明性；⑤抗静电剂多系易吸湿物，使用前应充分干燥；⑥用于食品包装薄膜时，不宜用有毒的季铵类阳离子型抗静电剂；⑦价廉、来源方便等。

5.5.7　阻燃剂

聚合物是有机化合物，均有可燃性，极易在一定条件下燃烧。聚合物的燃烧是一个非常复杂的剧烈热氧化过程，常伴有火焰、浓烟、毒气等产生。燃烧时聚合物剧烈分解，产生挥发性的可燃物质，该物质达到一定温度和浓度时，又会着火燃烧，不断释出热量，使更多的聚合物或难以分解的物质分解，产生更多的可燃物。这样恶性循环的结果，燃烧继续扩展，从而造成火灾，危及人们的生命和财产。这对塑料在建筑、航空航天、交通、电器等工业上的使用带来不利的影响。近年来世界各地发生的多起重大火灾，都直接或间接与塑料的燃烧有关，因而限制了它更广泛的应用。于是塑料的阻燃性在某种程度上已成为它能否迅速发展的关键问题之一。

聚合物的阻燃，就是在塑料中加入一种物质（通称阻燃剂）而增加其阻燃性，以便阻止或延缓其可能燃烧的措施。阻燃剂大致可分为：①添加型的阻燃剂，是在聚合物的成型加工过程中掺混于塑料之中，其特点是简单方便、应用范围广，但对塑料的使用性能影响较大，多用于热塑性树脂的阻燃；②反应型的阻燃剂，是在聚合物的主体——聚合物的制造过程中作为单体之一，通过化学反应键合到聚合物分子链上，成为聚合物分子链的一部分，其特点是对聚合物的使用性能影响小，阻燃性持久，但不足的是制备技术复杂，多用于热固性树脂的阻燃。

当前使用较多而且阻燃效率较高的是含卤阻燃剂（如含氯和溴），尤其是在有机物的合成基体和电子器材的应用中。但是这类阻燃剂具有发烟量大，燃烧时释放有毒气体，进而吸水形成具有强腐蚀性的氢卤酸而造成二次公害的显著缺点。基于以上原因，最近科学界和工业界越来越多地关注无卤阻燃剂的研究，对无卤阻燃剂的研究成为各国的热点。目前已经有一些产品进入市场，只是价格高，对材料加工性能和使用性能有一些影响而使用受到限制。

5.5.8　驱避剂

聚合物制品在储存、使用过程中，可能遭受老鼠、昆虫、细菌、霉菌等的危害，用于抵御、避免和消灭这类情况发生的物质统称驱避剂。

为防止老鼠对聚合物制品的损害，除可在设计制品时选取无老鼠搭牙咬啮的外形外，常可采用老鼠所厌恶的药物混入或涂抹在塑料制品上。这一类药物目前尚处研制试用阶段。具有一定实用价值的产品有有机锡类（丁基系有机锡、三嗪有机锡等）、抗菌素类、硫脲系有机物、三硝基苯胺络合物和氯化二酚吡嗪等。

白蚁对聚合物制品也有相当大的危害。常用的塑料防蚁剂有狄氏剂、艾氏别、飘丹、林丹、七氯等，使用时多与聚合物直接混合。

常用的杀菌驱避剂有正汞盐和四元碱式盐等，但作用效果有限。前者对霉菌的活性小而对人有毒，后者对细菌的活性差，且使制品变色。不同的聚合物可以采用一些专用的杀菌剂。例如聚氯乙烯可用活性高的羧亚胺三氯硫基衍生物。应指出的是，聚氯乙烯本身不会被细菌侵蚀，被侵蚀的只是与它配合的一些助剂。使用驱避剂时应特别注意使用安全。

5.5.9 防雾剂

透明的塑料薄膜、片材或板材，在潮湿的环境中，当温度达到露点以下时，会在其表面凝结一层细微的水滴，使其表面模糊雾化，阻碍光波的透过。例如，塑料大棚膜和地膜，由于水蒸气结雾，减小了光照强度，影响了作物的生长；利用薄膜包装时，也会因结雾而影响视觉效果。

防雾剂是一些带有亲水基团的表面活性剂，可在塑料表面取向，疏水基向内，亲水基向外，从而使水易于湿润塑料表面，凝结的水滴能迅速扩散形成极薄的水层或大水滴顺薄膜流下来。这样就可以避免小水滴的光散射造成雾化。

防雾剂按添加方式，可分为内加型和外涂型。内加型是将防雾剂添加到塑料制品中去，特点是不容易损失、效能持久，但对于结晶性较高的塑料难以得到良好的防雾性能。外涂型溶于水或有机溶剂形成溶液，涂于塑料制品表面避免雾化。特点是使用较为简便、成本低，但持久性差，易被洗去或擦落。

5.6 原料的配制

5.6.1 原料配制的重要性

影响聚合物制品质量的三大要素是树脂、助剂、加工。因此，助剂在聚合物成型加工产业中占有重要地位。聚合物助剂的发展对聚合物材料应用十分重要，这种精细化工产品只要在聚合物中添加少量就能起到很大作用，助剂品种的多少和质量的优劣与塑料制品的应用密切有关。如果没有各类热稳定剂，聚氯乙烯就成为不可加工的树脂而失去使用价值；没有增塑剂就没有软质聚氯乙烯制品；不加光稳定剂和抗氧剂则聚丙烯和聚乙烯在室外的使用寿命就大为缩短；没有阻燃剂塑料就不能广泛地应用于房屋建筑、汽车、飞机、船舶等领域；没有玻璃纤维等增强剂就不存在玻璃钢等增强塑料；不加颜料或染料之类的着色剂就使所有的塑料制品只呈单调的本色。由此可见，助剂在一定程度上决定了聚合物应用的可能性及其使用范围。绝大多数助剂都是在原料配制过程均匀分散于聚合物基体中，有的则在加工过程中在线添加，所以成型过程中的原料配制是相当重要的工序。

5.6.2 原料配制的方法

5.6.2.1 粉料配制方法

粉料的配制有原料的准备和原料的混合两个过程。

（1）原料的准备 主要有原料的预处理、称量及输送。

对于成型用原材料，首先必须进行过筛吸磁处理并除去杂质。在润性物料的混合前，应对增塑剂进行预热，以加快其扩散速率，强化传热过程，使聚合物加速溶胀，以提高混合效率。常用的稳定剂、填充剂以及一些色料等，其固体粒子多在 $0.5\mu m$ 左右，常易发生凝聚现象，事先最好把它们制成浆料或母料后再投入到混合物体中。制备浆料的方法是，先按比例称取助剂和增塑剂，而后进行搅拌获得均匀的分散体，有的须再经三辊研磨机研细。

称量是保证粉料或粒料中各种原料组成比率精确的步骤。为保证准确性，有必要进行复称。

原料的输送，对液态原料（如各种增塑剂）常用泵通过管道输送到高位槽储存，使用时再定量放出。对固体粉状原料（如树脂）则常用气流输送到高位的料仓，使用时再向下放出，进行称量。这对于生产过程的密闭化、连续化都是有利的。

（2）原料的混合　混合是通过设备的搅拌、振动、空气流态化、翻滚、研磨等作用完成的。过去混合操作多是间歇操作的。而目前发达国家已采用连续化生产，具有分散均匀，效率高等优点。

对于加入液体组分的润性物料，除要取样分析结果符合要求外，还要求增塑剂既不完全渗入聚合物的内部，又不太多地露在表面。因为前一种情况会使物料在塑炼时不易包住辊筒，从而降低塑炼的效率；而后一种情况又常能使混合料在放置时发生分离，以致失去初混合的意义。

对非润性物料的初混合，工艺程序一般是先按聚合物、稳定剂、加工助剂、冲击改性剂、色料、填料、润滑剂等的顺序将准确计量的原料加入混合设备中，随即开始混合。如采用高速混合设备，则由于物料的摩擦、剪切等所做的机械功，使料温迅速上升；如用低速混合设备，则在一定时间后，通过设备的夹套中油或蒸气使物料升至规定的温度，以期润滑剂等熔化及某些组分相互渗透而得到均匀的混合。热混合达到质量要求时即停止加热及混合过程，进行出料。混合好的物料应有相应的设备同时混合和冷却，当温度降至可储存温度以下时，即可出料备用。

5.6.2.2　粒料配制方法

（1）初混物的塑炼　聚合物在合成时可能由于局部的聚合条件或先后条件的差别，因此不管是球状、粉状或其它形状的聚合物中，总是或多或少存在着胶凝粒子。同时，聚合物中还可能含有杂质，如单体、残余催化剂和水分等。加热和剪切力使聚合物通过熔化、剪切、混合等作用而驱出其中的挥发物并进一步分散其中的不均匀组分，这样，物料就更有利于制得性能一致的制品。

初混物的塑炼应注意由于剪切而造成聚合物分子的热降解、力降解、氧化降解（如果塑炼是在空气中进行的）以及分子定向等问题。同时，聚合物中的助剂对上述化学和物理作用也有影响，而且如果塑炼条件不当，助剂本身也会起一定的变化。因此，不同种类的塑料应各有其适宜的塑炼条件。

塑炼的终点可用拉力机测定塑炼料的撕力来判断，也可以靠经验决定。

（2）塑炼物的粉碎或造粒　粉碎和造粒同样都是减小固体尺寸，所不同的只是前者形成的颗粒大小不等，而后者比较整齐且具有固定的形状。减小固体尺寸的基本操作通常是压缩、冲击、摩擦和切割。聚合物大多是韧性或弹性的物料，因此具有切割作用的设备就获得了更为广泛的应用。设备的选择还依赖于塑炼物的形状。由双辊筒机所制得的塑炼物通常是片状的，处理片状物的一种方法是将物料用切粒机切成粒料。由挤出机挤出的条状物，一般是用装在口模处的旋转刀进行切粒。但也有将条状物用造粒设备来成粒的。

造粒设备有成粒机和切粒机两类。成粒机主要也是由转动的叶刀和固定刀组成，在形式与结构上却可以有很多的变化。由成粒机造粒的物料颗粒大小很不均匀，变化范围约从细粉状到 8mm 之间。切粒机是将片状塑炼物造粒的一种设备，即用纵切和横切两个连续作用将片状物切成矩形六面体。纵切常用一对带有锯齿表面的辊筒来完成。横切作用则是通过跳动频繁的铡刀或带有叶刀的转子来完成。如果物料是条状的，则其切粒比片状物容易，因为可以省去纵切的工序。所以，将上述切粒机中的纵切装置换成等速限料辊即可。

习题与思考题

1. 混合操作的分类有哪些？各种混合方法的特点是什么？主要影响因素有哪些？
2. 试述对混合程度的直接描述和间接描述有何异同点？
3. 判断聚合物体系混合程度的方法有哪些？各自的特点是什么？适用范围如何？
4. 塑料粉料的混合设备有哪些，现在实际生产中常应用哪些设备，为什么？
5. LDPE、HDPE、LLDPE 结构和性能上有何差异？
6. 高分子材料成型加工过程中为什么要使用助剂？
7. 举例说明什么是加工助剂？其在塑料成型加工中的作用是什么？
8. 什么是增塑剂，使用增塑剂的作用是什么，增塑剂是如何起到增塑作用的？
9. 对于塑料原料而言，粒料和粉料各自具有什么特点？
10. 简述粒料的配制过程。

第6章 口模成型

口模成型（die forming）是指聚合物材料在熔融设备中通过加热、混合、加压，使物料以流动状态连续通过口模进行成型的方法。在聚合物的口模成型中，最常用的熔融设备是挤出机，所以又称为挤出成型（extrusion forming）或挤塑。

6.1 概述

挤出成型所用的口模，是形状各异的金属流道或节流装置，以便达到当聚合物熔体流过时能获得特定的横截面形状的目的。根据机头和口模不同，可以生产管材、薄膜、板材与片材、棒材、异型材以及单丝、撕裂膜、打包带、网、电线电缆包覆物等。挤出成型有以下特点：生产过程可以是连续的，因而其产品也是连续的；生产效率高、应用范围广，是塑料成型加工的重要方法之一。全世界大约超过 60% 的塑料制品是经挤出成型法生产的。几乎所有的热塑性聚合物都可以采用挤出成型法加工；近年来，随着挤出成型设备和技术的发展，挤出成型也可用于部分热固性塑料的成型加工中。

6.1.1 挤出成型工程和理论的发展历史

如果从 1797 年 J. Brand 开始用挤出工艺生产铅管算起，挤出工业已经有两百多年的历史。1845 年，H. Bewlgy 改进了 R. Broom 申请的专利，开始用柱塞式挤出机生产电缆。1879 年 M. Grayy 取得了世界上第一个螺杆挤出机的专利。至 1881 年，Francis show 公司开始生产和销售螺杆挤出机。但直到 1939 年，P. Troester 公司生产的单螺杆挤出机才从蒸汽加热改为电加热和空气冷却，长径比也只有 10 左右。应该说这只是挤出机发展的初期阶段。

20 世纪 30 年代，热塑性塑料迅速发展，开始了工业化生产。PVC、PE 和 PS 分别在1939 年、1940 年和 1941 年开始采用挤出法来加工，这就促使挤出机水平得到了很大提高。到 50 年代，挤出机的长径比已达到了 20 左右，螺杆无级调速和挤出系统自动控温已得到比较广泛地应用，膜、板、管、丝和中空吹塑等制品都开始得到发展。自 50 年代开始，各种工程塑料如 1949 年的 PET，1950 年的 ABS，1956 年的 POM 和 1958 年的 PC 等也都开始工业化生产。从 50 年代至 70 年代末，通用塑料如 PE、PVC、PP、PS 等的产量，几乎以每五年翻一番的速度增长。塑料工业进入了她的黄金时代，各种塑料制品日新月异，深入到工业、农业、国防、军工、建材、包装等国民经济各部门，部分取代了木材、钢铁、硅酸盐等传统材料。此时，螺杆直径小至 20mm 大至 500mm 的挤出机均已生产，长径比也增加到30～35 以上。各种混炼挤出机、喂料挤出机、排气挤出机以及双螺杆挤出机都得到了广泛的应用。

最近 30 年的工业实践表明：树脂、助剂、塑料机械、制品加工及其应用，已成为一个完整的工业体系。除大量的板、管、膜、丝、中空吹塑等常规制品外，为发挥各种树脂的特点，以便得到具有各种综合性能的聚合物制品（如阻隔包装、耐磨、印刷、无毒以及废料利用等）。各种复合共挤制品得到了广泛地应用，如九层的复合膜、五层的复合板、三层的复合瓶和复合管，两层的复合丝（光导纤维）等。考虑到聚合物拉伸分子取向后其光泽度、强度、阻隔性都有明显提高，而制品厚度却明显减小，从而降低了制品的成本。因此各种拉伸制品如 OPE（单向拉伸聚乙烯）、BOPP（双向拉伸聚丙烯）、BOPA（双向拉伸聚酰胺）、BOPVC（双向拉伸聚氯乙烯）、BOPET（双向拉伸聚酯）、直至 BOPI（双向拉伸聚酰亚胺）等双向拉伸膜、挤拉吹瓶和注拉吹瓶也得到广泛地使用。20 世纪 90 年代还出现了广泛用于机场、铁路、高速公路和堤坝基础等土工工程加筋用的单向拉伸和双向拉伸的土工格栅。同时拉伸管和拉伸板也开始在发展。为发挥塑料的绝热、缓冲、隔音、省料等优异性能，各种发泡的片、板、管、丝塑料制品都在大量生产。单体在双螺杆或四螺杆中直接聚合成聚合物（如己内酰胺聚合成聚己内酰胺即尼龙等），此新型的加工工艺即反应挤出也成为螺杆挤出技术的一个重要的发展方向。在这种情况下，聚合物材料科学、聚合物加工工艺学和聚合物加工机械设计已成为聚合物工程与科学的三大支柱。不仅如此，在聚合物加工工业中，各种在磁、电、光学基础上的测试仪表，建立在计算机技术上的自动控制、在线实时的测量反馈系统、CAD 系统和优化技术都已得到广泛地应用。

从第一篇有关挤出理论论文问世以来，挤出理论的研究已有 70 余年的历史。大致可分为三个阶段。

第一阶段的代表著作是 1922 年 H. Rowell 和 D. Finlayson 发表的有关螺杆计量段流场、熔料流率和能耗的著名论文。40 年后，美国杜邦公司的 J. Mckelvey 等人对这一阶段的研究作了系统总结，1959 年 W. Darnell 和 E. Mol 发表了对螺杆加料段的固体输送生产率和压力分布场研究的论文。上述论文构成了挤出理论的基础，其核心思想直到今天仍为人们所引用。但必须指出，由于当时研究水平的限制，几乎所有的论文都建筑在古老的流体动力学和固体理论力学的基础上。至于熔融，由于涉及热力学和传热学等固液相之间复杂的相变问题，因而对发生在螺杆上的最重要现象，即塑料固体颗粒是怎样逐步熔融的，几乎完全没有涉及。

大约在 20 世纪 50 年代末，B. Maddock 和 L. Street 开始了第二阶段的研究。其特点是通过可视化技术，即将螺杆从挤出机中顶出后，从试样上切片来分析螺杆上的物料熔融过程。在 B. Maddock 和 L. Street 实验观察基础上，Z. Tadmor 于 1966 年发表了划时代的研究论文，1970 年 Z. Tadmor 对其研究成果即熔融理论进行了系统总结，发表了专著。直到目前，这些论文和专著仍是近代挤出理论的研究基础。在此之后，虽然仍有不少对固体输送理论富有成果的研究，但熔融理论却成为第二阶段的研究热点，R. Donovan，R. Edmondson 和 R. Fenner，J. lindt，I. Mondvan 等学者都发表了很有价值的研究论文。这些论文考虑了固相的加速、螺杆底面存在的熔膜以及将压力梯度引入熔膜和熔池的计算等，完善了熔融理论并提高了计算精度，使挤出理论的研究达到了一个相当高的水平。

20 世纪 70 年代，挤出理论的研究进入了第三阶段。这一阶段的特点有两个：一是继续完善原有理论，如 H. Fukase 讨论固体床加速、D. Rolyance 和 M. Hami 用有限元法进行熔体输送段计算、J. Becker 分析熔融的不稳定性等。此外，人们还在继续完善螺杆挤出的计算机程序，这些工作一直持续到今天。

从上面的分析可以看出：树脂的发展、聚合物制品及其加工工艺的发展、挤出机的发展以及挤出理论的发展都是密切相关，相互促进的。

6.1.2　挤出成型的分类和特点

按物料塑化方式的不同，挤出成型工艺分为干法和湿法两种。干法挤出（dry extrusion）的塑化是依靠加热将固体物料变成熔体，塑化和挤出可在同一设备中进行，挤出塑性体的定型仅为简单的冷却操作。湿法挤出（wet extrusion）的塑化需用溶剂将固体物料充分软化，塑化和挤出必须分别在两套设备中各自独立完成，而塑性体的定型处理要靠脱出溶剂操作来实现。湿法挤出虽有物料塑化均匀性好和可避免物料过度受热分解的优点，但由于有塑化操作复杂和需要处理大量易燃有机溶剂等严重缺点，目前生产上已很少使用。

按对塑性体的加压方式不同，又可将挤出工艺分为连续式和间歇式两种方法，前者所用的设备是螺杆式挤出机，后者则是柱塞式挤出机。用螺杆式挤出机进行挤出加工时，装入料斗的物料随转动的螺杆进入料筒中，借助于料筒的外加热及物料本身和物料与设备间的剪切摩擦生热，使物料熔化而呈流动状态；与此同时，物料还受螺杆的搅拌而均匀分散，并不断前进。最后，均匀塑化的物料在通过口模被螺杆挤到机外而形成连续体，经冷却固化得到制品。柱塞式挤出机的主要部件是一个料筒和一个由液压操纵的柱塞。挤出加工时，先将一批已经塑化好的物料放入料筒内，后借助于柱塞的压力将物料经口模挤出，料筒内的物料挤完后，应退出柱塞以便进行下以次操作。柱塞式挤出的明显缺点是操作过程的不连续性，所生产的型材长度受到限制，而且物料还要预先塑化，因而应用较少。但由于柱塞可对物料施加很高的压力，故这种挤出方法还用于 PTFE 之类的难熔塑料的成型。本章着重介绍连续式干法挤出成型。

6.1.3　挤出成型在聚合物工程中的重要地位

在当今世界四大材料（木材、硅酸盐、金属和聚合物）中，聚合物和金属是应用最广、最重要的两种材料，而树脂按其体积产量已超过钢铁。聚合物材料中大约 80% 都要经过螺杆挤出这一重要的工艺来加工。其中不仅包括膜、板、管、丝和型材等制品的直接成型，还包括中空吹塑、热成型等坯料的挤出加工。同时，如果考虑到注塑机几乎都用螺杆来预塑这一重要因素，把螺杆挤出过程称为"现代聚合物加工的灵魂"一点也不为过。除此之外，在填充、增强、共混、改性等复合材料和聚合物合金生产过程中，螺杆挤出在很大程度上取代了开炼、密炼等常规工艺。此外，在树脂输送、脱水、排气、干燥、预塑和造粒等前处理工序中，无论是大型的树脂厂，或者是小型的制品厂，几乎都采用了挤出这一先进工艺。挤出机几乎成为任何一个与聚合物有关的企业或研究单位基本的装备之一。

螺杆挤出机能将一系列化工基本单元过程，如固体输送、增压、熔融、排气、脱湿、熔体输送和泵出等物理过程集中在挤出机内的螺杆上来进行，这也是被广泛应用的原因。最近 30 年来挤出工程的发展表明，更多的过程，如交联、发泡、接枝、嵌段、调节分质量甚至聚合反应等化学过程都愈来愈多地在螺杆挤出机上进行。螺杆挤出这种工艺装备逐步取代了一些由多台经典的化工装备组成的生产线。以连续生产代替间歇生产，必然有较高的生产率和较低的能耗，减少了生产面积和操作工人数量，也易于实现生产自动化，还有较好的劳动条件和较少的环境污染。与此同时，螺杆的搅拌作用也提高了混合质量。这些因素加在一起，必然降低了生产成本。正因如此，螺杆挤出这种工艺不仅广泛地用于聚合物加工，而且在建材、食品、纺织、军工、金属和造纸等工业部门中都得到了愈来愈多的应用。

6.2　螺杆挤出机的基本结构

螺杆挤出机（screw extruder）是塑料挤出成型的关键设备。它通常由电动机、传动机构、料筒及加热装置、螺杆、机头、口模和机座等部分组成，此外还有调速、温控、压力测量和程序控制等系统，以便按加工需要调整螺杆的转速和设定及控制挤出机各段的加热温度、机头压力和操作程序。除挤出机外，其配套设备还包括挤出物的定型模、冷却装置、牵引装置、切断机构、厚度或圆度等形状及尺寸控制装置等。螺杆挤出机又可分为单螺杆挤出机和多螺杆挤出机。单螺杆挤出机是目前生产中用得最多的挤出成型设备，也是最基本的挤出机。多螺杆挤出机中以双螺杆挤出机发展最快，其在挤出成型中的应用愈来愈广泛。

6.2.1　单螺杆挤出机的基本结构

单螺杆挤出机（single screw extruder）由传动系统、挤出系统、加热和冷却系统、控制系统等几部分组成。各系统的基本作用如下。

（1）挤出系统　它主要由螺杆和机筒组成，是挤出机的关键部件。其作用是使塑料塑化成均匀的熔体，并在此过程中建立起压力，使物料被螺杆连续、定压、定温、定量地挤出机头。

（2）传动系统　它由电动机、调速装置及传动装置组成。其作用是驱动螺杆，保证螺杆在挤出过程中所需要的扭矩和转速。

（3）加热冷却系统　它由温度控制设备组成。其作用是通过加热和冷却，保证挤出系统的成型在工艺要求的温控范围内进行。

（4）控制系统　它主要由电器、仪表和执行机构组成。其作用是调节螺杆的转速、机筒温度和机头压力等。

其中，挤出系统和传动系统是挤出成型的关键部分，对挤出成型的产品质量和产量起重要作用。挤出系统和传动系统主要包括传动装置、加料装置、料筒、螺杆、机头和口模等五部分（如图 6-1 所示）。此外，挤出机的加热冷却及温度控制对于成型制品质量的稳定也十分重要。单螺杆挤出机的规格一般用螺杆直径的大小来表示。

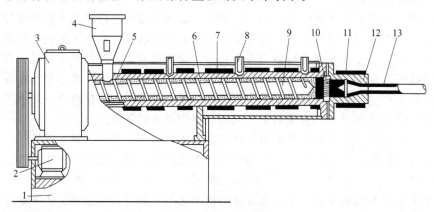

图 6-1　单螺杆挤出机结构示意图

1—机座；2—电机；3—传动装置；4—料斗；5—料斗冷却区；6—料筒；7—料筒加热器；8—热电偶
控制点；9—螺杆；10—过滤网和多孔板；11—机头加热器；12—机头；13—挤出物

6.2.1.1　传动装置

传动装置是带动螺杆转动的部分，通常由电动机、调速装置、减速机构和止推轴承组成。螺杆转速的稳定对于挤出成型过程至关重要，在挤出过程中，若螺杆转动速率有变化，即会引起塑料料流的压力波动。所以，在正常操作条件下，不管螺杆的负荷是否发生变化，螺杆的转速应保持恒定，以保证挤出量的稳定，从而保持制品质量的均匀性。常见单螺杆挤出机的传动形式如图 6-2 所示。为了满足不同生产工艺要求，螺杆应能变速驱动。为此，传动部分一般采用交流整流子电动机或直流电动机等装置，以达无级变速。螺杆转速一般为 10～300r/min。

6.2.1.2　加料装置

加料设备通常使用锥形料斗，料斗底部有截流装置，以便调整和切断料流，料斗侧面有标定料量和卸除余料等装置。有些料斗还带有定量供料及内在干燥或预热装置。此外，有些料斗还带有可防止原料从空气中吸收水汽的真空（减压）装置，即真空加料装置（如图 6-3）。

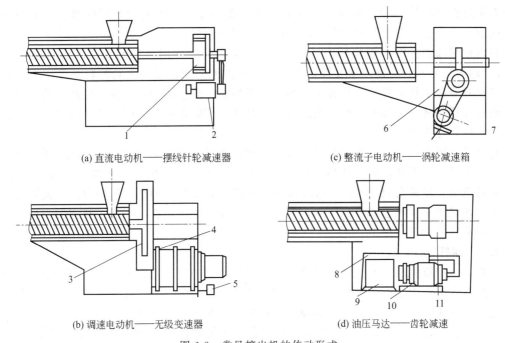

(a) 直流电动机——摆线针轮减速器　　　　(c) 整流子电动机——涡轮减速箱

(b) 调速电动机——无级变速器　　　　　(d) 油压马达——齿轮减速

图 6-2　常见挤出机的传动形式

1—摆线式针轮减速器；2—直流电机；3—减速箱；4—齿轮式无级变速器；5—调速电机；
6—蜗轮减速箱；7—整流子电机；8—油箱；9—电动机；10—油泵；11—油马达

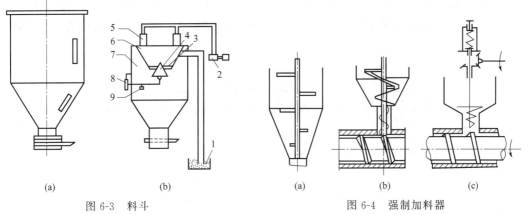

图 6-3　料斗

1—物料；2—真空泵；3—小料斗底；4—密封锥体；5—吸
尘器；6—小料斗；7—大料斗；8—重锤；9—微动开关

图 6-4　强制加料器

（a）搅拌加料器；（b）螺旋加料器；（c）定量加料器

　　一般粒状或粉状物料依靠自身的重量进入加料孔，但随着料层高度的改变，可能引起加料速度的变化，同时还可能产生"架桥"现象而使加料口缺料。因此，在加料装置中设置搅拌器或螺杆输送强制加料器可克服此缺点，如图 6-4。加料孔的形状一般为矩形，其长边平行于料筒轴线，长度为螺杆直径的 1～1.5 倍，在进料侧有 7°～15°的倾斜角。加料孔周围应设有冷却夹套，以排除高温料筒向料斗的传导热，避免料斗中的物料因升温而发黏，以致引起加料不匀或料流受阻。

6.2.1.3　料筒

　　料筒又称机筒，是一个受热受压的金属圆筒，是挤出机主要部件之一。物料的塑化和压缩都在料筒中进行。挤出时料筒内的压力可达 30～60MPa，温度达 150～350℃。制造料筒的材料须具有较高的强度、刚度、坚韧耐磨和耐腐蚀性，通常料筒采用耐温、耐压强度较高，耐磨、耐腐蚀的合金钢或内衬合金钢的复合钢管制成。

挤出机料筒的长度一般为其内径的 15～30 倍，其长度以使物料得到充分加热和塑化（混合）均匀为原则。料筒内壁光滑，有些则刻有各种沟槽，以增大与塑料的摩擦力。在料筒外部设有分区加热装置。加热方法一般有电阻加热、电感应加热、铸铝加热器等。料筒上通常还设有冷却装置，其主要作用是防止物料过热，或者在停车时使筒体快速冷却，防止物料长时间暴露在高温下产生分解。冷却方法有水冷和风冷。

机筒结构形式可分为整体式和组装式。整体式机筒可保证较高的装配精度，便于加热、冷却系统的设置与拆装，而且加热在轴向分布上较为均匀，但机筒整体加工精度要求较高。组装式机筒由几段机筒组装而成，优点是可改变长度，实现多用途，但对每段机筒加工精度要求高，各段用法兰螺栓连接在一起，破坏了机筒加热的均匀性，增加了热损失，也不便于加热冷却系统的设置与维护。

6.2.1.4　螺杆

螺杆是挤出机的最主要部件，它直接关系到挤出机的应用范围和生产效率。通过螺杆的转动，塑料在机筒中才能产生移动、增压和从摩擦取得部分热量，并在移动过程中得到混合和塑化。与机筒一样，螺杆也是用高强度、耐热和耐磨蚀的合金钢制成。

（1）螺杆的结构及螺杆各段的作用　螺杆是一根笔直的有螺纹的金属圆棒。图 6-5 为普通螺杆的结构，螺杆的表面应有很高的硬度和光洁度，以减小塑料与螺杆表面的摩擦力，使物料在螺杆与料筒之间保持良好的传热和运转状态。有些螺杆的中心开有孔道，可通冷却水，目的是防止螺杆因长时间运转与塑料物料摩擦生热而损坏，同时使螺杆表面温度略低于料筒，防止物料黏附其上，便于物料的有效输送。螺杆用止推轴承悬支在料筒的中央，与料筒中心线吻合，不应有明显的偏差。螺杆与料筒的间隙很小，使塑料物料受到强烈的剪切作用而塑化。

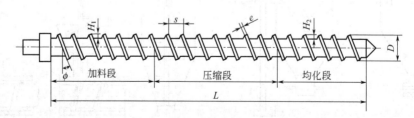

图 6-5　常规螺杆示意图

H_1—加料段螺槽深度；H_2—均化段螺槽深度；D—螺杆直径；ϕ—螺旋角；L—螺杆长度

螺杆的主要功能包括输送固体物料，压紧和熔化固体物料，均化、计量和产生足够的压力以挤出熔融物料。根据物料在螺杆上运转情况，可将螺杆分为加料段（固体输送区）、压缩段（熔融区）和均化段（熔体输送区），如图 6-5、图 6-6 所示。

① 加料段（feeding zone）自料斗入口向前延伸的一段螺杆称加料段，也叫固体输送段（solid convey zone）。加料段的长度随塑料种类不同而异，它的主要作用是使物料受压，受热前移，加料段螺槽一般为等距等深。塑料自料斗进入挤出机的料筒内，在螺杆的旋转作用下，由于料筒内壁和螺杆表面的摩擦作用向前运动。在该段，螺杆的功能主要是对塑料进行输送并压实，物料仍以固体状态存在。虽然由于强烈的摩擦热作用，在接近加料段的末端，与料筒内壁相接触的塑料已接近或达到黏流温度，固体粒子表面有些发黏，但熔融仍未开始，这一区域称为迟滞区，是指固体输送区结束到熔融最初开始出现的一个过渡区。

② 压缩段（compressing zone）压缩段的螺槽容积是逐渐减小的，也叫熔融段（melting

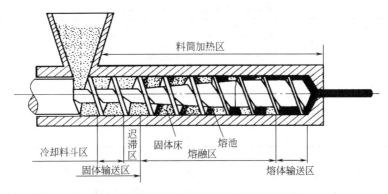

图 6-6　塑料物料在挤出机中的挤出过程

zone)。压缩段的主要作用是压实物料,使物料由固体转化为熔融体,并排除物料中的空气。塑料从加料段进入熔融段,沿着螺槽继续向前,由于螺杆螺槽的容积逐渐变小,塑料受到压缩,进一步被压实,同时物料受到料筒的外加热和螺杆与料筒之间强烈的剪切搅拌作用,温度不断升高,物料逐渐熔融。此段螺杆的功能是使塑料进一步压实和熔融塑化,排除物料内的空气和挥发分。在该段,熔融料和未熔料以两相的形式共存,至熔融段末端,塑料最终全部熔融为黏流态。

③ 均化段 (homogenizing zone) 均化段是螺杆最后一段,也称为计量段、挤出段。其作用是使熔体进一步塑化均匀,并将料流定量、定压地送入机头,使其在口模中成型。从熔融段进入均化段的物料是已全部熔融的黏流体。在机头口模阻力造成的回压作用下被进一步混合塑化均匀,并定量定压地从机头口模挤出。在该段,螺杆对熔体进行输送。

(2) 螺杆的几何参数　表示螺杆结构特征的基本参数有直径、长径比、压缩比、螺距、螺槽深度、螺旋角、螺杆与机筒的间隙、螺头结构等,如图 6-7 所示。

① 螺杆的直径 (D)　螺杆直径表示挤出机的大小规格。最常见的螺杆直径 D 为 45～180mm。螺杆直径增大,加工能力提高,挤出机的生产率与螺杆直径 D 的平方成正比。

② 螺杆长径比 (L/D)　长径比是指螺杆工作部分有效长度与直径之比,表示为 L/D,通常为 15～30。L/D 大,能改善物料温

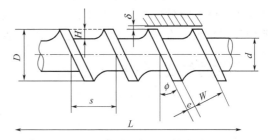

图 6-7　螺杆结构的主要参数

D—螺杆直径;d—螺杆根径;s—螺距;W—螺槽宽度;e—螺棱宽度;H—螺槽深度;ϕ—螺旋角;L—螺杆长度;δ—间隙

度分布,有利于塑料的混合和塑化,并能减少漏流和逆流,提高挤出机的生产能力。但长径比过大时,会使塑料受热时间增长而降解,同时螺杆自重增加,自由端挠曲下垂,造成螺杆与机筒的间隙不均匀,并给螺杆和机筒的加工制造和安装带来困难。过短的螺杆,容易引起物料的混炼、塑化不良。

③ 压缩比 (ε)　螺杆加料段第一个螺槽的容积与均化段最后一个螺槽容积之比称为压缩比。压缩比的大小对制品的密实性和排除物料中所含空气的能力等影响很大。但压缩比过大,又将影响螺杆的机械强度,在一定程度上降低挤出机的产量。不同的塑料,由于加工性能不同,它所要求的压缩比也不同。常见塑料挤出的螺杆压缩比见表 6-1。螺杆的压缩比主要是通过螺槽深度的变化而获得(即等距不等深螺杆)的,其优点是加工制造容易,物料与机筒接触面积较大,传热效果较好。

表 6-1 常见塑料的螺杆压缩比

塑 料 名 称	压 缩 比	塑 料 名 称	压 缩 比
硬聚氯乙烯(粒)	2～3	聚甲醛	2.8～4
硬聚氯乙烯(粉)	2～5	聚碳酸酯	2.5～3
软聚氯乙烯(粒)	3～4	尼龙-6	3.5
软聚氯乙烯(粉)	3～5	尼龙-66	3.7
聚乙烯	3～4	尼龙-1010	3
聚丙烯	2.5～4	线型聚酯	3.5～3.7
PMMA	3	聚苯醚	2～3.5

④ 螺槽深度（H） 螺槽深浅与物料的热稳定性、螺杆的塑化效率及压缩比有关。螺槽浅时，能对塑料产生较高的剪切速率，有利于机筒壁与物料的传热，物料混合和塑化的效率提高，但生产率降低；而螺槽深时，情况刚好相反。因此热敏性塑料（如聚氯乙烯）宜用深槽螺杆；而熔体黏度低和热稳定性较高的塑料（如聚酰胺等），宜用浅槽螺杆。

⑤ 螺旋角（Φ）和螺距（s） 螺杆直径确定后，螺距不但决定了螺旋角，而且也影响螺槽的容积。螺距减小，正推力增加，但螺槽容积减小。物料的形状不同，对加料段的螺旋角要求不同。实验证明，粉状塑料用 30°的螺旋角较适宜，方块料适用 15°，圆柱料适用 17°。从制造方便考虑，对普通常用的等距不等深螺杆，常取螺距等于螺杆直径，此时螺旋角为 17°42′。

⑥ 螺棱宽度（e） 螺棱宽度指螺纹轴向螺棱顶部的宽度，e 太小会使漏流量增加，导致产量降低，e 太大会增加动力消耗，也有产生局部过热的危险，螺棱宽度（e）一般取 $(0.08～0.12)D$，但在螺槽的底部则较宽，其根部应用圆弧过渡。

⑦ 螺杆与料筒间隙（δ） 机筒内径与螺杆直径差的一半称间隙 δ，它能影响挤出机的生产能力；随着 δ 的增大，一般生产率降低。通常控制 δ 在 $0.1～0.6$ mm。δ 小，物料受到的剪切作用较大，有利于塑化。但 δ 过小时，强烈的剪切作用容易引起物料出现热机械降解，并且由于物料的漏流和逆流太少，在一定程度上影响熔体的混合。

⑧ 螺杆头部形状 熔融物料从螺槽进入机头流道时，料流形式由螺旋流动变形为直线流动，为避免物料因滞留在螺杆头端面死角处引起分解，螺杆头部常设计成锥形或半圆形。有些螺杆的均化段是一表面完全平滑的杆体，称为鱼雷头。鱼雷头具有搅拌和节制物料、消除流动时脉动现象的作用，并能增大物料的压力，降低料层厚度，改善加热状况，进一步提高螺杆塑化效率。

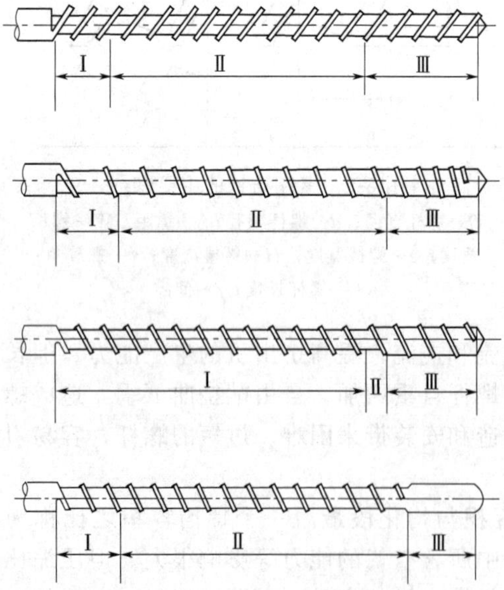

（3）螺杆的结构形式 由于塑料品种很多，性质各异。因此，为适应加工不同塑料的需要，设计加工了各种类型的螺杆，以便能对塑料产生较强的输送、挤压、混合和塑化作用。螺杆的结构形式主要有渐变形和突变形两种。图 6-8 为几种常见的螺杆。

渐变螺杆大多用于无定形塑料的加工，它对大多数物料能提供较好的热传导，对物料的

图 6-8 几种螺杆的结构形式

（a）渐变形（等距不等深）；（b）渐变形（等深不等距）；（c）突变形；（d）鱼雷头螺杆

Ⅰ—加料段；Ⅱ—压缩段；Ⅲ—均化段

剪切作用较小，适用于热敏性塑料的挤出，也可用于结晶塑料。突变螺杆由于具有较短的压缩段［通常为（4～5)D］，对物料能产生巨大的剪切作用，故适用于黏度低，具有明显熔点的塑料，如聚酰胺、聚烯烃等。

（4）几种新型螺杆 常规三段式螺杆中加料段物料为固态，均化段时物料为液态，而压缩段为固、液两态并存于螺槽中，随着固态物料的不断减少，当其固体塞的强度不足以抵抗外力作用时，固体物料就会破碎而散落到液体物料中。而塑料的导热性较差，完全将这些固体碎片熔融很困难，也是很慢的。这样就会形成一部分物料不能完全熔融，导致温差，塑化也不均匀。

常规三段螺杆存在着温度波动，必然也会造成压力波动和产量波动大的问题。针对常规全螺纹三段螺杆存在的上述问题，经过深入研究，发展了各种新型螺杆。

① 分离型螺杆（separator screw） 这类螺杆是在螺杆的压缩段附加一条螺纹，这两条螺纹把原来一条螺纹形成的螺槽分成两个螺槽，一条螺槽与加料段螺槽相通，用来输送固态物料；另一条螺槽与均化段相通，用于液态物料的输送。这样就避免了单螺纹螺杆固液共存于一个螺槽引起的温度波动。DFM 双螺槽分离型螺杆如图 6-9 所示。

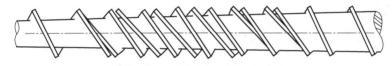

图 6-9 DFM 双螺槽分离型螺杆

② 屏障型螺杆（barrier screw） 所谓屏障型螺杆就是在螺杆的某个部位设立屏障段，使未熔的固态物料不能通过，并促使固态物料完全熔融的一种螺杆。通常，屏障段设在均化段与压缩段相交处，如图 6-10。

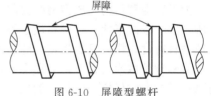

图 6-10 屏障型螺杆

③ 分流型螺杆（diffluent screw） 这类螺杆的某一部位设置许多突起部分、沟槽或孔道，将螺槽内的料流分割，以改变物料的流动状况，改进熔融状况，增强混炼和均化作用。销钉螺杆即是其中的代表。销钉的设置须根据目的来确定，如果是为了提高物料的熔融，销钉一般设在压缩段。如果是为了混炼均匀和获得低温挤出，销钉通常设在均化段。各种分流型混炼头如图 6-11所示。

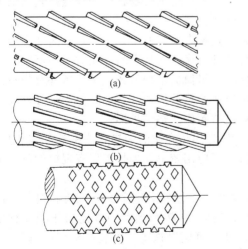

图 6-11 各种分流型混炼头
（a）Saxton 混炼头；（b）Dulmage
混炼头；（c）菠萝混炼头

6.2.1.5 机头和口模

机头和口模通常为一整体，习惯上统称机头，但也有机头和口模各自分开的情况。机头的作用是将处于旋转运动的塑料流体转变为平行直线流动，并将熔体均匀平稳的导入口模。口模为具有一定截面形状的通道，塑料溶体在口模中流动时取得所需形状，并被口模外的定型装置和冷却系统冷却硬化而定型。

机头与口模的组成部件包括多孔板、过滤网、分流器（有时它与模芯结合成一个部件）、模芯、口模和机颈等部件。多孔板和过滤网的作用是使物料由旋转运动变为直线运动，阻止杂质和未塑化的物料通过，以及增加料流背压，使制品更加密实（如图 6-12）。分流器，模芯，口模随制品不同而异。机头中还设有校正和调整装置（定位螺钉），能调整和校正模芯与口模的同心度、尺寸和外形。按照物料挤出方向与螺杆轴线有无夹角，可以将机头分为直向机头和角向机头。直向机头的料流方向与挤出机螺杆轴线是一致的，主要用于挤出管、片和其它型材；角向机头的料流方向与螺杆轴线成一定的角度，多用于挤薄膜、线缆包覆物及吹塑制品等。

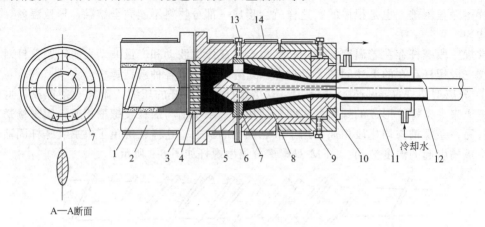

图 6-12　圆管挤出机头结构示意图

1—螺杆；2—料筒；3—过滤网；4—多孔板；5—机头；6—压缩空气进口；7—模芯支架；8—模芯；
9—定芯螺钉；10—模口外环；11—定型套；12—管状挤出物；13—定芯螺钉；14—加热器；

为了获得塑料物料成型前必要的压力，机头和口模的流道型腔应逐步连续地缩小，过渡到所要求的截面形状。熔融料流道不能突然扩大或缩小，且应十分光滑，更不能有死角。为保证物料通过口模后具有规定的断面形状和足够的定型时间，口模应有足够的成型长度。机头成型部分横截面的大小，必须保证物料有足够的压力，使得制品密实并消除合缝线，因此物料在机头中应保持一定的压缩比。在满足强度的条件下，口模和机头的结构应尽量紧凑。

6.2.1.6　加热与冷却系统

适宜的温度是挤出成型得以进行的必要条件之一。为保证聚合物材料始终能在其加工工艺所要求的温度范围内熔融，挤出机上必须设置加热冷却系统。

（1）加热系统　聚合物材料在挤出过程中得到的热量来源有两个，一个是机筒外部加热器提供的热量；另一个是聚合物材料与机筒壁、与螺杆及聚合物材料间的相对运动所产生的摩擦剪切热量。这两部分热量所占比例的大小与螺杆、机筒的结构形式，工艺条件及物料性质有关，也与挤出过程的阶段有关。挤出机的加热方法有热载体加热、电加热和远红外线加热几种形式。应用最多的是电加热，有电阻加热和电磁感应加热两种形式。

① 热载体加热　利用热载体（如蒸汽、油等）作为加热介质的加热方法称热载体加热。这种方法加热均匀，但需要配置一套专门设备，故工厂应用较少。如果工厂有现成的蒸汽锅炉、电热锅炉，该种加热方法亦可采用。

② 电阻加热　电阻加热是利用电阻丝作为热源产生大量的热量来加热机筒和机头。此装置外形尺寸小，质量轻，拆装方便。它有带状加热器、铸铝加热器和陶瓷加热器 3 种形式。带状加热器的结构是将电阻丝包在云母片中，外面再覆以铁皮，安装在机筒或机头上。铸铝加热器如图 6-13 所示，其结构是将电阻丝装于金属管中，并将管中填进氧化镁粉之类的绝缘材料，压实，然后弯成一定形状再铸于铝合金中。将两半铸铝块包在机筒上通电即可加热。陶瓷加热器的结构是将电阻丝穿过陶瓷块，然后固定在铁皮外壳中，它比用云母片绝

缘的带状加热器要牢固些，寿命也较长，结构
简单。

③电感加热器 电感加热器是通过电磁感应而
在机筒内产生电的涡流，使机筒发热而加热机筒中
聚合物材料的一种加热方法。如图 6-14 所示，这
种加热器是在机筒的外壁上隔一定的距离装上若干
组外面包以主线圈的矽钢片。当交流电通入主线圈
时，就产生了如图中所示方向的磁力线，并且在矽
钢片和机筒之间形成了一个封闭的磁环。由于矽钢
片具有很高的导磁率，因此磁力线能以最小的阻力
通过。而作为封闭回路上一部分的机筒，其磁阻要
大得多。磁力线在封闭回路中具有与交流电源相同
的频率，当磁通发生变化时，就会在封闭回路中产

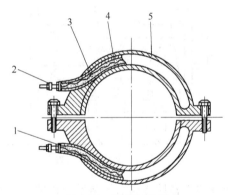

图 6-13 铸铝加热器
1—钢管；2—接线头；3—电阻丝；
4—氧化镁粉；5—铸铝块

生感应电动势，从而引起二次感应电压及感应电流，即图中所示的环形电流，亦叫电的涡
流。涡流在机筒中遇到阻力就会产生热量。它可以利用改变交流电的频率来控制热量产生
的深度。与电阻加热相比，感应加热预热快，在机筒的径向方向上的温度梯度小。温控
方便灵敏，温度稳定性好。比电阻加热器省电 30%，而且加热均匀、寿命长。但加热温
度会受到感应线圈绝缘性的限制，对成型温度要求较高的聚合物材料，特别是一些工程
塑料不适合。

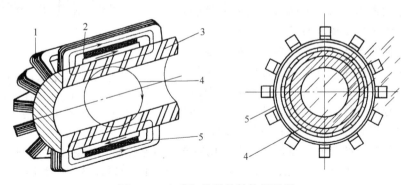

图 6-14 电感加热器的结构原理图
1—矽钢片；2—冷却介质；3—机筒；4—电涡流；5—线圈

远红外线加热是近年来发展起来的一种新的加热技术。它不需要通过介质，可以直接辐
射到被加热物体，因而能量损耗小。由于远红外线可透入到被加热物体内部，使物体表面和
内部的温度同时升高，从而节约能源，加热温度也较均匀，有利于提高产品质量。所以远红
外线加热器应用在挤出机上愈来愈多。

（2）冷却系统 挤出机设置冷却系统是为了保证聚合物材料在工艺要求的温度条件下
完成挤出成型过程。在挤出过程中，由于内、外热同时作用到物料上，导致机筒内物料
温度过高，甚至有时会超过聚合物材料塑化所需要的温度，为避免物料过热而分解，使
成型过程顺利进行，必须设置冷却系统。挤出机一般在机筒、螺杆、料斗座三个部位进
行冷却。

① 机筒冷却 螺杆直径在 45mm 以下的小型注射机，一般可不设冷却系统，多余的热
量通过对流来扩散。对于螺杆直径在 45mm 以上的注射机，机筒的冷却有风冷和水冷和油
冷三种形式，通常采用风冷和水冷。

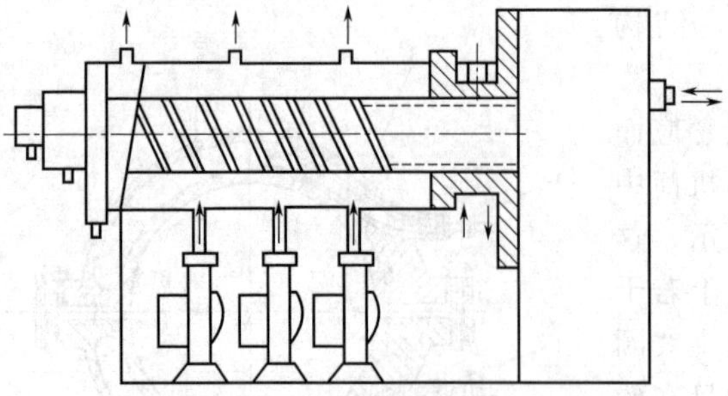

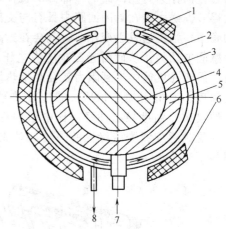

图 6-15 采用风冷装置的挤出机

a. 风冷　主要采用空气冷却。此法比较柔和、均匀、干净。但冷却系统体积大、冷却速度慢，如果鼓风机质量不好，易产生噪声。一般用于中小型挤出机比较多见，其结构见图 6-15。

b. 水冷　用水冷却时，机筒表面要加工出螺旋状的沟槽，用以缠绕冷却水管。与风冷相比，水冷法冷却速度快，装置简单，但易造成急冷现象。未经过软化处理的水容易造成水管结垢和锈蚀，使冷却效果降低或管道被堵塞、损坏等。一般完善的水冷却系统所用水不是自来水、河水，而是经过软化处理的水。采用水套冷却的结构见图 6-16。

c. 油冷　油冷系统就是将上述水套冷却系统中的水循环换成油循环，再用水从外部冷却循环油。油冷系统比风冷系统冷却速度快，效率高，同时又比水冷系统柔和、均匀、且不易造成急冷现象，是较理想的料筒冷却系统，其主要缺点是结构复杂，成本高。

② 螺杆冷却　冷却螺杆的目的有两个：一是为了提高固体输送率。因为机筒与物料的摩擦因数越大，物料与螺杆的摩擦因数越小，越有利于固体物料的输送。而温度低，固体物料与螺杆的摩擦因数会减小，所以通过控制机筒和螺杆的温度来提高固体输送率；其二是为了控制制品的质量。但冷却水的出水温度越低，挤出量越低，这是因为冷却均化段螺杆会使接近螺杆表面的物料不易流动，相当于减少了均化段螺槽的深度。冷却水温可以用冷水流量来控制，对黏度大的物料，冷却水的出水温度不能太低，否则会造成螺杆扭断的事故。图 6-17 为螺杆冷却示意图。

图 6-16　水套冷却结构图

1—冷却水管；2—水套；3—上水管；4—螺杆；
5—机筒；6—加热器；7—进水；8—出水

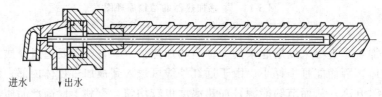

图 6-17　螺杆冷却示意图

进水　　出水

③ 料斗座的冷却　冷却料斗座的冷却介质大多用水。挤出机工作时，进料的温度不能过高，否则将造成加料段熔融，产生物料黏结螺杆的现象，在进料口形成"架桥"，使物料不能顺利加入机筒，所以在挤出机的料斗座部位必须设置冷却装置对其进行冷却。冷却料斗还能阻止挤压部分的热量传往推力轴承和减速箱，保证挤出机正常工作。图 6-18 为料斗座冷却示意图。

6.2.1.7　挤出机的温度控制

挤出机温度是否合适、稳定，直接影响着挤出制品的产量、质量，因此，准确地测定和控制挤出机温度并减少其波动，对提高制品产量、质量都是极为必要的。所以，通常对机筒、机头各段温度均设有测量和控制装置。

（1）温度的测量　温度测量一般采用热电偶、测温电阻、热敏电阻等。

① 热电偶　热电偶是测量挤出机温度常用的一种探测装置。它一般装设在机筒各控制段中间或机头、口模上。聚合物材

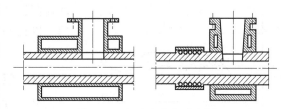

图 6-18　料斗座冷却示意图

料熔体在机头处的温度稳定与否是非常重要的，否则制品出现厚度不均匀、翘曲变形、颜色差异、透明度不均等弊病。为了能更直接和精确地测量和控制机头温度，最好是使热电偶直接与物料接触。

② 测温电阻　它是利用温度来确定导体电阻的数值，再将此数值转换成温度值的一种测温方法。它是由白金、镍和铜等作为电阻的。测温电阻的体积比热电偶大，也比热敏电阻大，在测温时还存在探测的迟缓现象，但它可以直接测定温度。

③ 热敏电阻　它是由数种金属氧化物组成的测温电阻，其温度系数小，探测的迟缓现象亦小，所以得到广泛应用。用它来测定低温效果较好，在 360℃ 以上使用较长时间会出现不稳定。

（2）控温方法　控制挤出机温度的方法有手动控制、位式调节、时间比例控制和比例（P）积分（I）微分（D）控制（也称 PID 控制）。

① 手动控制　也称调压变压器控制，是通过改变电压来改变加热功率的一种控温方法。由于它不能适应物料对温度变化的要求，控温精度也很差，故已很少采用。

② 位式调节　又称开关控制。位式调节的特点就是，当热电偶测得的温度 T 等于设定的温度 T_0 时（这时仪表的指示指针与设计温度指针上下对齐），继电器能立即切断加热器的电路，加热停止（也可通过转换开关接通冷却系统进行冷却）。但由于控温对象（如机筒）有较大的热惯性，虽然切断了加热电路，但机筒温度还会继续上升；当测得的温度低于设定温度 T_0 时，虽然通过控温仪表接通了加热电路进行加热，但由于机筒热惯性的存在，温度在一个短暂的时间内还会有所下降，然后才能回升。因此，机筒的实际温度会在设定的温度

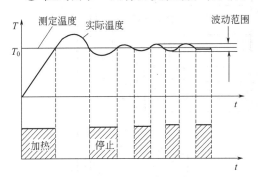

图 6-19　位式调节工作曲线图

T_0 左右波动，其工作曲线如图 6-19 所示。

③ 时间比例控制　这种仪表的特点是当指示温度接近设定温度（即进入给定的比例带），仪表便使继电器出现周期性的接通、断开，再接通、再断开的间歇动作。同时温度愈接近设定温度指针时，则接通的时间 t_1 愈缩短，而断开的时间 t_0 愈增长。受该仪表控制的加热能量是与温度的偏差（$\Delta T = T - T_0$）成比例，亦即此仪表控制的加热功率 P 的平均值 $P_{平均}$ 是与温度的偏差 ΔT 成比例的。

显然，这种控制温度的方法由于当测定温度接近设定温度时能自动地减少平均加热功率，因此比起位式控制来，它的温度波动要小得多。时间比例控制的工作曲线如图 6-20 所示。

④ PID 调节　PID 温度控制系统的原理是：由测温元件（热电偶）测得的温度与设定温度 T_0 进行比较，将比较后的温差 ΔT 经过增幅器增幅，然后输入具有 PID 调节规律的自

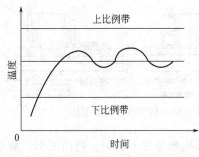

图 6-20　时间比例控制的工作曲线图

动控制调节器，并经由它来控制可控硅 SCR 的导通角，以达到控制加热线路中的电流（电热功率）的目的。

6.2.2　双螺杆挤出机

双螺杆挤出机（twin screw extruder）是在一个"∞"字形机筒内，由两根互相啮合的螺杆组成。螺杆可以是整体或组装，同向旋转或异向旋转，平行或锥形（见图 6-21）的。其基本结构包括机筒、螺杆、加热器、机头连接器（含多孔板）、传动装置（电机、减速箱等）、加料装置（料斗、加料器）、机座等几部分，如图 6-22 所示。

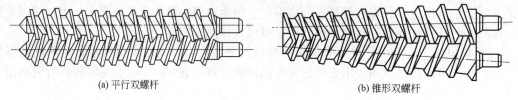

(a) 平行双螺杆　　　　　　　　　　(b) 锥形双螺杆

图 6-21　两种双螺杆的结构特点示意图

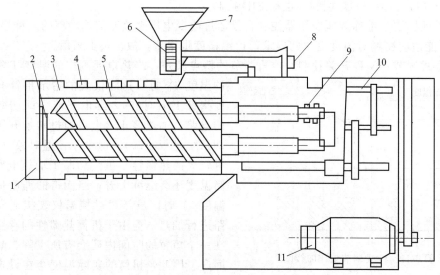

图 6-22　双螺杆挤出机结构简图

1—机头连接器；2—多孔板；3—机筒；4—加热器；5—螺杆；6—加料器；7—料斗；
8—加料器传动机构；9—止推轴承；10—减速箱；11—电动机

双螺杆挤出机的工作原理和单螺杆挤出机不同，物料在单螺杆挤出机中的输送是依靠物料与机筒的摩擦力，而双螺杆挤出机则为"正向输送"，有强制将物料向前输送的作用。另外，双螺杆挤出机在两根螺杆的啮合处还对物料产生剪切作用。因此，双螺杆挤出机具有如下工作特性。

（1）强制输送作用　在同向旋转啮合的双螺杆挤出机中，两根螺杆相互啮合，啮合处一根螺杆的螺纹插入另一根螺杆的螺槽中，使其在物料输送过程中不会产生倒流或滞流。无论螺槽是否填满，输送速度基本保持不变，具有最大的强制输送性。同时，螺纹啮合处对物料剪切过程使物料的表层得到不断地更新，增进了排气效果，因此双螺杆挤出机比单螺杆挤出机具有更好的排气性能。

（2）混合作用　由于两根螺杆相互啮合，物料在挤出过程中进行着比在单螺杆挤出机中更为复杂的运动，不断受到纵向、横向的剪切混合，从而产生大量的热能，使物料加热更趋均匀，达到较高的塑化质量。

（3）自洁作用　反向旋转的双螺杆，在啮合处的螺纹和螺槽间存在速度差，相互擦离过程中，可以相互剥离黏附在螺杆上的物料，使螺杆得到自洁。同向旋转的双螺杆，在啮合处两根螺杆的运动方向相反，相对速度更大，因此能剥去各种积料，有更好的自洁作用。

与单螺杆挤出机相比，双螺杆挤出机具有以下优点：①螺杆对物料有强烈的搅拌混合作用；②物料所受到的剪切作用比较均匀；③螺杆的输送能力较大，挤出量比较稳定，物料在机筒内停留时间较短；④机筒可以自动清洁。因此，双螺杆挤出机特别适于物料的混炼与热敏性材料的挤出加工。

双螺杆挤出机的主要参数为：螺杆直径、螺杆长径比、螺杆的转向、螺杆最大转速、双螺杆的中心距（两根螺杆轴心间距）、螺杆与料筒间隙、螺槽深度等。

① 螺杆直径　指螺杆上螺纹的外径，用 D_b 表示，单位为 mm。锥形双螺杆的外径为大端和小端直径，一般用小端直径来表示螺杆直径的规格。

② 螺杆长径比　L/D_h 表示，L 为螺杆的长度，D_h 为螺杆的直径。

③ 螺杆转速范围　指螺杆工作时的最高转速和最低转速，用 $n_{max} \sim n_{min}$ 表示，单位为 r/min。

④ 电动机功率　指驱动双螺杆转动的电动机功率，用 P_N 表示，单位为 kW。

⑤ 生产率　生产率与挤出物料的性质和成型模具的结构有关，是按聚合物材料制品的种类标明的单位产量，用 q 表示，单位为 kg/h。

⑥ 机筒的加热功率和加热段　指用电阻加热机筒时所用的总功率，用 P 表示，单位为 kW。加热段是指机筒被加热的分段或温度控制段。

⑦ 螺杆的旋向　指两根螺杆的工作旋向，有同向和异向旋转之分。同向旋转的双螺杆挤出机多用于混合物料，异向旋转的双螺杆挤出机多用于成型制品。

⑧ 螺杆承受扭矩　表示螺杆所能承受的最大扭矩，单位为 N·m。为了设备的安全，设备工作时不允许超过其最大的扭矩值。

⑨ 螺杆用轴承的承受能力　支撑螺杆传动所用轴承能承受的最大轴向力。

⑩ 螺杆中心距　指两根螺杆装配后的中心距离，单位为 mm。

6.3　挤出成型原理

固体聚合物材料在挤出过程要经历固体-弹性体-黏性液体的变化，同时物料又处于变动的温度和压力之下，在螺槽与机筒间，物料既产生拖曳流动又有压力流动，因此挤出过程中物料的状态变化和流动行为十分复杂。

6.3.1　挤出成型过程概述

螺杆的外形并不复杂，在正常情况下，根据转速的不同，物料在螺杆上停留的时间大约不到一分钟或至多几分钟。但就在这样短的时间内，却经历了大量的物理及化学过程。因此，虽然挤出质量及产量与挤出生产线的其它部分都有直接的关系，但螺杆设计质量的好坏却更大地影响着挤出产量的高低和制品质量的好坏。为此，将螺杆称为挤出机的心脏，一点也不过分。因此，在正式分析挤出理论之前，必须对发生在螺杆上的挤出过程有一比较全面的认识。

6.3.1.1 加料

物料加入料斗后，依靠自重或在强制加料器的作用下，进入螺杆螺槽的空间，在螺棱的推动下往前挤出。但是，如果物料与金属料斗之间的摩擦系数太大，或物料之间的内摩擦系数太大，或料斗锥角太小，都会在料斗中逐步形成架桥和空心管现象（图 6-23）。物料将不能顺畅地进入螺槽，挤出将被迫停止或极不稳定。因此，如果挤出生产率不正常地降低或不出料，便必须检查加料情况，甚至更改料斗的设计。

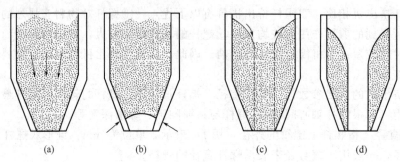

图 6-23 料斗中物料流动的各种状态
（a）正常流动；（b）架桥；（c）漏斗流动；（d）空心管

6.3.1.2 输送

理论上，当物料进入螺槽后，螺杆每转动一转，所有的物料将往前输送一个导程。这时输送效率为 1。但对于单螺杆，这种理想情况是不可能的。事实上，向前的输送量主要取决于物料对机筒的摩擦系数和物料对螺杆的摩擦系数。一般地，光滑机筒的输送效率为 0.3～0.4；加料段机筒开小沟槽时，其输送效率为 0.5 左右；而当加料段机筒开有大而深的沟槽时，其输送效率有可能达到 0.6～0.8。这个问题将在后面详细讨论。

6.3.1.3 压缩

在挤出过程中，物料被压缩是绝对必要的。这是因为，首先物料是一种热的不良导体，颗粒之间如果有空隙，将会直接影响其传热，从而影响熔融速率；其次也只有在沿螺杆长度方向逐渐增加的压力下，才会将颗粒之间的气体从料斗中排出，否则制品将因为其内部产生气泡而成为次品或废品；最后较高的系统压力也保证了制品比较密实。

在螺杆上产生压力的原因有三点：一是在结构上螺杆的螺槽深度逐渐变浅，物料逐渐被压缩；二是在螺杆头部前方安装有分流板、过滤网及机头等阻力元件；最后是沿螺杆全长上由于物料对金属的摩擦也会建立一定的压力。

6.3.1.4 熔融

在压力升高的同时，运动着的固体物料与被加热的机筒壁不断地接触与摩擦，靠近机筒壁的物料料温不断地提高，到达熔点后在机筒内壁形成一层薄薄的熔膜。在此之后，固体物料熔融的热量来源于两个方面：一是机筒外部加热器传递的传导热，二是在熔膜中由于各层熔体运动速度不同而产生的剪切（内摩擦）热，即流变学中所指的黏性耗散热。

6.3.1.5 混合

挤出过程中，在高压作用下，固体物料一般都被压实成密实的固体塞，由于固体塞中颗粒之间无相对运动，因此混合作用只能在有相对运动的各层熔体间进行。在熔体中，尤其在熔体输送段发生着下列混合现象：物料体系中各组分即树脂及各种添加剂均匀地分散混合；热量的混合。因为在挤出过程中，先熔融的物料温度最高，后熔融的物料温度最低，而固体与熔体之间分界面的温度正好为物料的熔点。如果熔料从机头挤出过早，势必造成挤出物各处温度不均匀，轻则产生色差、形变，重则有造成制品开裂的可能性。除此之外，考虑到物料本身具有一定的分子量分布，混合可使分子量较高的部分均匀地分散在熔体中。同时，在剪切力的作用下，分子量较高的部分有可能因断链而减少，从而减少了制品中出现晶点和硬块的可能性。

显然，为了确保得到混合均匀的制品，必须保证螺杆的熔体输送段有足够的长度。将螺杆的熔体输送段称之为均化段的根据正在于此。将螺杆的熔体输送段称为计量段，是因为挤出机螺杆最后一段的螺槽深度不变，而且转速恒定保证了单位时间内挤出量恒定之故。

6.3.1.6 排气

在挤出过程中，需要排出的气体有几种：一种是在粉粒料颗粒之间夹杂着的空气。只要螺杆转速不太高，这部分气体可以在逐渐增高的压力下从料斗中排出；但是当转速太高时，物料往前运动速度太快，气体有可能来不及全部排出，从而在制品中形成气泡。第二种气体是物料从空气中吸附的水分，在加热时它们变成水蒸气，这些水蒸气也可同时从料斗中排出。对那些吸湿量不大的物料如 PVC、PE、PS、PP 等，一般不会发生什么问题，但是对某些工程塑料如 PA、PET 等，由于它们的吸湿量太大，水蒸气太多，因而来不及从料斗中排出，从而在制品中形成气泡。第三部分是在物料内部的低分子挥发物、低熔点增塑剂等。它们在挤出过程中产生的热量作用下逐步气化，只有当物料熔融后，这些气体才能克服熔体的表面张力而逃逸出。但此时由于已远离料斗，从而无法通过料斗排出。在这种情况下，不得不使用排气挤出机。

由此可见，任何一根螺杆都必须完成上述加料、输送、压缩、熔融、混合和排气等六大基本功能。显然，加料和输送影响挤出机的产量，而压缩、熔融、混合和排气却直接影响挤出制品的质量。所谓质量，不仅仅指熔融是否完全，而且还包括制品压缩得是否密实，混合是否均匀以及制品中是否有气泡，亦即塑化质量。

为使挤出机达到稳定的产量和质量，一方面，沿螺槽方向上任意截面上的质量流率必须保持恒定且等于产量，另一方面，熔体的输送速率应等于熔化速率。若非如此就会引起产量和温度的波动。因此，从理论上阐明挤出机固体输送，熔化和熔体输送与操作条件，物料性能和螺杆的几何结构间的关系以指导螺杆设计，工艺条件的制定，确定挤出机功率、产率，从而使挤出加工能达到优质、高产与低耗，无疑具有重要意义。

实验研究表明，物料自料斗加入并到达螺杆头部，要通过几个区域：固体输送区、熔融区和熔体输送区。固体输送区通常限定在自加料斗开始的几个螺距中。在该区，物料向前输送并被压实，但仍以固体状存在；熔融区，物料开始熔融、已熔的物料和未熔的物料以两相的形式共存，并最终完全转变为熔体；熔体输送区，螺槽全部为熔体充满，它一般限定在螺杆的最后几圈螺纹中。这几个区不一定完全与螺杆的加料段、压缩段、均化段一致。目前广为接受的挤出理论，就是分别根据以上三个区的职能建立起来的，它们分别是固体输送理论、熔融理论和熔体输送理论。

6.3.2 固体输送理论

螺杆挤出过程中，物料靠自重从料斗进入螺槽，当物料与螺纹螺棱接触后，螺棱面对物料产生一与螺棱面垂直的推力，将物料往前推移。推移过程中，由于物料与螺杆、物料与料筒之间的摩擦以及料粒相互之间的碰撞和摩擦，同时还由于螺杆前端熔体压力和料筒内表面温度等的共同作用，物料被压实，部分固体粒子的表面受热后并部分地软化。对这类固体粒子状物料在螺杆输送过程的研究，常用一种简单模型，即固体塞理论进行分析。

该理论将螺槽中已被压实的物料固体粒子群视为一种"固体塞（solid plug）"（图6-24），

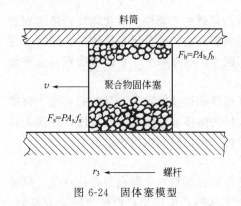

图 6-24　固体塞模型

它能在推力作用下沿着螺槽向前端移动。这一理论以固体的摩擦力静平衡为基础，为推导计算方便，作如下假设：①物料与螺槽和料筒内壁所有边紧密接触，形成固体塞或固体床，并以恒定的速率移动；②略去螺翅与料筒的间隙，物料重力和密度变化等的影响；③螺槽深度是恒定的，压力只是螺杆长度的函数，摩擦系数与压力无关；④螺槽中固体物料像弹性固体塞一样移动。

图 6-24 中，F_b 和 F_s、A_b 和 A_s 以及 f_b 和 f_s 分别为固体塞与机筒及螺杆间的摩擦力、接触面积和摩擦系数，P 为螺槽中体系的压力。可以把固体塞在螺槽中的移动看成在矩形通道中的运动，如图 6-25（a）所示。当螺杆转动时，螺杆螺棱对固体塞产生推力 P，使固体塞沿垂直于螺棱的方向运动，其速度为 v_x，推力在轴向的分力使固体塞沿轴向以速度 v_a 移动。螺杆旋转时表面速度为 v_s，如果将螺杆看成是静止不动的，而将机筒看成是以速度 v_b 对螺杆作相对的切向运动，其结果也是一样的。v_z 是（$v_b - v_x$）的速度差，它使固体塞沿螺槽 z 轴方向移动，见图 6-25（b）。

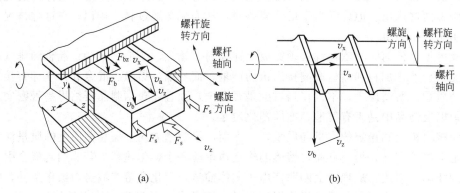

(a)　　　　　　　　　　　　　(b)

图 6-25　螺槽中固体输送的理想模型（a）和固体塞移动速度的矢量图（b）

由图 6-25 可以看出，螺杆对固体塞的摩擦力为 F_b，F_b 在螺槽 z 轴方向的分力为 F_{bz}，而 $F_{bz} = A_s f_s P \cos\phi$，在稳定流动情况下，推力 F_s 与阻力 F_{bz} 相等，即 $F_s = F_{bz}$，所以 $A_s f_s = A_b f_b \cos\phi$。

显然当 $F_s = F_{bz} = 0$ 时，即物料与机筒或螺杆之间摩擦力为零时，物料在机筒中不能发生任何移动；当 $F_s > F_{bz}$ 时，物料被夹带于螺杆中随螺杆转动也不能产生移动；只有当 $F_s < F_{bz}$ 时，物料才能在机筒与螺杆间产生相对运动，并被迫沿螺槽移向前方。可见固体塞运动受它与螺杆及机筒表面之间摩擦力的控制，只有物料与料筒间的摩擦力大于物料与螺杆间的摩擦力时，即图 6-15 中当 $F_b > F_a$ 时，物料才能沿轴向前移动，否则物料将与螺杆一起转动。只要能正确地控制物料与螺杆及物料与机筒之间的摩擦系数，即可提高固体输送段的送料能力。

挤出机加料段的输送能力用 Q 表示，其值应为螺杆的一个螺槽容积 V 与送料速度的乘积。图 6-26 为螺杆展开图。

可以看出，当螺杆转动一周时，若螺槽中固体塞上的 A 点移动到 B 点，这时 AB 与螺杆轴向垂直面的夹角为 θ，此角称为移动角。通过推导，可得固体输送速率

$$Q_s = \pi D H_1 (D - H_1) N \left(\frac{\tan\phi_b \tan\theta}{\tan\phi_b + \tan\theta} \right) \tag{6-1}$$

式中 θ——移动角；

  ϕ_b——螺杆外径处的螺旋角；

  H_1——固体输送段螺槽深度；

  D——螺杆外径；

  N——螺杆转速。

其中，移动角 θ 可由下式表示：

$$\cos\theta=K\sin\theta+C(K\sin\phi_b+C\cos\phi_s)+\frac{2H_1}{t}\sin\phi_b(K+E\cos\phi_a)+\frac{H_1E}{Lf_b}\sin\phi_a(K+\cos\phi_a)\ln\frac{P_2}{P_1}$$

$$(6\text{-}2)$$

式中 ϕ_s——螺杆根部的螺旋角；

  ϕ_a——平均螺旋角；

  t——螺翅的导程；

  L——固体输送段的轴向长度；

  f_b——物料与料筒的摩擦系数；

  f_s——物料与螺杆的摩擦系数；

P_1，P_2——固体输送段进、出口的压力；

系数 K，C，E 的表达式如下：

$$K=\frac{E(\tan\phi_a+f_s)}{1-f_s\tan\phi_a} \tag{6-3}$$

$$C=\frac{D-2H_1}{D} \tag{6-4}$$

$$E=\frac{D-H_1}{D} \tag{6-5}$$

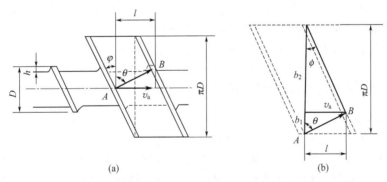

图 6-26 螺杆的展开图 (a) 和固体塞移动距离的计算 (b)

由式(6-1) 可知，固体输送速率不仅与 $DH_1(D-H_1)N$ 成比例，而且也与正切函数 $\tan\theta\tan\phi_b/(\tan\theta+\tan\phi_b)$ 成比例。为了获得最大的固体输送速率，可从挤出机结构和挤出工艺两个方面采取措施。从挤出机结构角度来考虑，增加螺槽深度是有利的，但会受到螺杆扭矩的限制。其次，降低物料与螺杆的摩擦系数 f_s 也是有利的，这就需要提高螺杆的表面光洁度（降低螺杆加工的表面粗糙度），这是容易做到的。再者，增大物料与料筒的摩擦系数，也可以提高固体输送率。基于此，料筒内表面似乎应该粗糙些。提高料筒摩擦系数的有效办法是料筒内开设纵向沟槽。

式(6-2) 表明，移动角与螺杆和料筒的几何参数、摩擦系数 (f_b，f_s) 以及输送段的压力降均有联系。为简化计，略去输送段压力降的影响，并在 $f_b=f_s$ 的情况下将 $\tan\theta\tan\phi_b/$

（$\tan\theta+\tan\phi_b$）对螺旋角口作图，如图 6-27 所示。从图中可见，如果 f_s 一定，则正切函数均会在特定的螺旋角处出现极大值。另一方面，最佳螺旋角是随摩擦系数的降低而增大的。从实验数据知，大多数物料的摩擦系数在 0.25～0.50 范围内，因此最佳螺旋角应为 17°～20°。考虑到制造上的方便，一般选用螺距与螺杆直径相等，这时螺旋角 $\phi=17°42'$。

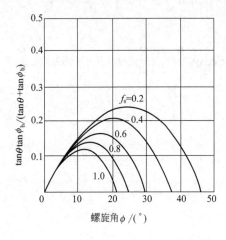

图 6-27　正切函数与螺旋角的关系

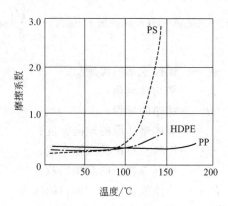

图 6-28　塑料对钢的摩擦系数与温度的关系
PS—聚苯乙烯；HDPE—高密度聚乙烯；PP—聚丙烯

从挤出工艺分析，关键是控制加料段外机筒和螺杆的温度，因为摩擦系数是随温度而变化的，一些塑料对钢的摩擦系数与温度的关系见图 6-28。绝大部分塑料对钢的摩擦系数，随温度的下降而减小。为此，螺杆通水冷却可降低 f_s，对物料的输送有利。因此，为了获得较大的固体输送速率，可从挤出机结构工艺方面采取措施：增加螺槽深度，降低物料与螺杆的摩擦系数，增加物料与料筒的摩擦系数，选择适当的螺旋角；增加料筒温度（$f_b\uparrow$）和降低螺杆温度（$f_s\downarrow$）都可以提高固体物料的输送能力。

以上讨论并未考虑物料因摩擦发热而引起摩擦系数改变以及螺杆对物料产生的拖曳流动等因素。实际上，当物料前移阻力很大时，摩擦产生的热量很大，当热量来不及通过机筒或螺杆移除时，摩擦系数的增大，会使加料段输送能力比计算的偏高。

6.3.3　熔化理论

物料在挤出机中的塑化过程是很复杂的，以往的理论研究多着重在均化段熔体的流动，其次是螺杆上固体物料在加料段的输送。对熔化区研究比较少的原因是这一区域内固体、熔融料共存，流动与输送中物料有相变，过程十分复杂，给分析带来极大困难。通常物料在挤出机中的熔化主要是在压缩段完成的，所以，研究物料在该段由固体转变为熔体的过程和机理，就能更好地确定螺杆的结构，这对保证产品的质量和提高挤出机的生产率有很密切的影响。

当固体物料由加料段进入压缩段时，逐渐受到越来越大的挤压，在机筒温度和摩擦热的作用下，固体物料逐渐开始熔化，最后在进入均化段时，基本上完成熔化过程，即由固相逐渐转变为液相，出现黏度的变化。

依据大量的实验结果（图 6-29～图 6-32），Z. Tadmor 在假设挤出过程是稳定的；固体床是均匀的连续体；物料的熔化温度范围很窄，固液相之间的分界面比较明显和固体粒子的熔化是在分界面上进行的等基础上，推导出了熔化理论。

根据实验观察，物料在螺杆上由固体转变为熔融状态的过程可用图 6-33 表示。图 6-33

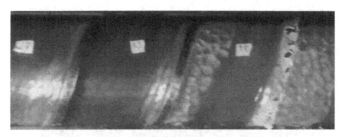

图 6-29　移去上半个机筒后螺杆上的 PVC 粒料的状态
螺槽中左部的塑料为未熔颗粒；右部为已熔 PVC 料

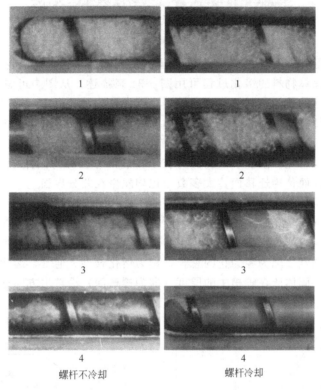

螺杆不冷却　　　　　　　　　螺杆冷却

图 6-30　LDPE 挤出的全过程

(a)　　　　　　　　　　　　(b)

图 6-31　物料在螺杆中的熔化情况
(a) 螺槽中固体颗粒的颗粒间熔融清晰可见（颗粒周边有半透明熔体）；
(b) 螺槽中固、液相边缘明显看出也在熔融（无颗粒分界线）

(a) 中示出了固体床在展开的螺槽内的分布和变化情况；图 6-33(b) 则表示了固体床在压缩段随熔融过程的进行而逐渐消失的情况。可以看出，在挤出过程中，在螺杆加料段附近一段内充满着固体粒子，接近均化段的一段内则充满着已熔化的物料；而在螺杆中间大部分区

图 6-32　正在工作的全程视窗挤出机

段内固体粒子和熔融物共存，物料的熔化就是在此区段内进行的，故这一区段又称为熔融段。因此，螺槽中固体物料的熔化过程可用图 6-34 来描述。从图中可看出与机筒表面接触的固体粒子由于机筒的传导热和摩擦热的作用，首先熔化，并形成一层薄膜，称为熔膜；不断熔融的物料，在螺杆与机筒相对运动的作用下，不断向螺纹推进面汇集，从而形成旋涡状的流动区，称为熔池（简称液相）；在熔池的前边充满着受热软化和半熔融后粘连在一起的固体粒子和尚未完全熔化和温度较低的固体粒子，这部分被称为固体床（简称固相）。熔融区内固相与液相的界面称为迁移面，大多数熔化均发生在此分界面上，它实际上是由固相转变为液相的过渡区域。随着物料往机头方向的输送，熔融过程逐渐进行。如图 6-33（a）所示，自熔融区始点（相变点）A 开始，固相的宽度将逐渐减小，液相宽度则逐渐增加，直到熔化区终点（相变点）B，固相宽度就减小到零，螺槽在整个宽度内均将为熔融物充满。从熔化开始到固体床的宽度降为零为止的总长，称为熔化长度。通常，熔化速率越高则熔化长度越短；反之越长。固体床在螺槽中的厚度（即为螺槽深）沿挤出方向逐渐减小。

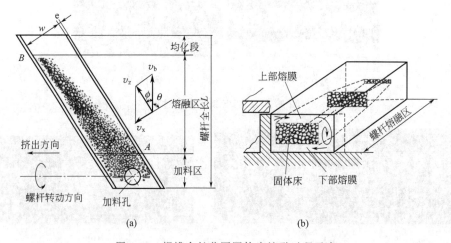

（a）　　　　　　　　　　　　　（b）

图 6-33　螺槽全长范围固体床熔融过程示意

通过以上分析，物料在螺杆中的熔化过程及机理归纳如下：由固体输送区送入的物料，在进入熔化区后，即在前进的过程中同加热的料筒表面接触，熔化即从这里开始，且在熔化时于料筒壁留下一层熔体膜，若熔体膜的厚度超过螺翅与料筒间隙，就会被旋转的螺翅刮落，并将其强制积存在螺翅的前侧，形成熔体池，而在螺翅的后侧则为固体床。这样，在沿螺槽向前移动的过程中，固体床的宽度就会逐渐减少，直至全部消失，即完全熔化。熔体膜形成后的固体熔化是在熔体膜和固体床的界面发生的，所需热量一部分来自料筒的加热器，另一部分则来自于螺杆和料筒对熔体的剪切作用。

6.3.4 熔体输送理论

到目前为止，基础理论研究得最多最有成效的是均化段，很多文献对该段的流动状态、结构、生产率等都有较详细的分析和研究。现以 Q_1 代表固体输送段的送料速率，Q_2 代表压缩段的熔化速率，Q_3 代表均化段的挤出速率。如果 $Q_1 < Q_2 < Q_3$，这时挤出机就处于供料不足的操作状态，以

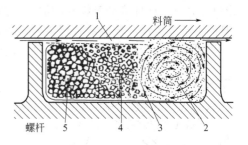

图 6-34　固体物料在螺槽中的熔融过程
1—熔膜；2—熔池；3—迁移面；4—熔结的固体粒子；5—未熔结的固体粒子

致生产不正常，产品质量不符合要求；假若 $Q_1 \geqslant Q_2 \geqslant Q_3$，这样均化段就成为控制区域，操作平稳，质量也能得到保证。但三者之间不能相差太大，否则均化段压力太大，出现超载也会影响正常挤出加工过程。因此在正常状态下均化段的挤出速率就代表了挤出机的生产率。

6.3.4.1 熔体流动的形式

如图 6-35 所示，熔体在均化段的流动包括四种形式：正流、逆流、漏流和横流。

（1）正流　即沿着螺槽向机头方向的流动，它是螺杆旋转时螺棱的推力在螺槽 z 轴方向作用的结果，其流动也称拖曳流动。物料的挤出就是这种流动产生的，其体积流率（体积/单位时间）用 Q_D 表示。正流在螺槽深度方向的速度分布见图 6-35(a)。

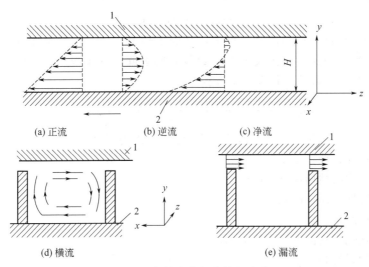

(a) 正流　　　　　(b) 逆流　　　　　(c) 净流

(d) 横流　　　　　　　　　(e) 漏流

图 6-35　螺槽中物料熔体的流动

（2）逆流　逆流的方向与正流相反，它是由机头、口模、过滤网等对物料反压所引起的反压流动，所以又称为压力流动。逆流的体积流率用 Q_P 表示，速度分布见图 6-35(b)。将正流和逆流合成就得净流动，其合成速度见图 6-35(c)。

（3）漏流　也是由于口模、机头、过滤网等对物料的反压引起的，不过它是通过螺杆与机筒的间隙 δ，沿着螺杆轴向料斗方向的流动。通常漏流随间隙 δ 增大而增加。其体积流率以 Q_L 表示，由于 δ 通常很小，所以漏流比正流和逆流小得多。其流动情况示于图 6-35(e)。

（4）横流　沿 x 轴方向即与螺纹斜棱相垂直方向流动。物料沿 x 方向流动到达螺纹侧壁时受阻，而转向 y 方向流动，之后又被机筒阻挡，料流折向与 x 相反的方向，接着又被螺纹另一侧壁挡住，被迫改变方向，这样便形成沿螺槽纵向截面的环向流动，也称为环流，

见图 6-35(c)。这种流动对物料的混合、热交换和塑化影响很大，但对总的生产率影响不大，一般都不予以考虑。横流或者环流的体积流率用 Q_T 表示。

物料在均化段的流动是以上四种流动的组合，它在螺槽中是以螺旋形式的轨迹向前移动的，见图 6-36。

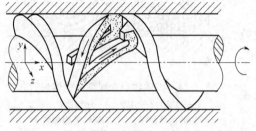

图 6-36 物料熔体在螺槽中混合流动示意图

6.3.4.2 挤出机生产能力的计算

由于物料在挤出机中的运动情况相当复杂，而影响挤出机生产能力的因素又很多，所以要精确地计算挤出机生产能力还是困难的，目前计算挤出机生产能力主要有以下几种方法。

（1）按经验公式计算 该方法是经过对挤出机生产能力的多次实测，并分析总结而得出的。

$$Q = ND^3\beta \tag{6-6}$$

式中 Q——挤出机均化段的体积流率；

D——螺杆直径，cm；

N——螺杆转速，r/s；

β——系数，随物料、螺杆线速度的不同而异，一般 $\beta = 0.003 \sim 0.007$。

（2）按理论公式计算 从以上对螺杆均化段的四种流动的分析可以得到熔体在均化段输送时的净流率为：

$$Q = Q_D - (Q_P + Q_L) \tag{6-7}$$

为计算简便，假设物料的流动为层流，并为牛顿型流体；物料熔体在均化段的温度恒定；均化段螺槽宽度与深度之比大于 10，以及在略去漏流的情况下通过推导，可得单螺杆挤出机均化段的生产率计算的最简流动方程：

$$Q_m = \frac{\pi^2 D^2 H_2 N \sin\phi \cos\phi}{2} - \frac{\pi D H_2^3 \sin^2\phi \Delta P}{12\eta L} \tag{6-8}$$

式中 Q_m——挤出机均化段的体积流率，亦即挤出机的生产率，cm^3/s；

D——螺杆直径，cm；

H_2——均化段螺槽深度，cm；

N——螺杆转速，r/min；

ϕ——螺旋角，(°)；

ΔP——均化段料流的压力降，MPa；

η——物料的黏度，Pa·s；

L——均化段长度，cm。

在考虑漏流时，式(6-8)引入漏流项后可得挤出机的生产率为：

$$Q_m = \frac{\pi^2 D^2 H_2 N \sin\phi \cos\phi}{2} - \frac{\pi D H_2^3 \sin^2\phi \Delta P}{12\eta L} - \frac{\pi^2 D^2 E^2 \delta^3 \tan\phi \Delta P}{12\eta e L} \tag{6-9}$$

式中 e——螺杆螺棱的宽度，cm；

δ——料筒内表面与螺杆螺棱顶部之间的间隙，cm；

E——螺杆的偏心系数。

由式(6-9)可以看出，漏流 Q_L 的大小与径向间隙 δ 的三次方成正比，因此径向间隙 δ 的增大将导致挤出机生产能力降低。过小的径向间隙将在料筒表面与转动的螺杆螺棱顶部间对熔体形成强的剪切作用，同时还会引起摩擦温升。对于 PVC 之类的热敏性聚合物，强烈的剪切应力作用也会引起降解。因此过小的 δ 值对热敏性聚合物加工也是不适当的。通常 δ 选为 $0.002D\sim0.005D$。

由于大多数聚合物流体为假塑性流体，流动方程变为：

$$Q_{\mathrm{m}}=\frac{\pi^2 D^2 H_2 N\sin\phi\cos\phi}{2}-\frac{\pi DH_2^{m+2}\sin^{m+1}\phi\Delta P}{(m+2)2^{m+1}}k\left(\frac{\Delta P}{L}\right)^m \tag{6-10}$$

式中　k——流动常数，$k=(1/K)^{1/n}$（与指数定律 $\gamma=K\tau^m$，$\tau=k\gamma^n$ 的含义相同）；

　　　m——流动行为指数，$m=1/n$，n 为非牛顿指数。

根据以上两式可以得到如下推论：①如果挤出物料流动性较大（k 较大，η 较小），则挤出量 Q_{m} 对机头压力的敏感性较大，不宜采取挤出方法加工；②正流与螺槽深度 H_2 成正比，逆流则与 H_2^3 或多次方成正比，压力较低时，浅槽螺杆的挤出量比深槽螺杆挤出量低，而当压力增至一定程度后，其情况正相反，说明深槽螺杆对压力的敏感性比浅槽螺杆大。这一推论说明，浅槽螺杆能在压力波动的情况下挤出较好质量的制品。但螺槽不能太浅，否则会导致过度黏性发热，带来较多温升从而引起物料降解。

6.3.4.3　螺杆和机头特性曲线及影响挤出机生产率的关系

由式（6-8）和式（6-9）可以看出，挤出机的生产能力与螺杆的几何尺寸及转速有密切关系。当螺杆确定后，与螺杆结构相关的几何尺寸也就为已知常数，因而可用两个常数 A 和 B 分别代表最简流动方程（6-8）中第一项和第二项中的不变量，即设 $A=(\pi^2 D^2 H_2\sin\phi\cos\phi)/2$ 和 $B=(\pi DH_2^3\sin^2\phi)/(12L)$，从而可得到简化的挤出机（体积）速率关系式：

$$Q=AN-B\frac{\Delta P}{\eta} \tag{6-11}$$

对确定的挤出机，在螺杆的加工温度维持恒定的情况下，熔体的黏度 η 也为常数，此时挤出机的挤出速率或生产率 Q 与螺杆转速 N 和机头压力 P 的关系为简单的线性关系。对同一螺杆改变不同的转速，将结果绘制在 Q-P 图上，得到一系列具有负斜率的被称为"螺杆特性曲线"的平行直线。

假定物料熔体为牛顿流体，其通过机头口模时的体积流量 $Q(\mathrm{cm}^3/\mathrm{s})$ 可以根据牛顿液体在简单圆管中的流动方程来表示：

$$Q=K\frac{\Delta P}{\eta} \tag{6-12}$$

式中　K——机头口模的阻力常数，仅与口模的尺寸和形状有关；

　　　η——物料通过口模时的黏度，$\mathrm{Pa\cdot s}$，它与物料温度和机头处物料的剪切速率有关；

　　　ΔP——物料通过口模时的压力降，Pa，它与均化段物料的压力降［式（6-11）中的 ΔP］近似。

从式（6-12）可知，这是一个通过原点、斜率为 K/η 的直线方程。改变口模大小，将计算结果绘制在同一 Q-P 坐标图上得到的一系列通过原点、斜率不同的直线称为口模特性曲线（如图 6-37）。

挤出机是均化段与机头口模连在一起工作的。由于物料不可压缩，并且连续稳定地自均化段流向机头口模而挤出成型，因此均化段的流率、压力与机头口模的流率、压力应相等。图 6-37 中两组直线的交点应该就是适于该机头口模和螺杆转速下挤出机的综合工作点，该点所对应的 Q 即为挤出机在操作条件下的生产率。亦即在给定的螺杆和口模下，当螺杆转速一定时，挤出机的机头压力和流率应符合这一点所表示的关系。

从曲线关系可以看出，挤出机的挤出速率随螺杆转速增加而增大；螺杆转速不变时，当螺杆前端物料压力增大，即机头、口模和过滤网对熔体的流动阻力增大时，将导致压力降增

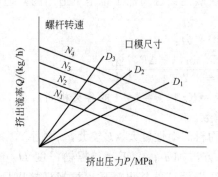

图 6-37　螺杆口模特性曲线
螺杆转速 $N_1 < N_2 < N_3 < N_4$
口模尺寸 $D_1 < D_2 < D_3$

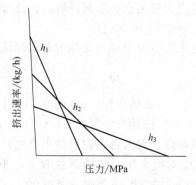

图 6-38　计量段螺槽深度对挤出速率的影响
h_1—深螺槽；h_2—中等深度螺槽；h_3—浅螺槽

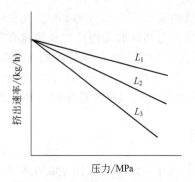

图 6-39　螺杆计量段长度对挤出速率的影响
计量段长度 $L_1 > L_2 > L_3$

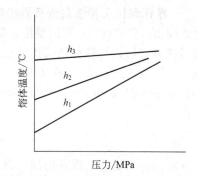

图 6-40　计量段螺槽深度对物料溶体温度的影响
h_1—深螺槽；h_2—中等深度螺槽；h_3—浅螺槽

加，挤出速率也随之降低。这是因为正流流量与压力无关，逆流和漏流流量则与压力成正比。因此，压力增大，挤出流量减小，但对物料的进一步混合和塑化有利。在实际生产中，增大了口模尺寸，即减小了压力降，挤出量虽然提高，但对制品质量不利。

图 6-38～图 6-40 分别表示了挤出机挤出速率与螺杆均化段螺槽深度、均化段长度和熔体温度的关系。可以看出，深螺槽螺杆的挤出速率对压力变化的敏感性大，当机头口模引起的阻力在较大范围变化时，浅螺槽螺杆的挤出速率减小较为平缓。另一方面机头内熔体的压力也能引起物料温度变化，由于深螺槽对压力的敏感性大，故加工过程物料温度也会出现较明显的波动，而浅螺槽在压力变化时对物料温度影响较小。螺杆均化段长度较长时，挤出速率不易受机头口模阻力变化而引起波动，均化段长度减小时，机头口模处压力的变化会明显地影响挤出速率。

6.4　挤出成型的工艺过程及影响因素

　　口模成型（挤出成型）主要用于热塑性塑料制品的成型，多数是用单螺杆挤出机按干法连续挤出的操作方法成型的。适用于挤出成型的塑料品种繁多，挤出制品的形状和尺寸有很大差别，但是挤出成型的工艺过程、挤出制品的不均匀性种类及影响因素则大致相同。

6.4.1　挤出成型的工艺过程

　　各种挤出制品的生产工艺流程大体相同，一般包括原料的准备、预热、干燥、挤出成型、挤出物的定型与冷却、制品的牵引与卷取（或切割），有些制品成型后还需经过后处理。工艺流程如图 6-41 所示。

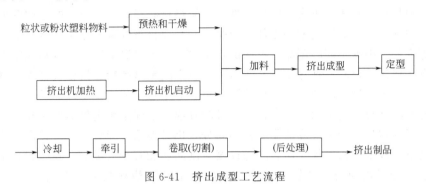

图 6-41　挤出成型工艺流程

6.4.1.1　原料的准备和预处理

用于挤出成型的热塑性塑料大多数是粒状或粉状塑料，由于原料中可能含有水分，将会影响挤出成型的正常进行，同时影响制品质量，例如出现气泡，表面晦暗无光，出现流纹，机械性能降低等。因此，挤出前要对原料进行预热和干燥。不同种类塑料允许含水量不同，通常应控制原料的含水量在 0.5% 以下。此外，原料中的机械杂质也应尽可能除去。原料的预热和干燥一般是在烘箱或干燥器中进行的。

6.4.1.2　挤出成型

将挤出机加热到预定的温度，开动螺杆，加料。初期挤出物的质量和外观都较差，应根据塑料物料的挤出工艺性能和挤出机机头口模的结构特点等因素调整挤出机料筒各加热段和

机头口模的温度及螺杆的转速等工艺参数，以控制料筒内物料的温度和压力分布。挤出过程中料筒、机头及口模中的温度和压力分布，一般具有如图 6-42 所示的形式。根据制品的形状和尺寸的要求，调整口模尺寸及牵引等设备装置，以控制挤出物离模膨胀和形状的稳定性，从而达到最终控制挤出物的产量和质量的目的，直到挤出达到正常状态即进行连续生产。

不同的塑料品种要求螺杆特性和工艺条件不同。挤出过程的工艺条件对制品质量影响很大，

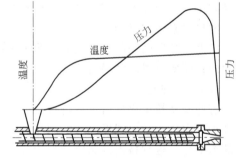

图 6-42　料筒和机头的温度和压力分布

特别是塑化情况直接影响制品的外观和物理机械性能，而影响塑化效果的主要因素是温度和剪切作用。

物料的温度主要来自料筒的外加热，其次是螺杆对物料的剪切作用和物料之间的摩擦，当进入正常操作后，剪切和摩擦产生的热量甚至变得更为重要。温度升高，有利于塑化，同时导致物料黏度和熔体压力降低，挤出成型出料快。但如果机头和口模温度过高，挤出物形状的稳定性较差，制品收缩性增大，甚至引起制品发黄，出现气泡，成型不能顺利进行。温度降低，物料黏度增大，机头和口模压力增加，制品密度大，形状稳定性好，但挤出膨胀较严重，可以适当增大牵引速度以减少因膨胀而引起的制品壁厚增加。但是，温度不能太低，否则塑化效果差，且由于熔体黏度太大而增加功率消耗。口模和型芯的温度应该一致，若相差较大，则制品会出现向内或向外翻甚至扭歪等现象。

增大螺杆的转速能强化对塑料的剪切作用，有利于塑料的混合和塑化，且大多数塑料的

熔融黏度随螺杆转速的增加而降低。

6.4.1.3　定型与冷却

热塑性塑料挤出物离开机头口模后仍处在高温熔融状态,具有很大的塑性变形能力,应立即进行定型和冷却。如果定型和冷却不及时,制品在自身的重力作用下就会变形,出现凹陷或扭曲等现象。根据不同的制品有不同的定型方法,大多数情况下,冷却和定型是同时进行的,只有在挤出管材和各种异型材时才有一个独立的定型装置。挤出板材和片材时,挤出物往往通过压光辊定型和冷却,而挤出薄膜、单丝等不必定型,仅冷却即可。

未经定型的挤出物必须用冷却装置使其及时降温,以固定挤出物的形状和尺寸,已定型的挤出物由于在定型装置中的冷却作用并不充分,仍必须用冷却装置,使其进一步冷却。冷却一般采用空气或水作为冷却介质。冷却速度对制品性能有较大影响,硬质制品不能冷得太快,否则容易造成内应力,并影响外观。软质或结晶性塑料则要求及时冷却,以免制品变形。

6.4.1.4　制品的牵引和卷取 (切割)

热塑性塑料挤出离开口模后,由于有热收缩和离模膨胀双重效应,使挤出物的截面与口模的断面形状尺寸并不一致。此外,挤出是连续过程,如不引出,会造成堵塞,生产停滞,使挤出不能顺利进行或制品产生变形。因此,在挤出热塑性塑料时,要连续而均匀地将挤出物牵引出,其目的一是帮助挤出物及时离开口模,保持挤出过程的连续性;二是调整挤出型材截面尺寸和性能。牵引的速度要与挤出速度相配合,通常牵引速度略大于挤出速度,这样一方面起到消除由离模膨胀引起的制品尺寸变化,另一方面对制品有一定的拉伸作用。牵引的拉伸作用可使制品适度进行大分子取向,从而使制品在牵引方向的强度得到改善。各种制品的牵引速度是不同的,通常挤出薄膜和单丝需要较快的速度,牵伸度较大,制品的厚度和直径减小,纵向断裂强度提高。挤出硬制品的牵引速度则小得多,通常是根据制品离口模不远处的尺寸来确定牵伸度。

定型冷却后的制品根据制品的要求进行卷绕或切割。软质型材在卷绕到给定长度或重量后切断;硬质型材从牵引装置送出达到一定长度后切断。

6.4.1.5　后处理

有些制品挤出成型后还需进行后处理,以提高制品的性能。后处理主要包括热处理和调湿处理。在挤出较大截面尺寸的制品时,常因挤出物内外冷却速率相差较大而使制品内有较大的内应力,这种挤出制品成型后应在高于制品的使用温度 $10\sim20\text{℃}$ 或低于塑料的热变形温度 $10\sim20\text{℃}$ 的条件下保持一定时间进行热处理以消除内应力。有些吸湿性较强的挤出制品,如聚酰胺,在空气中使用或存放过程中会吸湿而膨胀,而且这种吸湿膨胀过程需很长时间才能达到平衡。为了加速这类塑料挤出制品的吸湿平衡,常需在成型后浸入加热的含水介质进行调湿处理,在此过程中还可使制品受到消除内应力的热处理,有利于改善这类制品的性能。

6.4.2　口模成型制品的不均匀性及影响因素

塑料物料的口模成型过程中,物料的均匀输送和适当程度的熔融以及添加剂的均匀分散都是获得良好性能和质量制品的必要条件。同时,由于聚合物分子的长链结构及柔顺性,使得其在挤出流动中呈现分子链运动的逐步性和易随流动场取向的特点,在流动中同时表现出黏性和弹性行为,挤出物离开口模后的弹性回复导致出口膨胀,严重时还会产生不稳定流动。显然,这也会导致制品的不均匀性。口模成型中适当避免这种弹性行为的不利影响也是保证制品均匀性的重要控制手段。成型物的截面形状是通过合理设计的金属口模来实现的。

口模安装在产生或输送熔体的装置的出口端，理论上机头和口模须包括三个功能各异的几何区域，如图 6-43。

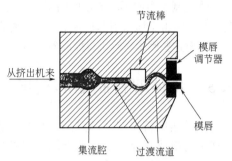

（1）口模集流腔　把流入口模的聚合物熔体流分布在整个截面上，该断面的形状与最终产品相似，而与熔体输出装置的出口形状不同。

（2）过渡流道　使聚合物熔体以流线形流入最终的口模出口。

（3）模唇　赋予挤出物以适当的断面形状，并使熔体"忘记"在区域①和区域②中不均匀的流动历史。

图 6-43　包括集流腔、过渡流道、
模唇区的挤出片材口模示意图

口模成型中，常常会由于工艺条件控制不当或口模设计不当造成成型制品的不均匀性，如管材的厚薄不均匀、表面粗糙，片材表面斑纹和中间厚两边薄等现象，这严重影响了口模成型制品的质量。

口模成型产品的不均匀性分为两种类型，即纵向不均匀性和横向不均匀性（如图6-44）。

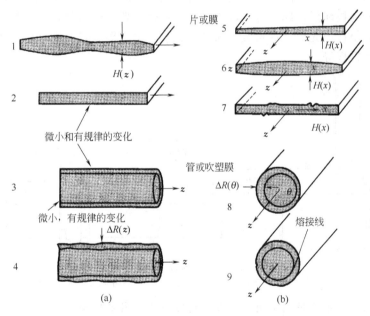

图 6-44　口模成型制品的不均匀性现象示意图

（a）口模成型制品纵向不均匀性；（b）口模成型制品横向不均匀性

1—不合格片材或膜的纵截面；2—合格片材或膜的纵截面；3—合格管材的纵截面；4—不合格管材的
纵截面；5—合格片材或膜的横截面；6,7—不合格片材或膜的横截面；8—不合格管
材的横截面；9—合格管材的横截面；

通常，产生这两类尺寸不均匀性的原因是完全不同的。前者的主要原因是当混合物通过口模挤出时，进入口模的熔融物的温度、压力和组成随时间而发生变化；后者通常是由不合理的口模设计造成的。归纳起来，造成这些不均匀性的因素如下。

影响纵向不均匀性的因素：①不正常的固体输送；②不完全的熔融；③物料配制过程的混合不均匀；④不合理的口模设计，导致较低的流线化程度，造成熔融物料集聚并不连续地流出滞流区；⑤挤出速度过快导致熔体的不稳定流动；⑥冷却和牵引过程随时间发生变化。

影响制品横向不均匀性的因素：①三个口模区域中任何一个设计不合理；②口模壁面温度控制不当；③由于压力引起口模的壁面的弯曲变形；④在流道中作为型芯支撑作用的障碍物的存在。

了解这些因素对解决口模成型中的实际问题有很好的指导作用。

6.5 几种塑料制品的挤出成型

各种塑料挤出制品的成型，均是以挤出机为主机，使用不同形状的机头和口模，改变挤出辅机的组成来完成的。典型的塑料挤出制品包括管材、棒材、板材、片材、薄膜及塑料电线电缆等。以下介绍几种典型挤出制品的成型工艺及成型辅助设备。

6.5.1 片材和平膜的挤出成型

用挤出成型方法可以生产 $10\sim15\mu m$ 至 8mm 的平膜、片材和板材。一般按产品的厚度分，1mm 以上称板材，$0.25\sim1mm$ 称片材，薄膜的厚度通常为几微米到几十微米。

6.5.1.1 板（片）材挤出成型

挤出法是生产片材和板材最简单的方法。设备主要由挤出机、挤板机头、三辊压光机、牵引装置、切割装置组成。图 6-45 为挤板工艺流程示意图。从图中可知，塑料经挤出机从狭缝机头挤出成为板坯后，即经过三辊压光机、切边装置、牵引装置、切割装置等，最后得到塑料板材。如果在压光机之后再装有加热、压波、定型等装置，则可得到截面形状不同的板材，如塑料瓦楞板等。

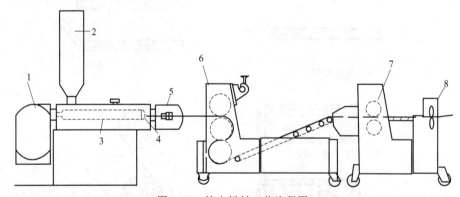

图 6-45 挤出板材工艺流程图

1—电动机；2—料斗；3—螺杆；4—挤出机料筒；5—机头；6—三辊压光机；7—橡胶牵引辊；8—切割装置

生产板材的机头主要是扁平机头，按结构可分为支管式机头、衣架式板机头、多流道板机头、分配螺杆机头等。

单支管式机头如图 6-46 和图 6-47，其特点是管状式流道槽的布置与模唇平行，可以储存一定量的熔融物料，使物料均匀而又稳定地挤出。管槽的直径一般为 $30\sim60mm$，直径越大，储存的物料也就越多，料流也就越稳定均匀。缺点是不能成型热敏性塑料板材，如聚氯乙烯硬板，特别是透明片。单支管式机头结构简单，机头体积小，重量轻，操作方便。适用于软质聚氯乙烯、聚乙烯、聚丙烯、ABS、聚苯乙烯板及片的成型。

鱼尾式机头如图 6-48 和图 6-49 所示，这种机头的型腔呈鱼尾形。塑料熔体从机头中部进入，该处压力和流速都比两端更大。加之机头两端热量散失大，机头温度中间偏高，两端偏低。相应的塑料熔体黏度中间低，两端高。因此，机头中部出料多，两端出料少，造成制品厚度不均匀。为了克服这种缺陷，通常在机头型腔内设置阻流器或阻力调节装置，以增大物料在型腔中部的阻力，使物料沿机头全宽方向的流速均匀一致。

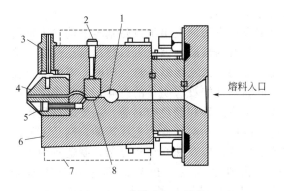

图 6-46　支管式机头结构

1—滴料形状的支管；2—阻塞棒调节螺钉；3—模
唇调节器；4—可调模唇；5—固定模唇；6—模
体；7—铸封式电热器；8—阻塞棒

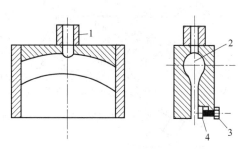

图 6-47　弯形支管式机头

1—进料管；2—支管；3—调节
螺钉；4—模唇调节块；

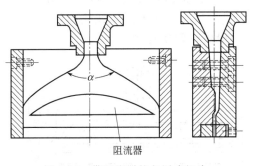

图 6-48　带阻流器的鱼尾式机头

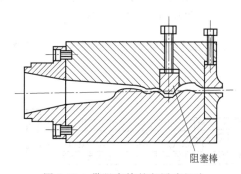

图 6-49　带阻塞棒的鱼尾式机头

此外，还可以采用阻塞棒，见图 6-49。阻塞棒是两条横在料流通道内可以上下移动的具有挠曲性的金属棒，可用螺栓进行调节。旋动螺栓，便可移动阻塞棒的位置，改变流道各处的截面积，使料流阻力增大或减小。这种机头结构简单，制造容易，流道平滑无死角，物料容易流动。鱼尾式机头适于加工熔融黏度高、热稳定性差的树脂，如聚氯乙烯和聚甲醛等。也适于加工熔融黏度低的树脂，如聚烯烃等。

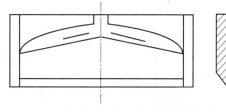

图 6-50　直支管衣架式机头

衣架式机头（见图 6-50）综合了支管式和鱼尾式机头的优点，它采用了支管式的圆筒形槽，对物料可起稳压作用，但缩小了圆筒形槽的截面积，减少物料的停留时间。采用了鱼尾式机头的扇形流道来弥补板材厚度不均匀的缺点，流道扩张角一般为 $160°\sim170°$，比鱼尾口模大得多，从而减小机头尺寸，并能生产 2m 以上的宽幅板材。衣架式机头能较好地成型多种热塑性板与片，是目前应用最多的挤板机头。

分配螺杆式机头相当于在支管式机头的支管内放入一根分配螺杆，通过分配螺杆转动迫使塑料熔体沿机头幅宽均匀分配，获得厚度均匀的制品，这种机头的截面图见图6-51。分配螺杆与挤出机主螺杆连接方式有两种：一端供料式（见图 6-52）和中间供料式（见图6-53）。

为了保证板材连续稳定挤出，主螺杆的挤出量应大于分配螺杆的挤出量，即分配螺杆的直径应比主螺杆直径小。分配螺杆一般为多头螺纹，因多头螺纹挤出量大，可减少物料在机

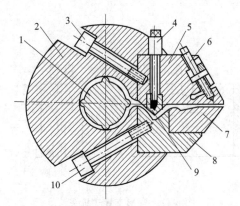

图 6-51　分配螺杆式片材机头截面图
1—分配螺杆；2—机头体；3—上模唇固定螺钉；
4—阻塞棒调节螺钉；5—上模唇；6—上模
唇调节螺钉；7—下模唇；8—下模唇座；
9—阻塞棒；10—下模唇固定螺钉

头内的停留时间。

　　分配螺杆机头的突出优点是基本上消除了物料在机头内停留的现象，因此可以挤出流动性差、热稳定性不好的聚氯乙烯厚板材。同时，宽幅板材在沿横向的物理性能没有明显的差异，并且连续生产时间长，调换品种和颜色较容易。主要缺点是物料随螺杆做圆周运动突然变为直线运动，制品上易出现波浪形痕迹，以及螺杆结构复杂，制造较困难。

　　熔融物料由机头挤出后立即进入三辊压光机，由三辊压光机压光并逐渐冷却。三辊压光机还能起一定的牵引作用，调整板与片各点速度一致，保证板片平直。三辊压光机与机头的距离应尽量靠近，一般为 5～10cm。若距离太远，板易下垂发生皱折，光洁度不好，同时易散热冷却，对压光不利。三辊压光机的辊速应略快于挤出速

度，以使皱折消除，并减小内应力。板材的厚度一般由辊距来控制。

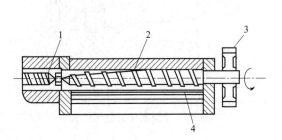

图 6-52　一端供料式螺杆机头
1—挤出机螺杆；2—分配螺杆；3—传动齿轮

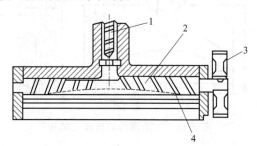

图 6-53　中间供料式螺杆机头
1—挤出机螺杆；2—分配螺杆；3—传动
齿轮；4—机头流道

　　从机头出来的板坯温度较高，为防止板材产生内应力而翘曲，应使板材缓慢冷却，因此要求压光机的辊筒有一定的温度。经压光机定型为一定厚度板材的温度仍较高，故需用冷却导辊输送板材，让其进一步冷却，最后成为接近室温的板材。

　　在牵引装置的前面，有切边装置可切去不规则的板边，并将板材切成规定的宽度。牵引装置通常由一对或两对牵引辊组成，每对牵引辊通常又由一个表面光滑的钢辊和一个具有橡胶表面的钢辊组成。牵引装置一般与压光机同速，能微调，以控制张力。

　　切割装置用以将板材裁切成规定的长度。

6.5.1.2　平膜挤出成型

　　平膜挤出成型法又称 T 形模头法，所得薄膜是连续的片状薄膜，也称流延膜。其过程是：挤出机将塑料熔体由一狭缝模头挤出，挤出的片状物直接流延到表面镀铬的冷却辊上，然后直接进入水浴冷却，或由骤冷辊冷却，或可进入三辊压光机进行压光。由模头至水浴、骤冷辊或压光机的距离很近，以减少重力作用引起的缩颈（薄膜变窄、变薄）。快速冷却可以抑制薄膜中较大晶粒的生成，从而可以提高薄膜的透明度。聚丙烯挤出流延膜生产工艺流程如图 6-54。

　　挤出薄膜一般用支管式机头或衣架式机头。平膜挤出成型法有如下优点：冷却速度快，

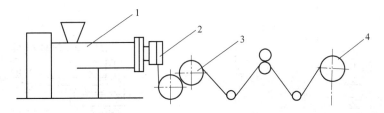

图 6-54　聚丙烯流延膜生产工艺流程（冷辊法）

1—挤出机；2—T 形机头；3—冷却辊；4—卷取辊

生产效率高；薄膜厚度公差较吹塑薄膜小；适于高温挤出成型；薄膜透光性好。在平膜挤出成型法中，冷却作用和效果对薄膜性能有很大影响。因此，水浴和骤冷辊的温度要稳定。骤冷时的温度愈低，则愈有利于改进薄膜的滑爽性和抗粘连性；骤冷时的温度高，则制得薄膜容易卷取，不易皱折，且有较优的物理性能。

6.5.2　管材的成型

塑料管材广泛用作各种液体、气体输送管，如自来水管、排污管、农业排灌用管、化工管道、石油管、煤气管等；管状膜主要用作各种密封、包装用的热收缩管。管材挤出的基本工艺是：由挤出机均化段出来的塑化均匀的塑料，先后经过过滤网、粗滤器而达分流器，并为分流器支架分为若干支流，离开分流器支架后再重新汇合起来，进入管芯口模间的环形通道，最后通过环形口模到挤出机外而成管坯，接着经过定径套定径和初步冷却，再进入冷却水槽或具有喷淋装置的冷却水箱，进一步冷却成为具有一定口径的管材，最后经由牵引装置引出并根据规定的长度要求而切割得到所需的制品。图 6-55 为管材挤出工艺示意图。

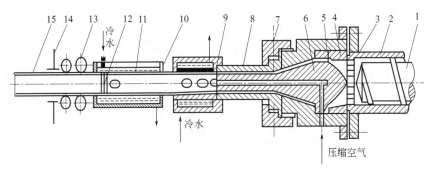

图 6-55　管材挤出工艺流程示意图

1—螺杆；2—机筒；3—多孔板；4—接口套；5—机头体；6—芯棒；7—调节螺钉；8—口模；9—定径套；
10—冷却水槽；11—链子；12—塞子；13—牵引装置；14—夹紧装置；15—塑料管材

管材挤出装置由挤出机、机头口模、定型装置、冷却水槽、牵引及切割装置等组成，其中挤出机的机头口模和定型装置是管材挤出的关键部件。

6.5.2.1　挤出机

作为挤出机大小选择的一般通则，在挤出圆柱形聚乙烯制品（管、棒等）时，口模通道截面积应不超过挤出机机筒截面积的 40%。挤出其它塑料时，则应采用比此更小的值。

6.5.2.2　机头与口模

按物料在挤出机和机头中的流动方向，机头可分为直向机头和角向机头。直向机头又称为直通式机头，角向机头又可分为直角式机头和偏心式机头。三种机头结构如图 6-56～图 6-58 所示。三种形式机头的特征列于表 6-2。

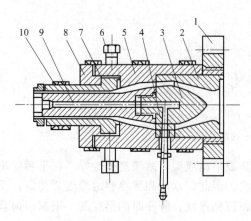

图 6-56　直通式机头

1—机头法兰；2—机头连接圈；3—分流器
及其支架；4—压缩空气；5—机头体；
6—调节螺栓；7—口模；8—口模
压圈；9—芯模；10—电热圈

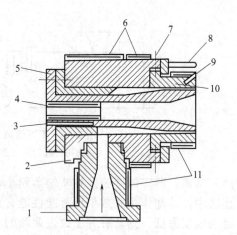

图 6-57　直角式机头

1—接管；2—机头体；3,9—温度计插孔；
4—芯模加热器；5—芯模；6,11—加
热器；7—调节螺钉；8—导
柱；10—口模

表 6-2　机头特性

项　　目	直通式机头	直角式机头	偏心式机头
挤出口径	适于小口径管材	大小口径均可	大小口径均可
机头结构	简单	复杂	复杂
挤出方向	与挤出机同方向	与挤出机呈直角	与挤出机同方向
分流器支架	有	没有	没有
芯轴加热	较困难	容易	容易
定型长度	应该长	不要太长	不要太长

直向机头结构简单，是一种常用的机头。但由于分流器支架造成的拼缝线较明显，故挤出的管材强度不及角向机头。挤出机挤出的熔融塑料进入机头由芯棒、口模外套所构成的环隙通道流出后即成为管状物。芯棒和口模外套均按制品尺寸的大小而给出其相应尺寸。口模外套在一定范围内可通过调节螺栓作径向移动，借以调整挤出管材的壁厚，以保证芯模和口模同心。机头的压缩比是指分流器支架出口处有效截面积与口模、芯模环形截面积之比。机头压缩比能消除分流器支架造成的拼缝线，并保证管材密实和有一定强度。同时，适当延长口模平直部分的长度，以保证因多脚架而分束的料流能完全熔接。按照所用挤出机和塑料的种类以及产品的规格的不同，平直部分的长度也不同，通常取平直部分为壁厚的 $10\sim30$ 倍。熔体黏度较大时取值较小。

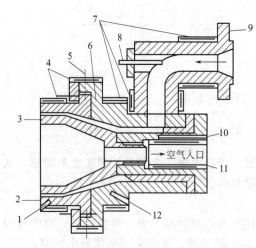

图 6-58　偏心式机头

1,12—温度计插孔；2—口模；3—芯模；
4,7—加热器；5—调节螺钉；6—机头
体；8—熔融物料温度计插孔；9—机头；
10—高温计插孔；11—芯模加热器

6.5.2.3　冷却定型装置

物料从口模中挤出时，基本还处于熔融状

态，具有相当高的温度，如硬聚氯乙烯可达180℃左右。为了避免熔融的塑料管坯在重力作用下变形，并且能够依所设计的管材形状、尺寸成型，必须立即进行定径和冷却，使其温度明显下降而硬化定型，从而也保证管材离开定型装置后不致由于牵引、本身的重量、冷却水的压力以及其它条件影响而变形。冷却定型方法一般有外径定型和内径定型两种。一般情况下，塑料管材尺寸均以外径带公差作为标准，故管材挤出成型的冷却定型大多采用外径定型法。这种方法可分为以下三种。

（1）定型口定径（顶出法）这种方法不用牵引装置，直接将管材顶出成型，如图6-59所示。

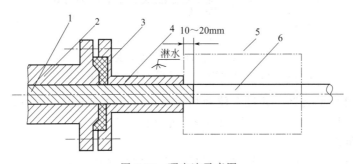

图 6-59　顶出法示意图

1—芯模；2—口模；3—绝热垫；4—定型套（口）；5—水槽；6—塑料管

顶出法机头结构的特点是芯模平直部分比口模长约10～50mm，螺杆推力将管材顶出机头，直接进入冷却水槽，管外表面冷却硬化，内表面套在芯棒上不能向内收缩而定型。顶出法一般用于生产小口径厚壁管材，其优点是：设备投资少、操作方便。但此法出料慢，产量低，管材壁厚不均匀，强度较低。

（2）内压法　定型装置见图6-60，工作原理是：在机头芯棒的筋上开设通孔，向塑料管内通入压缩空气，管外加冷却定型套，由于气压的作用，使管材外表面贴附在定型套内迅速冷却硬化，这样塑料管就在其中初步固化定型，然后进入水槽进一步冷却。管材经牵引装置均匀引出，定型套紧接在机头上，并保持与口模、芯模同心。为保持管内压力不变，在离定径套一定位置的管内装置气塞，以保持管内压缩空气压力恒定。定型套内径一般比管材外径大，放大的部分尺寸等于管材收缩率。定型套长度应保证使管材表面冷却到玻璃化温度（或晶体熔点）以下。

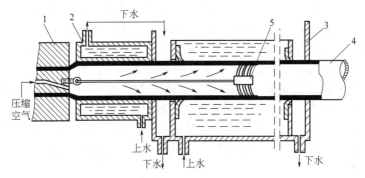

图 6-60　内压法外径定型装置

1—口模；2—定径套；3—冷却水槽；4—管状制品；5—气塞

（3）真空法　采用管外抽真空使管材外表面吸附在定型套内壁冷却确定外径尺寸的方法，见图6-61，该法特别适用于结晶性塑料管材的定型。

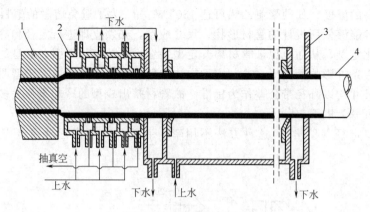

图 6-61 外真空定型装置

1—口模；2—定径套；3—冷却水槽；4—管状制品

管材通过冷却定型装置，并没有使管材完全冷却至热变形温度以下，必须继续进行冷却。继续冷却的方法一般有冷却水槽和喷淋水箱两种。

6.5.2.4 牵引装置

牵引装置的作用是给由机头挤出的管材提供一定的牵引力和牵引速度，均匀地引出管材，并通过牵引速度调节管材的壁厚。

6.5.3 型材挤出

型材通常指棒材和异型材。棒材一般是指实心圆棒，也可以是正方形、矩形、三角形、菱形等；异型材是指除管材、板（片）材外，纵向断面相同，横向断面不对称的，由挤出法连续成型的塑料制品，尤其是中空异型材制品。

6.5.3.1 棒材

生产棒材的主要原料是工程塑料，如尼龙、聚甲醛、聚碳酸酯、ABS 等。硬聚氯乙烯、聚乙烯、聚丙烯、聚苯乙烯也常用来制造棒材。

工程塑料特别是结晶性塑料，如聚酰胺、聚甲醛棒材的挤出成型比较困难。因为它们在挤出后表面首先冷却定型，而中心冷却收缩得慢，使棒材内部出现较大的内应力或出现裂纹及缩孔。要挤出没有缩孔的棒材，通常采用两种办法：第一，控制定型器冷却水流量，对棒材缓慢地进行冷却。第二，确定合适的挤出压力，在该压力下，塑料熔体受到的压力和固化引起的收缩可以彼此补偿。也就是说，向棒材连续地供应足够量的熔融塑料，满足其收缩的需要。实际上，可以利用牵引对棒材的阻尼作用，把足够的压力加给定型器内的塑料熔体。但应注意挤出速度和牵引速度必须处于合理的平衡，方能保证合格的棒材以恒定的速度挤出。即使这样，由于棒材在冷却过程中，内外冷却收缩不一，棒材内仍会产生残余应力，棒材直径越大，产生的内应力也越大。因此，棒材直径超过 60mm 时，一定要立即进行热处理，退火松弛，以消除内应力。棒材直径越大，热处理时间越长。热处理温度以接近塑料的玻璃化转变温度或晶体熔点温度为宜。一般采用逐渐升高至预定温度后，保温 1～4h，然后逐步降温至室温的热处理方法。工程塑料棒材挤出成型工艺流程见图 6-62。

6.5.3.2 异型材

异型材的挤出可沿用管材、板材的挤出工艺。但在进行异型材的断面设计时，考虑到模具设计和成型工艺的可能性，应尽量按如下要求进行设计。

① 形状尽量简单，没有重叠部分，容易挤出定型。有重叠部分，模具结构变复杂，容易造成出料不匀，且重叠部分易相互粘连，给冷却定型增加困难。

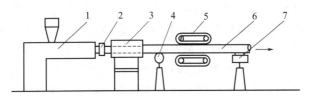

图 6-62　工程塑料棒材挤出成型工艺流程图

1—挤出机；2—机头；3—冷却定型装置；4—导轮；5—牵引装置；6—棒材；7—托架

② 壁厚度应尽量一致，壁太厚容易在挤出时造成出料速度不均，增加了修正机头的困难，同时在冷却定型时因厚度不一致，冷却快慢不一，易引起变形。

③ 异型材断面形状最好对称，对于壁厚不匀侧面有筋的产品，由于收缩不一致而容易产生翘曲，形状对称的断面其收缩变形应力可以平衡，减少了翘曲现象。

④ 应尽量减少容易造成料流不均匀的筋和突起部分，如果必要选择尺寸小为好。

⑤ 形状变化以平滑过渡为好，尖角处易产生滞流，使流速不均。

图 6-63 为塑料异型材口模结构设计示例。

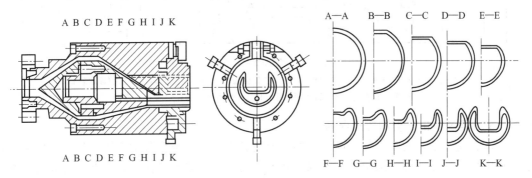

图 6-63　塑料异型材结构设计示例

异型材断面形状复杂，刚从口模挤出时，塑料呈流动状态，所以合理的冷却定型是得到理想制品的又一关键。定型方式大致分三类：

① 密闭式外侧定型（加压定型或真空定型），多用于中空异型材，如窗框；

② 开放式滑动定型，用于开放型材，如楼梯扶手、线槽等；

③ 内定型，用于中空异型材。

6.5.4　单丝的挤出成型

各种塑料丝、绳、带、网都是目前使用量较大的塑料包装制品，它们共同的生产工艺特点是采用热拉伸的方法通过分子取向，提高制品强度，以适应包装材料的要求。单丝直径一般为 0.2～0.7mm，单丝主要用途是作织物和绳索，如渔网、窗纱、滤布、缆绳、刷子等。因某些单丝的强度超过麻纤维，接近某些钢丝强度，所以塑料单丝可以代替棉、麻、棕、钢丝广泛用于水产、造船、化学、医疗、农业等领域。适于加工单丝的原料有聚乙烯、聚丙烯、聚氯乙烯、聚酰胺（尼龙）、聚偏二氯乙烯等。

单丝是经挤出成型工艺而制得的，各种单丝虽然原料不同，但生产工艺流程和生产设备基本相同。它们都是通过塑化挤出机从机头小孔挤出成型，经初步冷却定型后，再经较高倍数拉伸而成的。以下以聚乙烯单丝为例，简述单丝的生产过程。

6.5.4.1　原料的选择

聚乙烯单丝多采用高密度聚乙烯为原料。作为挤出拉伸制品，对产品拉伸强度要求很高，这一点在原料选择中必须考虑，否则工艺条件控制再严格，也无法达到使用要求。所以，根据使用要求选择生产拉伸制品的原料，应注意两点：第一，分子量高，力学性能也较高。第二分子量分布范围应窄，即分子量都很接近，这样拉伸过程中可提高拉伸倍数，而不致因为分子量相差很大造成拉伸倍数提高而被拉断。通常，选拉伸级树脂即能满足以上两点。另外，还可根据使用要求，通过加入颜料生产不同颜色的单丝。

6.5.4.2　工艺流程

聚乙烯单丝生产的工艺流程如图 6-64。选择适当型号的高密度聚乙烯为原料，经挤出机熔融塑化挤出，由机头从喷丝板喷出通过冷却水槽冷却，再经加热拉伸而成为单丝制品。经拉伸后的聚乙烯单丝具有强度高、质量轻、耐磨、刚腐蚀、耐低温、在潮湿条件下强度不受影响的特点，所以被广泛用于制造拉网、渔网、绳索、过滤网、民用窗纱等。

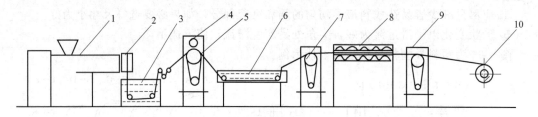

图 6-64　聚乙烯单丝生产工艺流程图
1—挤出机；2—机头；3—冷却水箱；4—橡胶压辊；5—第一拉伸辊；6—热拉伸水箱；
7—第二拉伸辊；8—热处理烘箱；9—热处理导丝辊；10—卷取辊筒

6.5.4.3　单丝挤出成型的辅助装备

单丝、绳、带、网是一类产品，它们的成型过程及辅机类型基本属于一类。辅机主要包括冷却定型、加热拉伸、热定型、卷取等装置。制品通过单向拉伸使其强度大大提高，所以辅机的关键是加热拉伸装置。

(1) 单丝机头　单丝挤出成型机头多为直角式，其结构见图 6-65。物料熔体从螺杆挤过多孔板，进入机头内，机头内流道呈圆锥形，其收缩角 β 通常为 $30°$，扩张角 α 一般取 $30°\sim80°$。塑料熔体由分流器均匀地输送到喷丝板，通过喷丝孔挤出多股单丝。喷丝板上的小孔呈均匀分布，孔数通常为 6 孔、12 孔、18 孔、24 孔等，也有用 48 孔或更多的。孔径大小主要根据单丝直径和拉伸比来决定。

(2) 冷却水箱　离开喷丝板喷丝孔的熔融单丝以适当的拉伸速度进入水箱迅速冷却定型，冷却水箱的尺寸应视拉伸速度而定，单丝冷却时喷丝板与水面距离小于 50mm。为便于操作，水箱中的导向滑轮应能够升降，其结构见图 6-66。冷却后的单丝直径基本和喷丝孔孔径相同，一般第一拉伸辊的线速度与喷丝孔挤出速度之比为 2.5 左右。

(3) 拉伸装置　拉伸装置一般由几对辊筒和两个热水箱组成。辊筒两个为上下排列，三个辊筒呈"品"字形排列，五个辊筒呈"M"形排列。辊筒直径一般为 $150\sim200mm$，长 $200\sim300mm$，表面镀铬。拉伸辊筒应能无级调速。热水箱长度一般 $2\sim4m$，装有蒸汽管或电热棒。热水箱和导向辊用铝或不锈钢制成，以防腐蚀生锈。

冷却后的单丝由第一拉伸辊（绕 $5\sim10$ 圈防止单丝在拉伸中打滑），经第一热水箱进入第二拉伸辊（绕 $5\sim10$ 圈），由于第二拉伸辊的线速度大于第一拉伸辊，单丝被拉伸，然后经第二热水箱（热定型处理，温度比第一热水箱高 $2\sim5℃$）进入第三拉伸辊（速度比第二拉伸辊降低 5% 左右），使拉伸取向后的单丝应力得到充分松弛及收缩定型，随后进入分丝卷取装置。拉伸装置结构示意图见图 6-67。

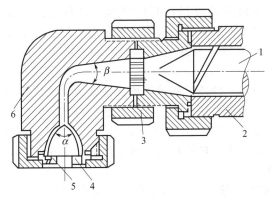

图 6-65 单丝机头

1—螺杆；2—机筒；3—多孔板；4—出丝
孔板；5—分流器；6—机头体

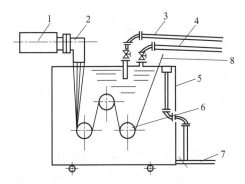

图 6-66 冷却水箱结构示意图

1—挤出机；2—机头口模；3—蒸冷管；
4—冷水管；5—水箱；6—导向滑轮；
7—溢流及排水管；8—未拉伸丝

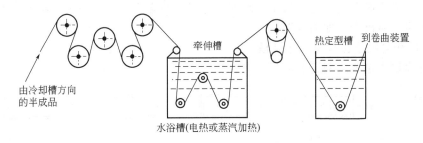

图 6-67 拉伸装置结构示意图

（4）卷取装置 卷取装置由卷取筒和卷取轴组成。为使单丝均匀、平整地绕在卷取筒上，一般借用凸轮排丝。卷取方法有两种，一种是将几十根单丝分开，每根单丝卷取在一个卷取筒上，每卷重约 1kg，见图 6-68 所示。另一种是将几十根单丝合股卷取在一个卷取筒上，每卷重 5～8kg，然后再用分丝机将复丝分成单丝。也有不分丝而直接将复丝捻丝制绳的。

6.5.4.4 工艺条件及控制

（1）温度控制 因为所选原料分子量高，分子量分布较窄，又因为挤出机头为喷丝机头，熔

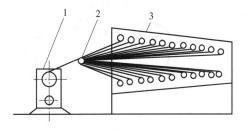

图 6-68 分丝卷取装置

1—第三拉伸辊；2—分丝辊；3—卷取装置

料在短时间内通过直径不到 1mm 的喷丝板，所以温度控制应比挤出其它制品相应要高一些。

（2）冷却水温 熔融物料经机头喷丝板后形成坯丝，应立即进入冷却水箱冷却，一方面迅速定型，避免单丝相互粘连；另一方面降低结晶度以有利于提高拉伸质量。一般冷却水温控制在 25～35℃，水面距喷丝板距离 15～30mm。

（3）拉伸温度和倍数 从喷丝板挤出经冷却的塑料单丝，在常温下也可拉伸但拉伸倍数很小，否则将被拉断。为获得高强度的单丝，必须对单丝进行加热再拉伸。加热温度在玻璃化温度至熔点之间。温度在 100℃ 以下可用热水或蒸汽加热，高于 100℃ 时可用电加热的方法。温度越高，拉伸倍数越大，拉伸速度越快，力学强度越高；温度越低，拉伸速度越慢，拉伸倍数越小。单丝被加热后分子链的热运动增加，在外力作用下，沿外力作用的方向分子

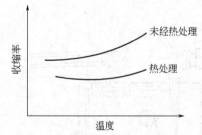

图 6-69 单丝热处理与收缩率的关系

伸长排列，经过拉伸过程得到的单丝会具有较高的强度。拉伸是靠第一组牵引辊与第二组牵引辊的速度差来实现的。拉伸倍数可根据生产不同产品而定，一般为 6～10 倍。

（4）热处理 拉伸后的单丝伸长率较大，受热容易收缩，为了消除这种现象需进行热处理。热处理的温度比拉伸温度稍高，使被拉伸的分子链完全消除内应力，使制品收缩率减小。热处理与收缩率关系见图 6-69。为达到热处理目的，第三牵引辊应比第二牵引辊慢 1%～1.5%。

综合上述分析，单丝成型控制的要点为：成型温度、冷却水温度、拉伸温度与拉伸倍数、热处理等。它们直接影响到单丝制品的质量。

6.5.5 线缆包覆

在挤出机上通过直角式机头挤出成型，可在金属芯线上包覆一层塑料作为绝缘层。当金属芯线是单丝或多股金属线时，挤出产品即为电线。当金属芯线是一束互相绝缘的导线或不规则的芯线时，挤出产品即为电缆。

6.5.5.1 电线电缆挤出包覆工艺流程

电线电缆挤出包覆成型工艺流程如下：

其生产工艺过程示意如图 6-70。

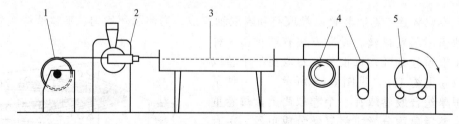

图 6-70 线缆包覆工艺过程示意图

1—放线；2—挤出包覆；3—冷却；4—牵引和张紧；5—卷取

6.5.5.2 电线电缆生产辅助装备

（1）挤出机 挤出电线电缆用的主要设备是单螺杆挤出机，一般有 $\phi30\sim200$mm 多种规格。不同规格挤出机生产电线电缆外径见表 6-3。挤出机的螺杆通常使用等距不等深的渐变型螺杆，为了提高产量也可采用分离型螺杆。

表 6-3 不同规格挤出机生产电线、电缆外径尺寸

螺杆直径/mm	30	45	65	90	150	200
电缆外径/mm	—	—	—	≤30	14～50	30～100
电线外径/mm	1.2～2	2～5	5～15			

挤出机的挤出量与导线直径、包覆层外径和牵引速度的关系如下：

$$q_m = v\rho\pi(D^2 - d^2) \tag{6-13}$$

式中 q_m——挤出量，g/min；

υ——牵引速度，cm/min；

ρ——使用塑料密度，g/cm³；

D——包覆层外径，cm；

d——导线直径，cm。

（2）电线电缆机头　电线电缆是在金属芯线上包覆一层塑料作为绝缘层，这就需在挤出机上用直角式机头挤出成型。通常用挤压式包覆机头生产电线，用套管式包覆机头生产电缆。图 6-71 为挤压式包覆机头（内包式）和套管式包覆机头（外包式）示意图。

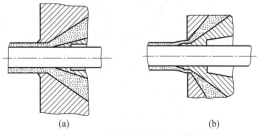

图 6-71　电线电缆机头示意图
（a）内包式；（b）外包式

① 挤压式包覆机头　典型的挤压式包覆机头结构见图 6-72，这种机头呈直角式，俗称十字机头。通常被包覆物出料方向与挤出机呈 90°。有时为了减少塑料熔体的流动阻力，可将角度降低到 45°～30°。如图 6-74 所示，物料通过挤出机的多孔板进入机头体中转过 90°，于芯线导向棒相遇。芯线导向棒一端与机头内孔严密配合，不能漏料。物料向另一端运动，其作用与芯棒式吹塑薄膜机头中心芯棒的作用一样。物料从一侧流向另一侧，汇合成一个封闭的物料环后，再向口模流动，经口模成型段，最终包覆在芯线上。由于芯线是连续地通过芯线导向棒，因此电线包覆挤出可连续地进行。

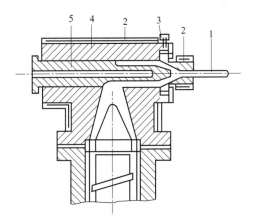

图 6-72　挤压式包覆机头
1—包覆制品；2—口模；3—调节螺钉；
4—机头体；5—导向棒

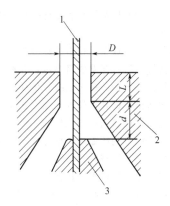

图 6-73　口模处放大图
1—芯线；2—口模；3—导向棒

口模与机头分为两部分，通过口模端面保证与导向棒的同心度。为了调整同心度可加螺栓调节。改变机头口模的尺寸、挤出速度、芯线移动速度以及变化芯线导向棒的位置都将改变塑料包覆层的厚度。这种机头结构简单，调整方便，被广泛用于电线的挤出生产。它的主要缺点是芯线与包覆层同心度不好，这主要是两方面的原因：其一，导向棒结构本身就可能引起塑料的不均匀流动，其结果造成塑料停留时间长或过热分解。其二，转角式机头不容易均匀地加热。虽然电热圈可以布满整个机头，但机头与挤出机连接处，却不易加热或冷却。同时，温度分布不均匀，也将影响同心度。

图 6-73 是口模处局部放大图。口模定型长度 L，为口模出口直径 D 的 1～1.5 倍。定型长度较长时，塑料与芯线接触较好，但是螺杆背压较高，产量低。导向棒前端到口模定型长

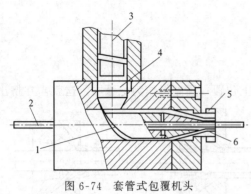

图 6-74 套管式包覆机头
1—螺旋面；2—芯线；3—挤出机；
4—多孔板；5—电热圈；6—口模

度之间的距离 d，为口模出口直径 D 的 $1\sim$ 1.5 倍。

② 套管式包覆机头　典型的套管式包覆机头结构见图 6-74 所示。这种机头也是直角式机头，其结构与挤压式包覆机头相似。挤压式包覆机头将塑料在口模内包覆在芯线上，而套管式包覆机头将塑料挤成管，在口模外包覆在芯线上，一般靠塑料管的热收缩贴覆在芯线上，有时借助于真空使塑料管更紧密地包在芯线上。

图 6-74 中，物料通过挤出机的多孔板，进入机头体内，然后流向芯线导向棒。它的结构具有桃形通道。其顶部相当于塑料管挤出机头的芯棒，成型管材的内表面。挤出的塑料管与导向棒同心，挤出口模后马上包覆在芯线上；因芯线是连续地通过导向棒，所以电缆挤出生产能连续进行。

包覆层的厚度随口模尺寸、导向棒头部尺寸、挤出速度、芯线移动速度等变化。口模定型段长度 L，为口模出口直径 D 的 0.5 倍以下。否则，螺杆背压过大，不仅产量低，而且电缆表面易出现流痕，影响表观质量。

习题与思考题

1. 从聚合物的熔融特点和螺杆挤出应用两个方面说明为什么螺杆挤出过程可被称为"现代聚合物加工的灵魂"。

2. 什么是挤出成型，挤出过程分为哪两个阶段？

3. 干法挤出过程与湿法挤出过程有哪些差别？

4. 单螺杆挤出机的挤出系统和传动系统包括哪几个部分？

5. 简述挤出机的几种螺杆驱动方式及其优缺点。

6. 简述单螺杆挤出机的螺杆的几个功能段的作用。

7. 什么是螺杆的压缩比，单螺杆挤出机的螺杆通过哪些形式获得压缩比？

8. 简述分离型螺杆的结构特点。

9. 简述屏障型螺杆的结构特点。

10. 机头和口模在理论上分为哪 3 个功能各异的区域，各区域有什么作用？

11. 挤出机料筒有哪些加热和冷却方式？

12. 简述双螺杆挤出机的主要工作特性。

13. 如何获得单螺杆挤出机最大的固体输送速率？

14. 简述塑料物料在单螺杆挤出机中的熔化过程。

15. 简述塑料熔体在挤出机均化段的流动形式。

16. 简述采用单螺杆挤出机挤出成型的挤出稳定性与螺杆均化段长度，螺槽深度及物料流动性的关系。

17. 简述挤出成型中，对挤出物进行牵引的作用。

18. 以尼龙棒材的挤出成型为例，说明挤出成型的工艺过程，并讨论原料和设备结构的选择，工艺条件的控制中应注意的问题。

19. 简述硬质聚氯乙烯管材挤出成型的工艺过程，并讨论原料和设备结构的选择，工艺条件的控制中应注意的问题。

20. 以 ABS 挤出管材，管材截面厚度不均匀，出现半边厚、半边薄的观象，请分析原因，提出相应的解决办法。

第7章 模塑与铸塑

7.1 注射成型

7.1.1 概述

7.1.1.1 简介

注射成型又称注塑，是聚合物的一种重要成型方法，几乎所有的热塑性塑料和部分热固性塑料都可用注射成型方法成型。注射成型制品约占塑料制品总量的 20%～30%，其制品主要是工业配件、各种零部件和壳体，日用生活品等。

注射成型过程是将塑料粒料或粉料从注塑机的料斗送进加热的料筒中，经外加热和剪切生热熔化呈流动状态后，借柱塞或螺杆的推动作用通过料筒端部的喷嘴注入闭合夹紧的模具，充满模腔的熔料在受压的情况下，经冷却固化后保持模腔赋予的形状，最后打开模具取出塑料制品。上述过程即称为一个模塑周期，时间从几秒至几分钟不等，视制件大小、注塑机类型和原料品种而定。

近年来，在传统热塑性塑料注射成型技术的基础上开发了多种新型注射成型技术，如气体辅助注射成型（GAIM）、水辅助注射成型（WAIM）、反应注射成型（RIM）、增强反应注射成型（RRIM）、结构发泡注射成型、低压注射成型、电磁动态注射成型和精密注射成型等，通过各种注射成型技术可以获得各种结构形状复杂的塑料制品。如今各种复杂的注塑塑料结构件、功能件以及特殊用途的精密件已广泛应用到交通、运输、包装、储运、邮电、通信、建筑、家电、汽车、计算机、航空航天、国防尖端等领域。

7.1.1.2 注射成型的特点

与其它成型方法相比，注射成型具有以下一些突出的特点。

① 成型过程非连续。注射成型过程是非连续的，成型过程通常伴有高剪切等复杂苛刻的条件，制品生产具有周期性。

② 成型周期短。注射成型相比于其它成型方法，成型周期较短，如与模压成型相比，成型周期可缩短 80% 以上，大大缩短了成型所用时间，提高了生产效率。

③ 易于自动化操作，生产效率高。目前大多数注塑机均能自动操作，生产效率提高，减轻了操作者的劳动强度。

④ 产品种类多、更新快。注射成型制品主要依赖模具型腔赋予外形，通过更换模具和所用原料，可以获得外观、形状、性能等各不相同的产品。

⑤ 一次成型外形复杂的制品。注射成型能通过模腔形状的变化成型各种各样的形状复杂的三维制品，这与挤出成型有本质区别。

⑥ 对各种塑料的适应性强。注射成型适用于几乎所有的热塑性塑料成型，同时也可用于部分热固性塑料成型，还能使用单体进行反应加工。

⑦ 尺寸精度高，可重复性好。注射成型是常用塑料成型方法中成型精度最高的一种，同时制品尺寸、外形的可重复性好。

⑧ 应用领域广。注射成型生产的制品种类多，应用领域广泛，涉及国民经济各个领域以及国防军工、航空航天等尖端领域。

⑨ 制品具有各向异性。制品微观结构多样化，其依赖于注塑条件，如注射速率、注射压力、注射温度等，制品中不同位置有不同的形貌，即多层次的微观结构。

7.1.2 注射成型设备

注射成型设备包括注射装置、模具和合模机构三个部分。注塑设备各组成部分的示意图见图7-1。要掌握注射成型方法必须首先了解注塑机和模具的组成、作用以及成型工艺对它们的要求。

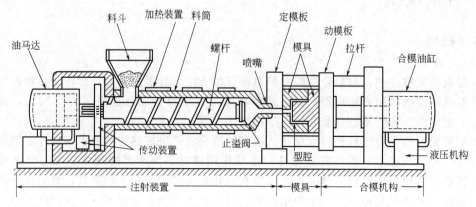

图 7-1　注塑设备的组成结构示意图

7.1.2.1 注塑机

注射成型是通过注塑机来实现的，注塑机的基本作用一是加热塑料并使其熔化，二是对熔融塑料施加高压，使其快速射出而充满型腔。为了更好地满足上述要求，注塑机结构经历了不断改进和发展的过程。最早出现的柱塞式注塑机（1932年）是通过料筒和活塞来达到塑化与注射两个基本作用的（如图7-2所示），但存在控制温度和压力较困难，特别是塑化质量差等缺点。

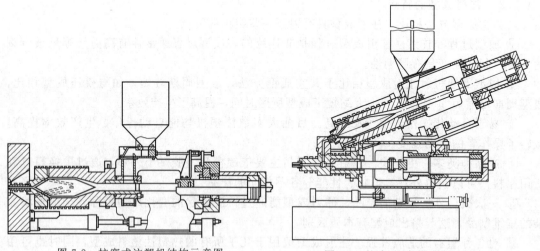

图 7-2　柱塞式注塑机结构示意图　　　　图 7-3　柱塞-柱塞式注塑机示意图

为加强塑化效果，又开发了柱塞-柱塞式注塑机。即物料先在第一只预塑料筒内熔融塑化，再注入第二只注射料筒内，然后再将熔料注入型腔，这种设备的结构如图7-3所示。

1948年注塑机的塑化装置开始使用螺杆，塑料首先在料筒内加热塑化并挤出注射料筒，然后通过柱塞施压注射入型腔，如图7-4所示。

1957 年第一台往复（移动）螺杆式注塑机问世，这是注射成型技术上的一大突破。它由一根螺杆和一个料筒组成，从料斗进入的塑料依靠螺杆在料筒内的转动同时加热塑化，并不断地被推向料筒前端，而螺杆在转动的同时受前端熔料的压力而逐渐后移，退到预定位置时由限位开关控制螺杆停止转动。注塑时，螺杆受液压油缸柱塞传递的高压而前移，将积存在料筒端部的熔料推过喷嘴而以高速注射入模具。图 7-5 所示为往复螺杆式注塑机结构示意图。

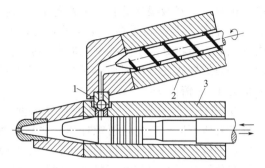

图 7-4　螺杆-柱塞式注塑机结构示意图

1—单向阀；2—单螺杆定位预塑料筒；3—注射料筒

随着注射成型技术的不断发展，在往复螺杆注射机的基础上又开发了多种专用注射机和超大（小）型注塑机。但不论什么类型的注塑机都是由注射系统、合模系统和液压与电器控制系统等部分组成的，如图 7-6 所示。

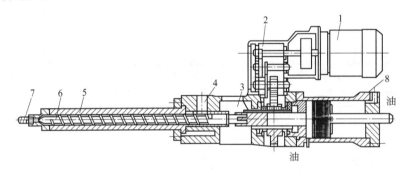

图 7-5　往复螺杆式注塑机结构示意图

1—电动机；2—传递齿轮；3—滑动键；4—进料口；5—料筒；6—螺杆；7—喷嘴；8—油缸

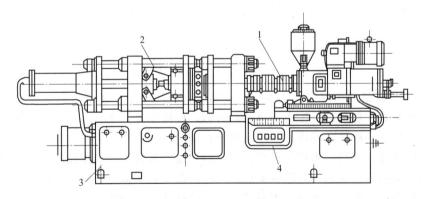

图 7-6　移动螺杆式注塑机的组成

1—注射装置；2—合模装置；3—液压传动装置；4—电器控制系统

（1）注射系统　注射系统起塑化和注射作用，由加料装置、料筒、螺杆或柱塞、喷嘴等组成。

① 加料装置　注塑机的加料装置通常是一个与料筒相连的，上部为锥形、底部为圆形或方形的料斗，其容量一般为注射 1～2h 的用料量。小型注塑机采用人工上料，中、大型注塑机采用自动上料。料斗底部应设冷却水通道，以防止料筒传热至料斗使物料结块或架桥而

堵塞进料口。对吸湿性塑料，为避免干燥后再吸湿，应采用真空干燥料斗。

② 料筒　是塑料受热和受压的容器，因此要求耐压、耐热、耐腐蚀且传热良好。料筒内壁光滑，转角处应呈流线型以防存料影响质量，料筒外部配有加热装置，能分段加热和控制。一般螺杆式注塑机料筒容积为最大注射量的 2～3 倍，柱塞式注塑机料筒容积为最大注射量的 4～8 倍。

③ 螺杆　是螺杆式注塑机的重要部件，其作用、结构形式与挤出机螺杆有相似之处，但要求有所不同。首先注射螺杆具有往复运动的功能，而挤出螺杆通常在轴向不发生移动，因此加料段长约为螺杆长度的一半，而压缩段和计量段则各为螺杆长度的 1/4。其次，注射螺杆在使用时只需要其对塑料进行塑化，而不需要提供稳定的压力和准确的计量。因此，注射螺杆的长径比和压缩比较挤出螺杆小，一般长径比为 15～18，压缩比为 2～5；注射螺杆均化段螺槽深度一般比挤出机螺杆螺槽深 15%～30%，使之有较高的塑化能力，减小功率消耗；注射螺杆头部为锥形尖头，而挤出螺杆为圆头或半圆头，其目的是为了使注射时螺杆对塑料施压，不致出现熔料积存或沿螺槽回流的现象。为防止注塑机内的熔体在塑化时出现从喷嘴中流出的现象，注射螺杆通常需要加上止逆环。挤出螺杆与注射螺杆的结构如图 7-7 所示。

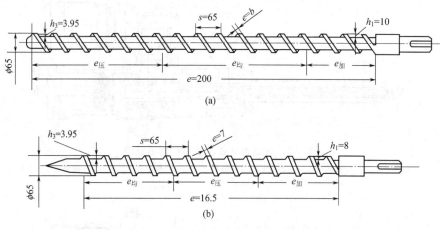

图 7-7　挤出和注射螺杆结构示意图
(a) 挤出螺杆；(b) 注射螺杆

④ 柱塞和分流梭　为柱塞式注射机内重要部件，柱塞是一根坚实、表面硬度很高的金属柱，其作用是将注射油缸的压力传给塑料熔体，使熔体注入模具。分流梭是装在料筒前端内腔中形似鱼雷的一种金属部件，其作用是使料筒内的塑料分散为薄层并均匀地流过料筒和分流梭组成的通道，从而缩短传热过程，而且热量还可从料筒通过定位肋条传到分流梭使分布在通道内的塑料薄层受到内外两面加热。此外，由于料层截面积减小，通道内塑料所受剪切速率和摩擦热都会增加，从而大大提高了塑料的熔化速率和塑化质量。

⑤ 喷嘴　喷嘴是连接料筒和模具的过渡部分，为使熔料在通过喷嘴时形成较高的压力，其内径一般设计成收敛流道。目前使用的喷嘴种类很多，且都有其特用的范围，以下是最常用的三种喷嘴。

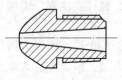

图 7-8　直通式喷嘴

直通式喷嘴：又称开式喷嘴，其特点是流道短，结构简单，熔料通过喷嘴时压力损失和热量损失都很小，故补缩作用大，但容易形成冷料和流延。适用于厚壁制品和热稳定性差、黏度高的塑料。常用直通式喷嘴的结构如图 7-8 所示。

　　自锁式喷嘴：以弹簧针阀式用得最多，结构如图7-9所示。其原理是注射结束后阀芯在弹簧力作用下复位而自锁，故能有效地避免低黏度塑料的流延或回缩。但注射时熔体压力通常需达到2MPa以上，才能顶开阀芯，故注射压力损失大。该喷嘴射程短、补缩小，对弹簧质量要求高，宜用于低黏度塑料。

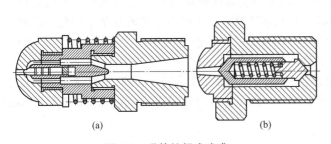

图 7-9　弹簧针阀式喷嘴
(a) 外弹簧针阀式喷嘴；(b) 内弹簧针阀式喷嘴

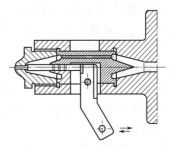

图 7-10　杠杆针阀式喷嘴

　　杠杆针阀式喷嘴：也称液控式喷嘴。它靠液压控制的小油缸通过杠杆联动机构来控制阀芯启闭。因此具有使用方便，启闭可靠，压力损失小，计量准确等特点，但需要增加控制油缸的液压回路，结构更复杂，如图7-10所示。

　　(2) 合模系统　合模系统是保证成型模具可靠地启闭，在注射和保压时保持足够的锁紧力并能实现制品顶出的机构，合模系统主要由固定模扳、移动模板、合模机构、调模机构、顶出机构、拉杆和保护机构等组成。

　　① 合模机构　合模机构有机械式、液压式和液压-机械式三种（图7-11），后两种形式使用最广泛。合模机构的基本要求有：①有足够大的锁模力，保证模具在塑料熔体的压力作用下不产生溢料现象。为此，锁模力需大于型腔压力和制品（包括流道）与注射方向成垂直的投影面积的乘积（型腔压力通常是注射压力的40％～70％）；②有足够大的模板面积、模板行程及模板间距离，以适应成型不同制品的要求；③模板的运行速度，启闭模要求灵活、准确、迅速而安全，还能满足缓冲的要求。防止损坏模具及制品，避免机器的强烈振动。为此，合模时应先快后慢，开模时先慢、后快、再慢；④模板必须有足够的强度，以保证在模塑过程中不致因频受压力的撞击而引起变形，影响制品尺寸的精度。

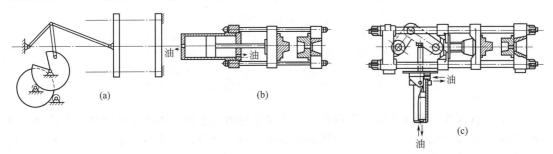

图 7-11　几种典型的锁模装置
(a) 机械式；(b) 液压式；(c) 液压-机械式

　　② 顶出机构　为了取出模内的塑料制品，各类合模系统上均设有顶出机构。顶出机构按顶出动力又可分为机械顶出、液压顶出和气动顶出三种。①机械顶出是利用固定在后模板或其它非运动件上的顶出杆，在开模过程中与动模形成相对运动，将制品顶出。因其结构简单，在小型机上应用较多。②液压顶出是由专门设置在动模板上的顶出油缸来实现的，其速

度、位置、行程和顶出次数可由液压控制系统调节，可以自行复位，适用于多种场合、目前应用最广。③气动顶出是利用压缩空气作为动力，通过模具上设置的气道式顶出气孔，直接顶出制品，可以不留痕迹，对盒、壳等制品顶出十分有利，但应用范围有限。

（3）液压传动和电器控制系统

① 液压传动系统　液压传动系统的作用是为实现注塑机按照工艺过程所要求的各种动作提供动力，并满足注塑机各部分所需力和速度的要求。主要由各种液压基本回路，各种液压元件和液压辅助元件所组成。采用液压传动系统后，注塑机动作稳定可靠，易于自动化，且液压装置安装方便，结构紧凑，噪声小，节约能源。

② 电器控制系统　电器控制系统的作用是与液压系统相配合，准确实现注塑机的工艺过程要求和动作。主要由各种电器元件、加热、测量、控制回路等组成，注塑机的整个操作由电器系统控制。

7.1.2.2　注塑模具

模具是指成型时确定塑料制品形状、尺寸所用部件的组合。其结构形式主要由塑料品种、制品形状和注塑机类型等决定，但基本结构是一致的，即由浇注系统、成型零件和结构零件三大部分构成。图 7-12 所示为典型的二板式注塑模结构图。

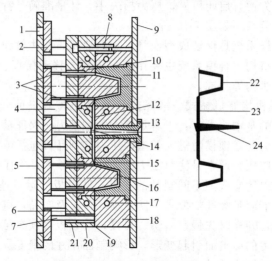

图 7-12　二板式注塑模结构图

1—用作推顶脱模板的孔；2—脱模板；3—脱模杆；4—承压柱；5—后夹模板；6—后扣模板；7—回顶杆；
8—导合钉；9—前夹模板；10—阳模；11—阴模；12—分流道；13—主流道衬套；14—冷料穴；
15—浇口；16—型腔；17—冷却剂通道；18—前扣模板；19—塑模分界面；20—后扣模板；
21—承压板；22—制品；23—分流道赘物；24—主流道赘物

（1）浇注系统　浇注系统的作用是保证从喷嘴射出的塑料熔体稳定且顺利地充满全部型腔。同时，在充模过程中将注射压力传递到型腔的各个部分。浇注系统通常由主流道、冷料井、分流道和浇口等四部分组成。

① 主流道　主流道与喷嘴相连，顶部呈凹形，进口直径稍大于喷嘴直径。主流道直径自进口处逐渐沿熔料行进方向略加扩大，呈 3°～5°，以便流道赘物脱模。

② 冷料井　冷料井是设在主流道末端的一个空穴，用以收集喷嘴端部两次注射之间所产生的冷料，以避免冷料堵塞浇口或进入型腔，冷料井尺寸一般是直径 6～10mm，深 6mm。

③ 分流道　分流道是多腔模中连接主流道和各个型腔的通道，使熔料以等速度充满各

个型腔。分流道尺寸取决于塑料品种，制品尺寸和厚度，一般其截面宽度不超过 8mm。

④ 浇口　浇口是接通主（分）流道与型腔的通道，其作用是提高料流速度，使停留在浇口处的熔料早凝而防止倒流，便于制品与流道系统分离。浇口形状、尺寸和位置的设计应根据塑料性质、制品尺寸和结构来确定，通常为 1.5mm，长度 0.5～2.0mm。

（2）成型零件　模具中用以确定制品形状和尺寸的空腔称为型腔，用作构成型腔的组件则统称为成型零件，包括凹模、凸模、型芯及排气口等。

① 凹模又称为阴模，是成型制品外表面的部件，因其多装在注塑机的固定模板上，有时又称为定模。

② 凸模又称阳模，是成型制品内表面的部件，多装在移动模板上，有时又称动模。通常顶出装置设在凸模，以便制品脱模。

③ 型芯是成型制品内部形状（如孔、槽）的部件，型芯除要求 $Ra\,0.4\mu m$ 以下的表面粗糙度外，还应有适当的脱模锥度。

④ 排气口是设在型腔尽头或模具分型面上的槽形出气口，以便于型腔内气体及时排出。

（3）结构零件　构成模具结构的各种零件称为结构零件，包括顶出系统、动（定）模导向定位系统、抽芯系统以及分型等各种零件，如前后夹模板、扣模板、承压板、承压柱、导向柱、脱模板、脱模杆、回程杆等。图 7-13 为典型顶杆脱模式注塑模示意图。图中由顶杆 17、顶杆固定板 10、顶杆垫板 11、顶板导柱 12、复位杆 8 等组成了顶出系统。导柱 2 和导套 4 则作为动模定模的导向，定位机构。

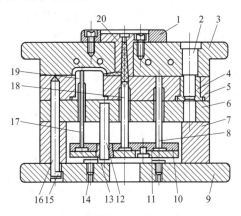

图 7-13　顶杆脱模式注塑模

1—定位圈；2—导柱；3—定模型板；4—导套；5—动模型板；6—垫板；7—支承块；
8—复位杆；9—动模固定板；10—顶杆固定板；11—顶杆垫板；12—顶板导柱；
13—顶板导套；14—支承钉；15—螺钉；16—定位销；17—顶杆；
18—浇口拉料杆；19—凸模（型芯）；20—浇口套

7.1.3　注射成型过程分析

注射成型过程是一个高度非线性的多参数作用过程。由于该过程具有多个参数相互作用并随时间变化的特性，所以每个参数对最后制品质量都具有不同程度的影响。为了减少制品的质量缺陷和提高制品性能，需要对整个成型过程进行周密的分析和深入的理解。

7.1.3.1　注射成型周期

完成一次注塑所需的时间称为成型周期，也称模塑周期，它包括合模时间、注座前进时间、注射时间（充模）、保压时间、冷却时间（注座后退、预塑）、开模时间、制件顶出时间，以及下一成型周期的准备时间（安放嵌件、涂脱模剂等）。

图 7-14 是注射成型周期的示意图，图中给出了周期内各阶段的组成情况。一般可将注射成型周期分为六个阶段。

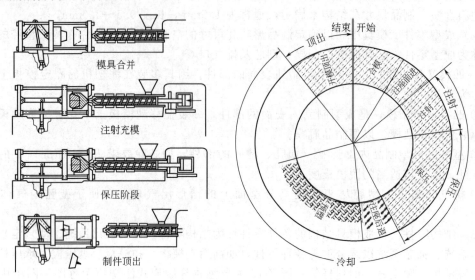

图 7-14　注射成型周期示意图

（1）**螺杆空载阶段**　物料在料筒内塑料完成达到需要的熔料量后，螺杆开始快速向前移动，熔体通过喷嘴、流道和浇口，但尚未进入模腔，此时螺杆处于空载状态。当熔体高速通过喷嘴和浇口时，受到很高的阻力，并产生大量的剪切热，导致熔体温度和作用在螺杆上的压力升高。

（2）**充模阶段**　是指熔体通过浇口后进入模腔，直至熔体到达模腔末端的过程。该过程中，螺杆继续快速前进，直至熔体充满模腔。该过程经历时间较短，模具对熔体的冷却作用尚不明显，加之充模过程中的剪切生热仍较大，因此塑料熔体温度在充模阶段仍有升高，到充模结束时达到最大值。在此过程中，模腔压力开始上升。

（3）**压实阶段**　这一阶段从充模结束时开始，至螺杆前进至最大行程时结束。该过程经历的时间也很短，尽管此时模腔已被充满，但在压力作用下熔体仍能进入模腔以压实模腔内的熔体。因而这一阶段中，模腔内熔体压力随压入的熔体的增多而急剧升高。同时随着模具的冷却作用，熔体温度开始下降，形成制品表面的冻结层，又由于流动仍在发生而产生剪切层，这对形成注塑制品的内部形态结构有重要的影响。

（4）**保压阶段**　这一阶段从压实阶段结束时开始，至螺杆开始后退时结束。该阶段中，螺杆压力恒定，由于模腔内物料冷却产生收缩，因此仍有少量熔料进入模腔。

（5）**倒流阶段**　该阶段从螺杆后退时开始，至浇口冻结时结束。螺杆后退（为下一成型周期塑化物料）后，模腔内熔体压力高，如果浇口处的塑料熔体尚未冻结，熔体会从模腔内流出。通常倒流对注塑制品生产不利，可通过浇口冻结时间的控制来避免倒流的产生。

（6）**冷却脱模阶段**　浇口冻结后，模腔内熔体尚未完全定型，仍需要通过模具传热继续冷却，当获得足够冷却后，制品已不易发生变形，而开模取出制品。

通过对上述各个阶段的了解，可以得到成型周期内，模腔内熔体压力和温度随时间的变化规律。图 7-15 是一个注射成型周期内的模腔内熔体压力变化曲线。由图可见，在注射熔体前，型腔内的压力等于大气压力；当熔体开始注入模腔，模腔内的压力逐渐升高，但增加幅度并不是太大；当熔体刚好充满模腔后，物料在压力作用继续进入模腔，压缩模腔内已有

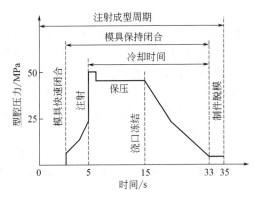

图 7-15　一个注射成型周期内的模腔
内熔体压力变化曲线

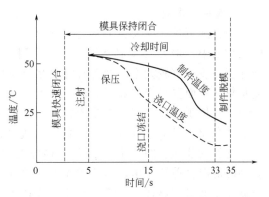

图 7-16　一个注射成型周期内的模腔内
和浇口处熔体温度变化曲线

的物料，此时模具内压力急剧升高；当补料压实阶段结束后，模腔内熔体压力达到最大值，此时进入保压阶段，压力恒定，通常保压阶段的熔体压力略低于最大压力；当浇口冻结，阻止物料进入模腔后，保压阶段结束，模腔内物料逐渐冷却收缩而又无新的物料补充，此时，模腔内熔体压力开始下降；随着冷却的充分进行，熔体逐渐固化，内压力也下降到最小值。通常，由于模腔内熔体在保压阶段受压条件下冻结，因此模腔内会残余部分内压力。

　　图 7-16 是一个注射成型周期内的模腔内和浇口处熔体温度变化曲线。从图中可以看出，当熔体充满模腔后，模内物料的温度达到最大值，此时模腔内熔体和浇口处熔体的温度差异很小；随后进入压实和保压阶段进行，由于模壁的导热，模腔内物料已开始冷却，模内温度和浇口处的温度均开始缓慢降低；随着冷却的继续，由于浇口断面尺寸小，里面的物料较少，温度下降明显快于模内熔体；当浇口处温度下降到物料的固化温度时，浇口冻结，而此时模内芯部区域的物料仍具有流动性；随着冷却的继续进行，模内温度继续降低并达到允许开模的最高温度，顶出制品脱模。

　　从注射成型的整个周期可以看出，物料塑化、熔体流动和冷却是注射成型过程的关键，下面分别介绍这三个过程的特点及其产生的现象。

7.1.3.2　塑化

　　从料斗进入料筒的塑料在料筒内受热达到流动状态并具有良好可塑性的过程称为塑化。塑化时，塑料的受热包括来自料筒的外加传导热和塑料的剪切生热。对柱塞式注塑机而言，由于物料在料筒内流速慢，几乎没有剪切生热，物料的塑化主要靠料筒加料。螺杆式注塑机塑化时，由于螺杆转动致使物料与螺杆（及料筒内壁）以及物料与物料之间相互摩擦产生大量的剪切生热。

　　塑化过程是整个注塑过程的基础，也是保证制品质量的关键，对塑化过程的主要要求是：塑料在进入型腔前应达到规定的成型温度并在规定时间内提供足够数量的熔融塑料；熔体各位置的温度应均匀一致，不发生或极少发生热分解以保证生产的连续。因此，判定注塑机塑化效果的好坏应从塑化量和热均匀性两方面考虑。

　　（1）塑化量　单位时间内注塑机熔化塑料的重量称为塑化量。柱塞式注塑机的塑化量（q_m）可用式（7-1）表示：

$$q_m = K\frac{A^2}{V} \tag{7-1}$$

式中　A——塑料受热面积；

　　　　V——塑料受热体积；

K——常数。

由上式可见，增大 A 或减小 V 均有利于提高塑化量。但在柱塞式注塑机中，由于料筒的结构所限，增大 A 就必然加大 V。采用分流梭后，料筒内表面的热量通过定位肋条直接传导至分流梭（较大型的设备有时也在分流梭中装入加热元件，对物料进行外加热），从而使塑料从单面受热变成双面受热，增大了塑料受热面积 A。同时，由于呈鱼雷头圆柱体状的分流梭占据了料筒空间，迫使塑料通过料筒内表面和分流梭之间的空隙时变形为薄层，塑料受热体积 V 减少，故采用分流梭能大大提高柱塞式注塑机的塑化量。

螺杆式注塑机的塑化量 q_m 则与料筒温度、螺杆转速、螺槽宽度和深度有关。由于螺杆转动时的混合剪切作用，螺杆式注塑机的 q_m 将远大于柱塞式注塑机，且在实际操作中可以根据需要通过调整背压和螺杆转速来控制塑化量 q_m。

（2）热均匀性　塑料在柱塞式注塑机中的移动只能靠柱塞推动，由于是层状流动，几乎没有混合作用，物料的温升主要来自料筒的热传导，而塑料导热性差，这样会使近料筒壁处料温高，中心处料温低。此外，熔料在圆管内流动时，料筒中心处的料流速度快于筒壁处，即中心处物料的停留时间小于筒壁处，这将进一步增大中心处物料与筒壁处物料的温差。用这种热均匀性很差的熔料成型的制品，其外观质量和物理力学性能是不能令人满意的。采用分流梭后，可使流经分流梭的物料变成薄层，内层料温虽快速上升，但仍然不能达到料筒温度，除非在料筒内有相当长的停留时间。在螺杆式注塑机内，由于螺杆的混合与剪切作用，加速了料筒的热传导并提供大量的摩擦热，从而使物料温度很快升至料筒温度。在剪切作用强烈时，物料温度甚至会超过料筒温度，如图 7-17 所示。

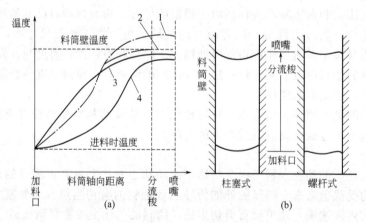

图 7-17　注塑机料筒内塑料温升曲线

（a）轴向温升分布；（b）径向温升分布

1—螺杆式注塑机（剪切作用强烈）；2—螺杆式注塑机（剪切作用平缓）

3—柱塞式注塑机（靠近料筒壁）；4—柱塞式注塑机（中心部位）

在实际应用中，柱塞式注塑机还可以用加热效率（E_η）来表征注塑机内熔料的热均匀性。设料筒温度为 T_w，塑料进入料筒时的初始温度为 T_1，如果塑料在料筒内停留时间足够长则全部塑料的温度将上升到接近 T_w，并以 T_w 为温度上限，塑料温度上升的最大值即为 T_w-T。但是通常由喷嘴射出的塑料平均温度 T_2 总是低于 T_w 的，所以实际温度上升的平均值为 T_2-T_1，两数值的比率即为加热效率 E_η。

$$E_\eta = \frac{T_2 - T_1}{T_w - T_1} \qquad (7\text{-}2)$$

在 T_w 一定时，若塑料温度分布范围越小，说明塑料平均温度 T_2 越高，E_η 就越大，所以

E_η 不仅间接表示 T_2 的大小，同时还表示塑料的热均匀性。

式(6-2)可用以计算料筒温度，因为从喷嘴射出的塑料平均温度 T_2 应在黏流温度（T_f）与分解温度（T_d）之间。实际生产中，E_η 值在 0.8 以上时，制品质量就达到可以接受的水平。因此可以由确定的 T_2 和 E_η 计算 T_w，从而为料筒温度的控制提供依据。

7.1.3.3　流动

在注射成型过程中，塑料熔体在充模、压实、保压以及倒流阶段都会发生流动，其中最为重要的是充模阶段的流动。

（1）充模流动　充模阶段中，塑料熔体迅速充满模腔，这种高速流动很大程度上决定了制品的表面质量和物理性能，是注射成型过程中最为复杂而又重要的阶段。

① 熔体在模腔内的充填形式　充模过程中熔体在模腔中的充填形式主要与浇口位置和模腔形状及结构有关。图 7-18 为熔体经过四种不同位置的浇口进入不同形状模腔的典型充填形式，其中最基本的充填形式为前三种，分别对应于熔体在圆管、带有膜状浇口的矩形狭缝模腔和中心开浇口的圆盘模腔中的流动。圆管模腔和矩形模腔内的流动特点是熔体沿轴向流动，前锋面面积保持不变；圆盘模腔内流动的特点是熔体沿径向方向以同样的速度辐射向四周扩展，熔体前锋面为一柱面，面积不断扩大。一般而言，熔体在复杂模腔内的流动都可以分解为以上三种基本流动形式。带有小扇形浇口的矩形模腔充填形式如图 7-18(d)。整个充模过程可分为浇口段、过渡段和充分发展段。在浇口段，熔体沿径向向前方扩展，形成一弧形前锋面，类似于圆盘径向流；在过渡段，随着流动的发展，弧形前锋不断扩大，直到与侧壁接触，弧形前锋逐渐转为平直，同时具有圆盘径向流和带状流的特征；在充分发展段，前锋面较为平直光滑地向前推进直至充满模腔，具有带状流的特点。

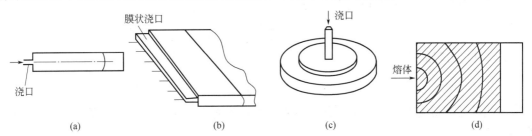

图 7-18　熔体在模腔中的流动形式

（a）圆管模腔中的流动；（b）矩形狭缝模腔中的流动；

（c）薄壁圆盘模腔中的流动；（d）矩形模腔中的流动

② 熔体在模腔内的流动状态　熔体在模腔中的流动状态一般为稳态层流，即熔体流动时受到的惯性力与黏滞剪切应力相比很小，从浇口向模腔终端逐渐扩展。通常，熔体在模腔内流动时，前锋面由于和冷空气接触而形成高黏度的前缘膜，膜后的熔体由于冷却较差，故黏度较低，因而以比前缘更高的速度向前流动，到达前缘的熔体受到前缘膜的阻碍，使熔体交替发生以下两个过程：一是熔体不能向前运动而转向模壁方向，附着在模壁上被冷却固化形成了表层；二是熔体冲破原有的前缘膜，形成新的前缘膜，如图 7-19 所示。这两个过程的

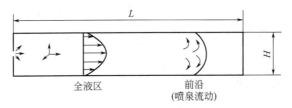

图 7-19　熔体充模流动过程的喷泉效应

交替进行，就形成了熔体流动前锋的所谓喷泉效应。喷泉效应的存在对注塑过程的压力降、充填时间等影响很小，但对熔体的温度分布、聚合物分子取向及残余应力等有重要的影响。

③ 充模流动的模拟　熔体在圆形截面流道中的流动如图 7-20 所示。

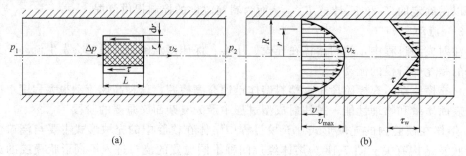

图 7-20　熔体在圆形流道中的流动

（a）熔体分析单元；（b）速度主剪切应力分布

假设塑料熔体在半径为 R 的圆形流道中处于等温稳态层流状态。取距流道中心为 r 处长度为 L 的熔体圆柱体单元，考虑作用在该单元体上的力的平衡，有

$$\Delta p(\pi r^2) = \tau(2\pi rL)$$

$$\tau = \frac{r\Delta p}{2L} \tag{7-3}$$

式中　Δp——圆柱体单元两端的压力降；

　　　τ——切应力，即液层间单位面积上的黏滞阻力。

在流道壁处（$r=R$）的切应力 τ_w 为：

$$\tau_w = \frac{R\Delta p}{2L} \tag{7-4}$$

式（7-1）可写成

$$\tau = \tau_w\left(\frac{r}{R}\right) \tag{7-5}$$

由此可见，切应力在熔体中的分布与流道半径距离成正比，成线性关系，如图 7-20（b）所示。

如采用幂律函数模型，并考虑到流动方向可得：

$$\tau = \frac{r\Delta p}{2L} = -k\dot{\gamma}^n = -k\left(\frac{dv_z}{dr}\right)^n \tag{7-6}$$

式中　k——熔体的稠度；

　　　n——流动指数；

　　　$\dot{\gamma}$——熔体剪切速率；

　　　v_z——熔体在流道中的流速。

变换式（7-6）并代入 $r=R$ 处 $v=0$ 这一边界条件，可得：

$$v_z = \frac{n}{n+1}\left(\frac{\Delta p}{2kL}\right)^{\frac{1}{m}}\left(R^{\frac{n+1}{n}} - r^{\frac{n+1}{n}}\right) \tag{7-7}$$

故塑料熔体的体积流量为：

$$q = 2\pi\int_0^R v_z r\,dr \tag{7-8}$$

将式（7-7）代入上式，经积分化简为：

$$q = \frac{\pi n}{3n+1}\left(\frac{\Delta p}{2kL}\right)^{\frac{1}{n}} R^{\frac{3n+1}{n}} \tag{7-9}$$

式(7-9) 是圆形截面流道中能遵循幂律函数模型的塑料熔体流动的基本方程。对于牛顿型流体，$n=1$，式(7-9) 便可写为：

$$q=\frac{\pi R^4 \Delta p}{8\mu L} \qquad (7-10)$$

式(7-10) 即为著名的哈根-伯肃叶（Hagen-Poiselle）方程。

作为一种近似，可借用式(7-10) 来定性分析如何选择注塑模具浇注系统的流变参数，式(7-10) 可改写为：

$$q=\left(\frac{\pi R^4}{8L}\right)\left(\frac{1}{\eta_{\mathrm{a}}}\right)(\Delta p) \qquad (7-11)$$

式中，η_{a} 为熔体表观黏度，$\tau=\eta_{\mathrm{a}}\dot{\gamma}$；其它符号同前。

利用式(7-11)，可以得到以下一些注塑模具、成型工艺设计和控制规律。

① 浇口断面尺寸增大，在流量 q 一定时，有利于熔体压力降 Δp 的减小。但是，随着浇口断面面积的增大，在流量 q 一定时，熔体在浇口处的流速降低，其表观黏度 η_{a} 相应增加，压力降将反而增大。因此，浇口断面尺寸存在上限，并非是浇口尺寸越大越容易充模。由于绝大多数塑料熔体的表观黏度是剪切速率的函数，即 $\eta_{\mathrm{a}}=k\gamma^{n-1}$（$n<1$）。在流量一定时，熔体流速越快，表观黏度下降越明显，越有利于熔体的充模流动，压力降也越小。同时，由于熔体在高速流过小浇口时，剪切生热很高，使熔体温度提高，从而降低了熔体黏度，也有利于熔体充模。当剪切速率达到极限值（一般为 $10^5\sim10^6\,\mathrm{s}^{-1}$）时，表观黏度不再随着剪切速率的增加而下降，因此浇口断面面积也有一定限制。

② 浇口长度是模具的一个重要设计参数，由式(7-11) 可见，浇口长度越短，熔体流动的阻力降低，相应地在浇口处的流速增加，流量也随之增加。同时由于流速增大，剪切速率也增加，导致熔体的表观黏度下降，有利于充模流动。因而浇口长度通常选最小值。

③ 对于塑料熔体，在较低的剪切速率范围内，剪切速率的较小波动会引起熔体表观黏度的很大变化，这将使注射成型过程难以控制，制品质量的稳定性得不到保障。一般而言，剪切速率的数值较大时，其波动对黏度的影响较小，因此注射成型通常需要较大的剪切速率，一般为 $10^3\sim10^5\,\mathrm{s}^{-1}$。

④ 降低熔体表观黏度有利于充模。采用的方法有：一提高熔体温度，二提高剪切速率。

（2）压实与保压阶段的流动　充模结束时模腔被充满，熔体的快速流动停止，喷泉处的压力达到最大值，但模腔内的压力还未达到最大值，在喷嘴压力的作用下，熔体继续进入模腔，使模腔内压力迅速升高，以压实熔体使其致密，并改善其间不同熔体界面之间的熔合程度。压实阶段时间很短，熔体的流动速率很小，温度变化也不明显，但模腔内压力的变化却很大。因此从某种意义上说，压实流动是一个压力传递过程，注射压力的大小和充模结束时熔体的流动性是影响压实流动的主要因素。注射压力决定了模腔在压实阶段所能达到的最大压力，而熔体的流动性决定了压力向模腔末端传递的难易程度。

保压阶段仍有少量熔体被挤入模腔，以弥补由于熔体温度降低和相变引起的体积收缩。保压过程的流动和压实阶段的流动都是在高压下的熔体致密流动，其特点是熔体流速很小，影响保压流动的主要因素还是压力。保压压力决定模腔内物料压缩程度，如保压压力较高，不仅使制品密度增大、成型收缩率下降，而且还能促进物料各部分之间的充分熔合，因此对提高制品的力学性能有利。但保压压力过高又会使这一阶段的流动加剧，增加分子的取向，同时可能使物料产生较大的弹性形变，导致制品分子取向增大和内应力升高，这将降低制品的力学性能。

保压时间是影响保压流动的另一重要工艺参数，保压压力一定时，保压时间越长就可能向模腔内补进更多的熔体，其效果与提高保压压力相似。但保压时间过长，也与保压压力过高类似，不仅无助于提高制品质量，反而会降低制品性能。

（3）流动中的现象

① 喷射流动　通常在充模过程中，熔体的流动是一种稳态层流，但当熔体以较高速度从狭窄的浇口进入较宽、较厚的模腔时，熔体不与上、下模壁接触而发生喷射，如图7-21所示，熔体首先射向对壁，蛇样的喷射流叠合多次，从撞击表面开始并连续转向浇口充模，即逆向充模。充模过程中熔体的这种流动状态会在叠合处形成微观的"熔接痕"，严重影响塑料制品表面质量、光学性能和力学性能。喷射流的发生主要与浇口尺寸和熔体挤出胀大程度有关。

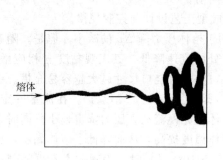

图 7-21　塑料熔体在充模过程中的喷射现象

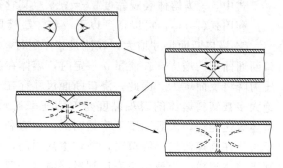

图 7-22　熔接痕的形成过程示意图

② 熔接痕　熔融塑料在型腔中由于遇到嵌件、孔洞、流速不连贯的区域、充模料流中断的区域而以多股形式汇合时，以及发生浇口喷射充模时，因不能完全融合而在制品表面产生线状的熔接痕（如图7-22所示）。熔接痕的存在会极大地削弱制品的机械强度。

减少熔接痕和提高熔接区域的结合强度对改善制品外观和提高制品力学性能有重要的意义，可以从下面四个方面考虑减小熔接痕的不利影响。

a. 模具：提高模具温度，增加流道尺寸，扩大冷料井；浇口开设要尽量避免熔体在嵌件、孔洞的周围流动；发生喷射充模的浇口要设法修正、迁移或加挡块缓冲；尽量不用或少用多浇口；应开设、扩张或疏通排气通道。

b. 工艺：提高注射压力，延长注射时间；优化注射速度，高速可使熔料来不及降温就到达汇合处，低速可让型腔内的空气有时间排出；优化机筒和喷嘴的温度，温度高，塑料的黏度小，流动阻力小，熔接痕变细；温度低，减少气态物质的分解；尽量不用或少用脱模剂。

c. 原料：原料应干燥并尽量减少配方中的液体添加剂；对流动性差或热敏性高的塑料适当添加润滑剂及稳定剂，必要时改用流动性好的或耐热性高的塑料。

d. 制品设计：壁厚不能过小，应加厚制件以免过早固化；应避免嵌件位置不当而导致不必要的分流现象发生。

③ 取向　如前所述，在模塑过程中的四个阶段都会或多或少产生分子取向和内应力，取向程度和及其在制品内的分布，对注塑制品的质量有不可忽视的影响。

在正常注塑条件下，聚合物熔体总是以层流的方式进入型腔，充模的聚合物大分子在流动过程中的取向如图7-23所示。聚合物熔体以层流方式流动时，由于速度梯度的作用，卷曲的长链大分子会逐渐沿流动方向伸直、取向。与此同时，由于流动中的熔体温度较高，分子热运动导致的解取向过程也在进行。而且，在外部剪切应力停止作用或减小后，已取向的长链大分子将通过链段的热运动继续进行解取向。因此，在制品中保存下来的取向结构，是流动取向和停止流动后解取向两个对立过程的净结果。

制品内取向结构的分布，与熔体在充模时的非等温流动特征和型腔内的压力分布有关。当熔体温度一定时，大分子沿流动方向伸直取向的速率主要与剪切应力的大小有关，而有可能进行取向的时间则与熔体的冷却速度有关。熔体在型腔内流动时，熔体所受剪切应力从外层至内层依次减少，即外层剪切取向最大，内层最小。进入型腔的熔体流表面层与冷模壁接触后，立即凝固；次表层熔体由于有凝固的表面层隔热，降温速率显著减慢，使其中的大

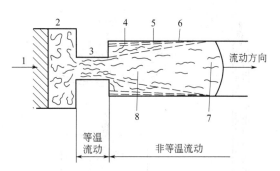

图 7-23 聚合物在管道中和模具中的流动取向
1—柱塞；2—料筒；3—喷嘴及浇口；4—冻结的
高取向区域；5—模具；6—尚未冻结的取向
区域；7—熔体中心流速最大区域；
8—熔体中低取向区域

分子有较长的取向松弛时间。从表层至芯层，降温速率越慢，可取向的时间越长。流动停止后的解取向过程则正相反，从表层至芯层，料温越高，可解取向的时间越长。因此，在注塑制品横截面上，取向度从里向外逐渐增大，因表层熔体取向时间太短，故取向度最大的地方并不是表层，而是距表层不远的次表层。用双折射法测得的长条试件厚度方向取向度的分布如图 7-24(a) 所示。

注塑制品不仅在沿横截面上存在取向度的变化，而且在沿充模流动方向上也有不同的取向度。注塑充模时，型腔内的压力分布是在浇口附近的进口处最大，而在熔体最后到达的型腔底部处最小。在型腔内任一点处，引起大分子取向的剪切应力正比于该点的压力，因此大分子的取向度也应当由浇口附近的最大下降至型腔底部处的最小。但是，在充模和补料时浇口附近不断有热的熔体通过，使这里的取向结构比其它地方有更多的解取向松弛时间。故实际测得的型腔长度方向上取向度最高的点，不是靠近浇口处，而是在与浇口有一段距离的点上。取向度最高的点，往往也是被流入型腔的熔体最先填满的横截面，由于随后有熔体通过，使该处承受剪切应力作用的时间比其它地方长。从最高这一点到型腔底部取向度逐渐减少。长条试样用顶端浇口成型时，其纵断面上的取向度分布如图 7-24(b) 所示。

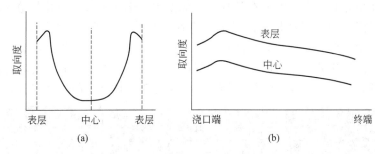

图 7-24 注塑长条试样中取向度的分布
(a) 横断面；(b) 轴向纵断面

充模过程中的大分子取向，可以是单轴的，也可以是双轴的，这主要由型腔形状、结构、尺寸、浇口位置及熔体在其中的流动特点等确定，如图 7-25 所示。若沿充模流动方向型腔断面不变，熔体仅沿一个方向前进，则主要是单轴取向；若沿充模流动方向型腔断面有变化，或用小浇口成型大面积制品，由于熔体充模时要同时向几个方向推进，就会出现双轴取向或更为复杂的取向情况。

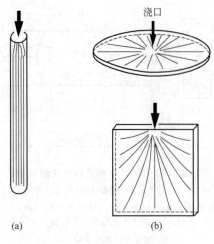

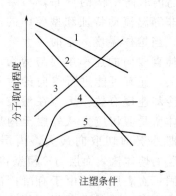

图 7-25　塑料熔体充模取向
（a）单轴取向；（b）双轴取向

图 7-26　注塑条件对分子取向的影响
1—模温；2—制件厚度；3—注射压力；
4—充模时间；5—料筒温度

由于大分子链的有序排列，所有的塑料制品在平行于取向方向上拉伸强度和断裂伸长率都会增大，而在垂直于取向方向上的强度和断裂伸长率则会下降，从而表现出明显的各向异性。如前所述，注塑制品各部分的取向方向和取向度在成型过程中很难准确控制，若制品一个方向上的强度高而另一方向上的强度低，就会使其在使用中受到破坏的可能性增大。而且，由于取向度不同引起的收缩不均，会使制品在储运和使用中发生翘曲变形。因此，在设计和成型注塑制品时，除某些可能利用不同取向度的制品外，一般总是采取一切可能的措施减少因取向而引起的各向异性和内应力。

在注塑制品的成型过程中，凡能改变熔体流动时的速度梯度和熔体停止流动后在凝固点以上温度停留时间的各种因素，都会影响制品的取向度和取向度分布。其中尤以模具温度、制件厚度、注射压力、充模时间（注射速度）和料筒温度的影响较为显著，如图 7-26 所示。

（4）流动诱导多层次结构　注射成型过程中，塑料熔体的流动受到强烈的剪切作用，而模腔内的剪切速率并非完全一致。在常规注射成型中，熔体进入模腔并与壁面接触后迅速降温并冻结而形成固态的皮层结构。此后流动仍在发生，塑料熔体沿皮层滑移并逐渐分层冻结，在这一过程中，形成了注塑制品微观结构中的剪切层结构，由于高剪切作用，这一区域的聚合物分子、晶片或共混物中的相发生明显的取向变形。在注塑制品的芯部区域，由于剪切作用相对降低，取向不再像剪切层一样明显，且处于熔体状态的时间较长，解取向更为充

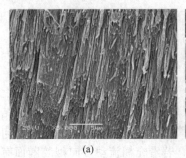

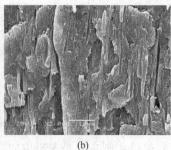

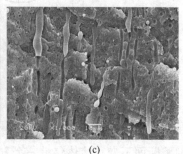

图 7-27　PC/PE 共混物注塑试样中的皮-芯结构
（a）剪切层；（b）过渡层；（c）芯层

分，因此这一区域的取向结构明显比剪切层减少，构
成了不同于皮层和剪切层的芯层结构。上述三个层次
的划分即为注塑制品的"皮-芯"结构模型。图 7-27
是 PC/PE 共混物注塑试样沿流动方向的断面 SEM 照
片，由图可见在不同区域，分散相 PC 的变形程度有
很大的差异。

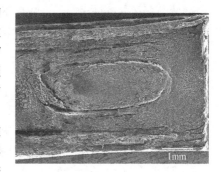

图 7-28 给出了高速注射的 PC/PE 共混物试样在
垂直于流动方向的冲击断面形貌。由于共混物的相形
态影响其在冲击过程中的破坏形式，因而相形态的变
化区域可以从冲击断面的形貌特征区域进行对应划分。

图 7-28　高速注射的 PC/PE 共混物
试样的冲击断面（垂直于流动方向）

图中，矩形断面的边缘为明显的脆性断裂，这对应于
注塑试样的皮层；再靠近芯部区域，变形较大，表面形貌粗糙，该区域对应于注塑试样的剪
切层，这一区域分散相以纤维存在，在冲击过程中拔出或断裂破坏，使断面显得不平整；图
中中心部分的断面又开始变得规则平整，该区域对应了含有取向变形小的分散相的芯部
区域。

7.1.3.4　制品的内应力

在注塑制品成型的充模、压实和冷却过程中，外力在型腔内熔体中建立的应力，若在熔
体凝固之前未能通过松弛作用全部消失而有部分存留下来，就会在制品中产生内应力，或称
残余应力。由于起因的不同，注塑制品中通常存在三种不同形式的内应力，即构型体积应
力、冻结分子取向应力和体积温度应力。

构型体积应力是由于制品几何形状复杂，在冷却过程中各部分体积收缩不均而产生的内
应力。这种形式的内应力在制品不同部位的壁厚差别较大时容易表现出来，应力值不大而且
可以通过热处理消除。体积温度应力与制品各部分降温速率不等而引起的不均匀收缩有关，
在壁厚制品中表现较为明显。这种形式的内应力有时会因形成内部缩孔或表面凹痕而自行消
失，也可以通过热处理而消除。

三种形式的内应力中，以冻结分子取向应力对注塑制品的影响最大。成型过程中，注塑
制品存在不同的取向方向和取向度分布，而且很难完全松弛掉。当制品冷却定型后，这些被
冻结的取向结构就会导致制品产生内应力。故凡能减少制品中取向度的各种因素，也必然有
利于降低其取向应力。有研究表明，提高熔体温度和模具温度，降低充模压力和充模速度，
以及缩短保压时间等，都会在不同程度上减少制品的取向内应力。

内应力的存在不仅是注塑制品在储运和使用中出现翘曲变形与开裂的重要原因，而且也
是影响其光学性能、电学性能和表观质量的重要因素。特别是制品在使用过程中接触热、有
机溶剂和其它能加速其开裂的介质时，消除或降低内应力对保证制品正常工作具有重要的
意义。

7.1.4　其它注射成型方法

7.1.4.1　热固性塑料的注射成型

热固性塑料的传统成型方法是压缩模塑，但压缩模塑这一方法存在以下缺点：①不能成
型结构复杂、薄壁或壁厚差异大的制品；②不宜制造带有精细嵌件的制品；③制品的尺寸精
度较低；④成型周期过长。为改进以上缺点，在吸收热塑性塑料注射成型经验的基础上，出
现了热固性塑料的传递模塑和注射模塑。

（1）热固性塑料的传递模塑　传递模塑是将热固性塑料预压物放入加料室中加热，在加

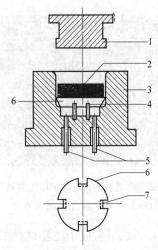

图7-29 活板式传递模塑用
的模具结构示意图

1—阳模；2—塑料预压物；3—阴模；

4—嵌件；5—顶出杆；6—活

板；7—浇口

压下使其通过浇口、分流道等进入加热的闭合模腔内，待塑料硬化后，即可脱模取出制品。

传递模塑按所用设备不同，有以下形式。

① 活板式 活板式传递模塑结构最为简单，通常采用手工操作，成型的制品较小。通常使用压缩模塑用的压机，但成型模具结构略有差异，包括阴模、阳模和活板三个部分，见图7-29。活板是横架在阴模中的，活板上部的空间为装料室，下部为型腔。

② 罐式 这种方式与活板式相似，只是成型模具结构有所差异。这种模具的引料接头与活板式传递模塑相反，目的是便于脱出残留在装料室中硬化的塑料。

③ 柱塞式 这种方式与罐式有两点区别：一为主流道呈圆柱状且不带任何斜度；二为压机有两个液压操纵的柱塞，分别为主柱塞和辅柱塞。前者用于夹持模具，而后者用于压挤塑料。

上述三种方式使用设备不同，但塑料都是在塑性状态下用较低压力充满型腔而成型的。因此，传递模塑具有以下优点：①制品废边少，可减少后加工量；②能模塑带有精细或易变形嵌件和穿孔的制品；③制品性能均匀，尺寸准确，质量高；④模具的磨损较小。

其缺点是：①模具的制造成本较压制模高；②塑料损耗较多；③压制带有纤维填料的制品时，易发生纤维定向而产生各向异性。

热固性塑料的传递模塑对原料的要求是：在未达到硬化温度以前塑料应具有较大的流动性，而达到硬化温度后又须具有较快的硬化速率。能达到这些要求的热固性塑料主要有酚醛、三聚氰胺甲醛和环氧树脂等。

(2) 热固性塑料的注射成型 热固性塑料在受热过程中不仅有物理状态变化，还伴随着不可逆的化学变化。注射时，加入注塑机的热固性塑料粒（粉）料是分子量不大的线型结构，通过在料筒内加热，固体粒（粉）料变成低黏度的熔体，但同时也开始进行交联反应，分子量逐渐增大，黏度急剧上升，甚至完全失去流动性。因此，应在交联反应前或刚开始时将熔体快速注入型腔，使其在加热的型腔内继续交联反应至物理力学性能达到最佳时即可脱模。热固性塑料的注塑与热塑性塑料的注塑在成型工艺条件和对设备的要求上有很大的不同，表现为以下几点。

① 成型温度必须严格控制，因为它对塑料熔化及固化速率有很大的影响。图7-30为酚醛塑料在注射成型过程中温度和黏度的变化，由图可见，预塑时，料筒温度逐渐从室温（料斗）升至90℃，树脂黏度逐渐下降。注射时，由于摩擦升温使通过喷嘴的料温达到100~130℃，此时熔体黏度降至最低，熔料呈最好的流动性。进入模内的熔料需要进一步的交联反应，使线型分子链转变成体型结构。因此，模具温度对交联反应过程影响很大。模温低时，交联反应慢，生产周期长，制品交联度低（欠熟），物理力学性能差。模温高时，其情况正好相反。不过模具温度也不能太高，否则因交联反应太快，低分子物不易排除，会造成制品质地松弛，起泡和颜色发暗等缺陷。模温一般控制在160~170℃。

为了保证严格控制成型温度，料筒加热多采用恒温控制的水加热循环加热系统，控温精度为±1℃。对模具加热，因温度较高，采用恒温控制的油加热循环系统，控温精度为±2℃。

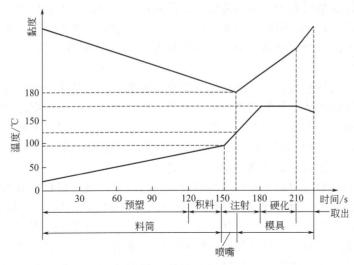

图 7-30　热固性塑料注塑过程中温度和黏度的变化

② 热固性塑料的注射压力较大，通常在 100～170MPa。原因是热固性塑料黏度较大且在黏流温度下随时间延长而急剧增大，故须在较高的注射压力下快速充模才能保证充模完整。同时，因为热固性塑料收缩率较大，高的注射和保压压力有利于获得密实和尺寸稳定的制品。随着注射压力和充模速率的增加，物料在流经喷嘴和浇口时产生的热量也随之增加，有利于减少制品表面的熔接痕和流动纹迹，缩短固化时间，提高生产效率。但是过高的注射压力又可能使得制品的内应力增加，表面出现裂痕，强度下降。同时过高的注射速率易卷入空气，使制品表面出现气孔等缺陷。而且，注射压力越高，所需的锁模力也越大，当注射量控制不当时会出现较多的"飞边"。

③ 热固性塑料在料筒内停留的时间不能过长，温度也不能过高，以防物料提前固化。工艺参数中除严格控制料筒温度外，还要控制较低的塑化压力，减少塑化时间。为了降低物料在料筒中内的摩擦生温，除螺杆转速较低（50r/min 以内）外，对注塑螺杆的要求是深螺槽、低压缩比（0.8～1.4）。

为避免物料在料筒内残留，料筒出口处宜做成 50°的锥角，螺杆头部应成锥形，保证与内轮廓相适应并使螺杆注射冲程的顶端到达喷嘴进口处。喷嘴通用敞开式，孔口直径一般为 2～2.5mm。喷嘴内表面应光滑。

④ 热固性塑料在膜腔内发生交联反应时有低分子物产生须及时排出，以免制品起泡或交联反应不完全。除在型腔顶部或分型面设置足够的排气孔（槽）外，注塑机的锁模机构应能满足排气操作的要求，即具有能迅速降低锁模力的机构。如采用增压油缸对快速开模和合模的动作进行控制，当增压油缸卸油时，可使压力突然减小而打开模具，瞬间又对增压油缸充油而闭合模具，从而达到开缝放气的目的。

⑤ 对原料要求高，用于注塑的热固性塑料除要求有较高的流动性（拉西格流动性大于 200mm）外，还要有较宽的塑化温度范围。物料应在较低温度下也能塑化，以保证有良好的加工安全性。由于物料塑化时和预塑后在料筒内有一定的停留时间，而此时不能发生固化反应，应需要物料热稳定性好，在料筒温度下保持流动状态的时间应在 10min 以上。必要时可加入稳定剂，以抑制低温时的交联反应。此外，熔料进入型腔后要能迅速固化，缩短成型周期。可见，对原料的要求是低温时熔体稳定，高温时交联反应迅速。

热固性塑料的注射成型是 20 世纪 60 年代出现的一种成型方法，与常用的压塑相比，具有明显的优点：即成型周期短，过程简化，制品后加工量少，劳动条件改善，生产自动化程度高，适合大批量生产等。因此近年来发展很快，应用范围也越来越广。在国外，注射成型占热固性塑料成型的比例相当高（美国与西欧约为60%，日本约为75%～80%），而且还在不断发展和完善中。

热固性塑料注射成型最突出的问题是流道赘物浪费大，因其无法再塑化成型，只能粉碎后当填料使用。为减少甚至杜绝流道废料，发展了热固性塑料的无流道注射成型。主要有延伸式喷嘴、隔热衬套和冷流道注射三种形式。不仅节约原料（视制品和模具结构不同，可节约原料17%～76%），还能解决全自动注射成型中的流道脱模问题。无流道注射成型的制品无流道赘物，无切割浇口的后处理，生产效率高。

为了消除注射成型时制品中纤维填料的取向和内应力，将压塑和注塑的优点结合起来发展为热固性塑料的注-压成型。其原理是将物料注入半开状态的型腔内，然后夹紧模具压缩成型。其优点是：由于模具是在半开状态下进行注射，注射压力低，排气容易；锁模力低，能成型投影面积较大的制品。浇口处注射压力低，残余应力小，不易开裂；消除（减小）了注射成型中纤维填料的定向作用，从而减小制品的翘曲变形，提高了制品的精度和性能。

7.1.4.2　反应注射成型

反应注塑（RIM）是将两种或两种以上的低黏度液体（单体或预聚体）在一定温度和压力下混合后立即注入密闭的模具内，使其在模内进一步反应形成塑料制品的加工方法。反应注射成型自1967年开始获得应用以来，发展很快，现已有包括聚酯、环氧树脂和不饱和聚酯等多种热固性塑料以及尼龙6等热塑性塑料品种可用RIM方法成型，其制品的应用范围包括汽车、电工、电子技术、家具和建筑业等领域。

反应注射成型的原理见图7-31。两种参与反应成型的液态物料从储料罐中经高压计量泵被精确计量泵入混合器中，在混合器中高压条件下经撞击混合均匀后被注射到密闭模具中进行化学反应，待充满模腔后固化定型。反应注射成型制品的加工过程主要包括模具准备、成型和后加工等步骤。

以上三个步骤中又以成型最为关键，成型过程又包括成型物料的准备、充模成型和固化定型过程。

（1）成型物料准备　聚氨酯反应注塑所用成型物料，由分别以多元醇和二异氰酸酯为基的两种原料浆组成，每种原料浆中除树脂单体外，还常加入填料和其它添加剂。成型物料的准备工作通常包括原料浆的储存、计量和混合三项操作。

① 储存是将两种原料浆储于两个恒温储槽（20～40°）内，在不成型时，也要使原料浆在储槽、换热器和混合头中不断循环。为防止原料浆中的固体成分沉析，应对储槽中的浆料不停地进行搅拌。

② 计量是将原料浆经由定量泵计量输出，为保证进入混合头时各反应组分能等当量反应，要求计量精度不低于±1.5%，最好控制在±1.0%以下。

③ 混合指浆料在混合头内完成的过程，混合质量将直接影响制品质量。其过程为：通过高压（14～20MPa）将两种原料浆同时压入混合头，使各组分单元具有很高的速度相互撞击，达到均匀混合的目的。

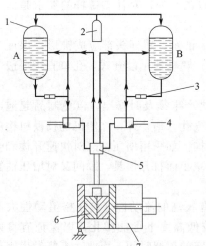

图7-31　反应注射成型的生产原理
1—储料罐；2—发泡剂；3—热交换器；
4—高压计量泵；5—混合器；6—模具；
7—合模机构；A，B—液态物料

（2）**充模成型过程**　反应注塑中物料充模的料流速度很高，原料浆的黏度不能过高。否则难以高速流动。但黏度过低的混合料充模时可能夹带空气进入型腔，或是沿分型面和排气槽泄漏，堵塞排气口。同时，由于黏度过小，易造成混合料中的固体粒子在流动中沉析，导致制品质量不均。一般规定聚氨酯混合料充模时的黏度不小于 0.1Pa·s。

（3）**固化定型过程**　由于单体反应活性高，聚氨酯混合料在注射充模后，可在很短的时间内完成固化定型。因导热性差，大量反应热使成型物内部温度远高于表层温度，致使成型物的固化从内向外进行。模具应能及时将热量散发，以控制型腔内最高温度低于树脂热分解温度。成型物在模内的固化时间，主要由成型物料的配方和制品尺寸决定。对大型厚壁制件，为缩短成型周期，可在脱模后通过热处理使固化反应进行完全。

综上所述，与普通注射成型相比，反应注塑有以下特点。

① 反应注射成型是在高压（14～20MPa）下混合两种反应组分，然后在低压（0.2～0.3MPa）下注入封闭型腔内成型，由于型腔内压力低，所需锁模力低。

② 由于液态反应组分黏度低，充模容易，特别适宜于成型极薄壁制件和大型、厚壁制件，而且成型周期很短，一般不超过 2min。

③ 成型过程中伴随有化学反应发生，模具要能及时排出低分子副产物或残余单体，以免产生气孔或裂痕。同时，制件在成型过程中收缩率较大，须设置补料保压机构。

④ 反应注射成型对所用原料的要求高，因为原料组分要能在模内快速反应固化成型，故单体或预聚物要有较高的反应活性并能控制反应速率。故到目前为止，只有少数几种塑料能用此法成型。

⑤ 反应注射成型制品的脱模困难，常需人工辅助脱模，增加了工人的劳动强度，降低了生产效率。

近年来，除继续开发适宜于反应注射成型的树脂新品种外，又发展了增强反应注射成型（RRIM）和毡片模塑反应成型（MRIM）技术。

RRIM 技术是把纤维增强与 RIM 工艺结合起来的新技术，成型时把增强材料作为原料组分加到 A 或 B 组分中，混合均匀后注入模内成型，脱模后即得到 RRIM 制品。制品强度、模量、热变形温度和尺寸稳定性等大大提高，但增加了成型难度和设备磨损。

MRIM 是将增强玻璃纤维织成毡片，预置于模具内，混合后的液体组分在型腔内浸渍毡片并反应形成制品。这种成型方法是对 RRIM 的改进，不会磨损设备，而且由于使用的是增强效果更好的长玻璃纤维，制品强度和模量更高，特别适宜于制作结构制件。

在现有基础上，设备、工艺、模具及控制等方面都不断有新的发展。如环形湍流注射加工（orbital turbulent injection process），可使产品的材料更省（制品强度提高），能耗更低，产量更高。对模具采用脉冲冷却（pulsed cooling），有利于降低制品残余应力，提高尺寸稳定性、缩短生产周期和减少冷却水量等。

7.1.4.3　流体辅助注射成型

（1）**气体辅助注射成型**　气体辅助注射成型（GAIM）是一种新型的塑料加工技术，自 1985 年首次应用于生产以来发展很快。目前世界上已有很多公司、厂商采用了这一技术，用于生产汽车仪表板、内饰件、大型家具、各种把手以及电器设备外壳等各种制品。除一些极柔软的塑料品种外，几乎所有的热塑性塑料和部分热固性塑料均可用此法成型。

气体辅助成型的原理如图 7-32 所示。在注射过程中，首先把部分熔体注入模具型腔，然后把一定压力的气体（通常是惰性的氮气）通过附加的气道注入到型腔内的塑料熔体里，由于靠近型腔表面的塑料温度低、黏度大，而处于熔体中心部位的温度高，黏度低，因而气体易在中心部位或较厚壁的部位形成气体空腔，气体压力推动熔体充满模具型腔，充模结束

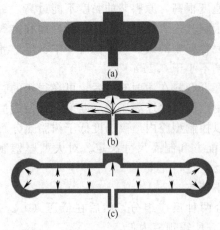

图 7-32　气体辅助成型原理图

(a) 熔体注射；(b) 注入气体；(c) 气体保压

后，熔体内气体的压力保持不变或有所升高进行保压补缩。当制品冷却固化后，通过排气孔泻出气体，即可开模取出制品。

气体辅助成型只要在现有的注塑机上增设一套供气装置即可实现。根据国外目前的使用情况，气体辅助成型可以分为标准成型法、副型腔成型法、熔体回流成型法及活动型芯退出法四种。

气体辅助成型的标准成型法如图 7-33 所示。其过程是部分熔体从注塑机料筒注入到模具型腔中 (a)，然后由汽缸（瓶）通入气体推动熔体充满型腔 (b)，升高气体压力以保证补缩 (c)，保压冷却后排去气体，气体重新流回汽缸（瓶），如图 (d) 所示。图 (e) 为制品脱模。

气体辅助成型的副型腔成型法如图 7-34 所示。其过程为熔体充入型腔 (a)，从气体喷嘴向型腔内注入气体，开启副型腔，使因气体进入熔体后多余熔体流入到副型腔中 (b)，关闭副型腔，升高气体压力实现保压补缩 (c)。排出气体并脱模 (d)。

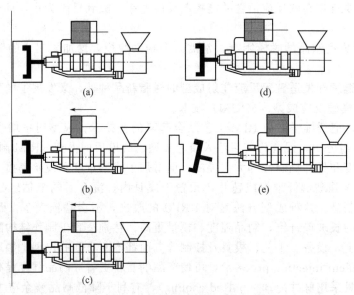

图 7-33　气体辅助成型的标准成型法

(a) 熔体欠料注射；(b) 注入气体；(c) 补气增压；(d) 排气；(e) 制品脱模

如图 7-35 所示，熔体回流的方法与副型腔成型的方法类似，所不同的是气体注入时，多余的熔体不是流入副型腔，而是流回注塑机料筒。

活动型芯退出法如图 7-36 所示，其过程是熔体充满型腔 (a)，注入气体，活动型芯从型腔中退出 (b)，升高气体压力实现保压补缩 (c)，排气并脱出制品 (d)。

与普通成型相比，气体辅助成型具有下述特点。

① 生产周期缩短，因为气体辅助注射缩短了注射时间（注射量减小），冷却时间也随制品厚度的减小而缩短。

② 锁模力降低，普通注塑机注射和保压时型腔压力很大，尤其在解决缩孔和凹痕时。

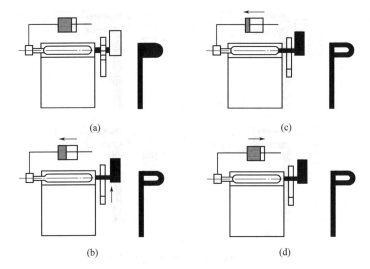

图 7-34 气体辅助成型的副型腔成型法

(a) 充模并保压；(b) 打开副型腔注气；(c) 关闭副型腔保压；(d) 排气并脱模

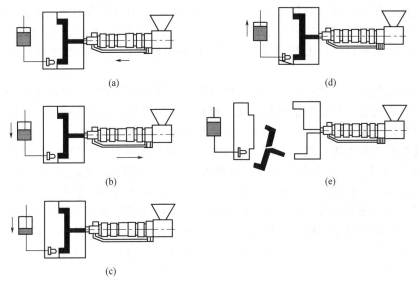

图 7-35 气体辅助成型的熔体回流成型法

(a) 充模并保压；(b) 注入气体使多余熔体回流；(c) 气体保压；(d) 排气；(e) 制品脱模

而气体辅助注射成型只需较小的气体压力就能将塑料紧贴在模壁上，从而使锁模力大为降低，最多可降低 70%。由于锁模力降低，可采用铝合金模具或减小凹模壁厚，也可在锁模力较小的注塑机上成型尺寸较大的制品。

③ 制品重量减轻，由于型腔内充气占据部分体积，使制品变薄、变轻。视制品大小、形状不同，重量减轻的幅度不一，一般减小 10%～50%。

④ 制品质量提高，由于制品中空部分气体的压力就成为保压压力，使制品能有效地消除缩孔和凹痕等缺陷，表面质量提高。特别适用于生产壁厚不均匀的塑料制品，大面积薄壁平板件以及复杂的三维中空制品，并可在制品中设置中空的肋和中空的凸台。同时，由于保压时气体压力不高，可避免过大的内应力，制品翘曲变形小，尺寸稳定。

⑤ 工艺控制要求严格，一是气体注入的时间和压力要严格控制。过早注入，熔体外层

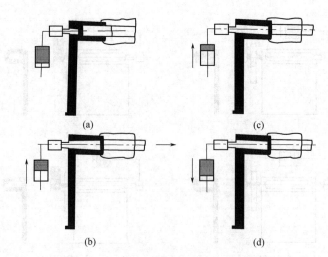

图 7-36　气体辅助成型的活动型芯推出法
(a) 充模并保压；(b) 注入气体型芯退出；(c) 气体保压；(d) 排气、制品脱模

未充分冷却，气体易穿透熔体前锋，过晚注入，熔体冷却凝固，不易形成气体空腔。这与熔体及模具温度、塑料品种和型腔结构有关。注入气体的压力应先高后低，在注气开始时应有较高的压力以迫使熔体充模并形成空腔，一旦完成充模后保压气体压力应稍低，以免溢料和造成内应力。二是模具温度要严格控制，使熔体在型腔内的冷却速度适当以利气体空腔的形成。

气体辅助成型的主要缺点有：一是需增设供气装置和充气喷嘴，提高了成型设备的成本和复杂程度，而且对注塑机的精度和控制系统有一定的要求；二是在成型时，制品注入气体与未注入气体的表面会产生不同的光泽，需要花纹装饰或遮盖。

除了通常的内部气压成型外，最近又拓展了表面气压成型（EGM）和封闭式气体注射成型（SGM）技术。当塑料收缩率极高或平面上有加强肋时，制品表面很容易出现凹坑。表面气压成型技术可以从与凹坑相反的表面注入气体，使之膨胀填平凹坑。虽然充气表面的粗糙度变坏，但可用花纹装饰或遮盖。封闭式气体注射成型是将多个喷气嘴直接镶装在模具上，气体被模内溢出的塑料熔体所封闭，从而达到气体压力控制的目的。因此，封闭式气体注射成型相对脱离了注塑机，可由制品的任一表面注入气体，以解决制品的任一局部缺陷，简化了模具设计。

（2）水辅助注射成型　水辅助注射成型（WAIM）是在气体辅助注射成型基础上发展形成的新技术。该方法用水代替气体辅助熔体流动充模，最后用压缩控制将水从制品中排出。

水辅助注射成型过程是利用增压器或空气压缩机产生高压水，经过活塞式喷嘴将高压水注射到已经部分充满模腔的熔体中，利用水的压力将熔体向前推进而使熔体充满整个模腔。注入熔体中的高压水与熔体接触，形成一层很薄的塑料膜，就像一个高黏度的型芯，进一步推动熔体前进。成型过程中的保压和冷却也依靠水来完成，冷却固化后，利用压缩空气将水从制品中压出，然后开模取出制品。

水辅助注射成型与气体辅助注射成型相比，有以下一些特点。

① 冷却时间短，成型周期大大缩小。这是由于水的导热性好于气体，有助于模腔内物料的传热。

② 可承受较高的注射压力。这是由于气体可压缩，而水的压缩性很小，并且气体与熔

体混合而逸出，所以气体辅助注射成型的工作压力通常较小，而水辅助注射成型较大。一般来说，较厚和较长的制品更适合水辅助注射成型。

③ 可成型壁厚更薄的制品。熔体一接触水流，在流动方向上就形成一层易移动的高黏膜，使推向模壁的物料相应减少，生成壁更薄的制品。

④ 水易控制，避免了进入熔体的气体膨胀产生气泡。

⑤ 水不可压缩，保证制品外形美观，尺寸稳定。

⑥ 水的获取比氮气容易，成本也更低，因而生产成本降低。

7.1.4.4　剪切控制取向注射成型

剪切控制取向注射成型技术（shear controlled orientation in injection moulding，SCORIM）最早由英国的 M. J. Bevis 教授等人提出，用于研究聚烯烃材料的自增强。其实质是熔体在模具型腔冷却过程中，受到持续不断的剪切应力的作用，通过这种外加的剪切应力场改变聚合物分子链在制品中的存在状态，从而改变材料的力学性能。该装置示意图见图 7-37。

该装置主要由注塑机、双活塞动态保压装置和成型模具等三个基本部分组成。其成型过程为：注塑机将塑化好的聚合物熔体经流道板注射进入模腔，两个活塞 A和 B 以相同的频率呈反方向运动，推动熔体在模腔中反复流动，并且不断在模腔内表面冻结，使得可流动的熔体逐渐变少，直到最后整个模腔中的熔体完全冷却固化，形成多层取向的制品。

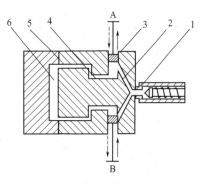

图 7-37　剪切控制取向注射
成型装置的示意图
1—喷嘴；2—浇口；3—活塞；4—流道；5—连接器；6—模腔

SCORIM 的主要特点如下。

① 经过剪切控制取向注射成型方法得到的材料的力学性能明显改善，主要表现在材料的刚度、模量、拉伸强度和冲击强度等有明显提高。

② 采用剪切控制取向注射成型技术，可以显著改善材料的取向能力，聚合物分子链主要沿着剪切应力的方向排列，而正是这种取向结构的增加导致材料性能的明显改善。

③ 结晶性聚合物的结晶性能明显增强，材料的结晶度有较大提高。同时在剪切作用下，材料很少形成完整的球晶结构。在不同的结晶性聚合物中都发现有串晶（shish-kebab）结构生成，这与普通注射成型获得的晶体结构存在明显差异。图 7-38 是普通注塑和剪切控制取向注塑试样的晶体形态比较，（a）为典型的球晶结构，（b）为串晶结构。

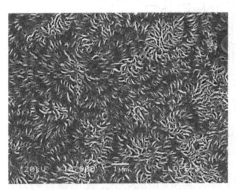

(a) 普通注射成型

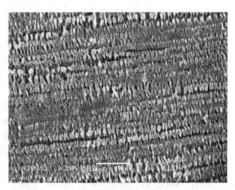

(b) 剪切控制取向注射成型

图 7-38　普通注射成型和剪切控制取向注射成型 PE 制品的结晶形态比较

通过控制活塞运动的频率、熔体温度等加工参数，可获得在流动方向上性能有较大改善的聚合物制品。该技术应用于厚壁制品的成型有突出的优点：解决了厚壁制品在普通注射成型条件下易出现的制品翘曲变形、内部缩孔以及存在熔接痕的问题，从而避免了材料性能的不连续性等缺点。

7.1.4.5　双色注射成型

随着人们生活水平和鉴赏能力的提高，对应用日益广泛的塑料制品不仅要求其使用性能，如物理-力学性能的提高，而且对其装饰性能，如外观、颜色等提出来越来越高的要求。通常，塑料制品的外观依赖于正确的制品设计和工艺条件的准确控制。而制品的颜色则用添加颜料和色母料来调配。要生产多种色彩或多种花纹的塑料制品，需要用共注射成型的方法。

共注射成型是用两个或两个以上注射单元的成型机，将不同颜色或不同品种的塑料，同时或先后注入模具内的成型方法。共注射成型方法最早是从生产夹层泡沫塑料制品开始发展起来的。用专门的共注射成型机可以制得双色塑料制品和双色花纹塑料制品。

用两个料筒或两个注射装置组成的双色注塑机，通过液压系统调整两个推料柱塞注射熔体进入模具的先后次序，可制得不同混色情况的双色塑料制品，其工艺过程为：首先第一个注射装置注射，冷却、定型、启模，把成型制件仍放于阳模上，移动至二次成型的位置。二次成型的阴模，拥有第一次成型物和新增的空间，闭模后注射入第二种颜色的熔融塑料，冷却定型、启模取得制品。按照注射装置的排列方式和模具移动方式不同，有以下几种双色注塑机。

两个注射装置平行排列，通过模具旋转180°完成两次注射的双色注塑机，如图7-39所示。其特点是设备结构紧凑、模具移动方向简单易调，应用较为广泛。

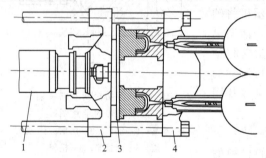

图7-39　平行注射、模具旋转180°的双色注塑机
1—锁模活塞；2—动盘；3—模具旋转板；4—定盘

两个注射装置相向排列的中心旋转阳模式双色注塑机如图7-40所示，其特点是有两套阴（阳）模和动（定）模，制品两次注塑量控制准确，两种颜色层次分明，但设备结构复杂，制造成本高。

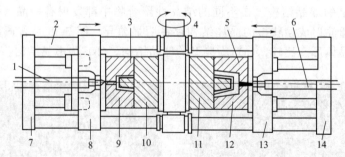

图7-40　中心旋转阳模式双色成型机
1——次料筒；2—油压锁模；3——次模具；4—反转装置；5—二次模具；6—二次料筒；
7——次定板；8——次动板；9——次动模（阴模）；10——次反转模（阳模）；11—二次
反转模（阳模）；12—二次动模（阴模）；13—二次动板；14—二次定板

把一次成型物附于脱模板上移动，然后进行二次成型的方法可在脱模板旋转180°的双色注塑机上完成，如图7-41所示。其特点是阳模和阴模两方面同时都可变动，特别适用于计算机键盘等制品上文字、数字以及型样具有不同颜色的双色成型。

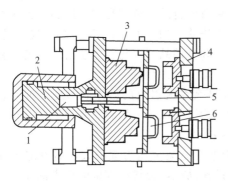

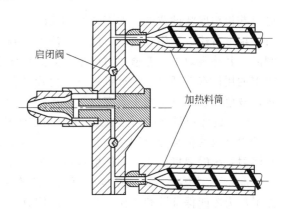

图 7-41　脱模板旋转 180°的双色成型机
1—旋转装置；2—锁模缸；3—阳模；4—定
板；5—脱模板；6—阴模

图 7-42　双色花纹注塑机结构图

　　将上述双色注塑机的注射装置增加，还可生产多色制品，但设备复杂，制造成本高而较少采用。

　　用双色花纹注塑机可以制得不同颜色和花纹的制品。典型的双色花纹注塑机的结构同双色注塑机很相似，如图 7-42 所示。注塑机也是由两个沿轴向平行设置的料筒和一个共同喷嘴组成，不同的是这种注塑机的喷嘴通路中装有启闭阀，可以方便地控制两种熔料进入型腔的先后次序和数量，以制取各种花纹的制品。例如，将装有不同颜色塑料的注射料筒交替注射和暂时中断，或通过同时注射均可制成美丽的条纹制品。

　　另一种双色花纹注塑机的结构如图 7-43（a）所示，该机由两个相向排列的注射单元和一外旋转喷嘴组成。注射时，两种熔料同时进入喷嘴的螺纹通道，通过旋转喷嘴以控制两种熔体进入型腔。由于喷嘴是连续转动的，所以得到的是从中心向四周辐射形式的不同颜色和花纹［图 7-43（b）］的制品。

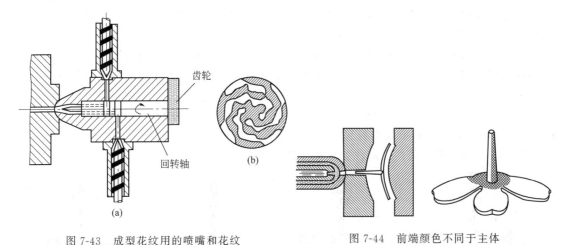

图 7-43　成型花纹用的喷嘴和花纹
（a）喷嘴；（b）花纹

图 7-44　前端颜色不同于主体
时成型用的喷嘴

　　利用双色花纹注塑机还可制得前端颜色不同于主体的花纹，其原理是，先行注射的第一种颜色的树脂接触到型腔后被冷却，流速减慢，二次注射的第二种颜色的树脂因料温高，流动性好而突破壁厚的中心部位，在型腔的前端处产生色的变化而形成有趣的花纹。在喷嘴内设置叶片，并在型腔浇口周围安装销子，以改变两种颜色的熔料通过浇口时的流动情况，就可以获得扩展状的花纹，如图 7-44 所示。

综上所述，采用双色注射成型方法可以制得分色或混色的双色制品和不同颜色、花纹的制品，其外观效果是普通注射成型和制品后修饰所无法获得的。因此，双色注射制品已越来越多的用作汽车部件、计算机键盘、化妆品盒、玩具和日用品等。与普通注射成型工艺相比较，双色注射成型工艺主要有以下特点。

① 双色注塑机由两套预塑和注射系统组成，从两套系统射出的熔体的温度、压力和数量的少许波动都会导致制品颜色、花纹的明显变化。为了保证同一批制品外观均匀一致，两套注射系统的温度、压力和注射量等工艺参数应严格控制。

② 双色注塑机的流道结构较复杂，流道长且有拐角，熔体压力损失大，需设定较高的注射压力才能保证顺利充模。为了使熔体具有较好的流动性，熔料温度也应适当提高。

③ 由于熔体温度高，在流道中停留时间较长，容易热分解。因此，用于双色注射成型的原料应是热稳定性好，黏度较低的热塑性塑料。常用的有聚烯烃、聚苯乙烯、ABS 等。

④ 双色注塑是有两种不同颜色的熔料在模内混合，制定工艺参数时应充分考虑双色塑料制品中的熔接痕和内应力。一般较高的料温、模温，以及高的注射速率有利于减免熔接痕和内应力。

7.1.4.6　夹芯注射成型

夹芯注射成型技术由英国的 ICI 公司于 20 世纪 70 年代首先提出，并取得了基础理论、成型设备和产品制造等几方面的进展。

夹芯注射成型摒弃了传统层压及多次注射成型工艺要求的烦琐步骤，具有其它成型方法不可比拟的优点：可将废旧塑料作为芯层材料，将新料作为壳层材料，解决了废旧塑料的回收利用问题，实现了可持续发展；其次，可将具有高强度、耐热、耐磨、软接触等特殊表面性能的工程塑料作为壳层材料，用通用塑料作为芯层，获得高表面性能的低成本注塑制品。

通常，夹芯注射成型可分为单流道成型和双流道成型。

（1）单流道成型　单流道成型所用注塑机一般由两个注射单元组成，其工艺过程包括以下几个阶段。

① 注射壳层材料局部填充模腔。该阶段中，壳层材料注射量取决于壳层与芯层的比例，而该比例由制品的工艺及性能要求所决定。

② 注射芯层材料。当壳层材料注射量达到要求后，转换熔体流动切换阀门，开始注入芯层材料，芯层材料进入预先注入的壳层材料中心，迫使壳层材料进入模腔的剩余部分。由于壳层材料的外层已固化，芯层熔体不能渗透，从而将芯层物料包覆起来，形成壳/芯夹芯结构。

③ 再次注入壳层材料。完成上一阶段后，将转换阀门回到起始位置，继续注射壳层材料，将流道中的芯层材料推入模腔起到封闭作用。

图 7-45 给出了单流道的夹芯注射成型工艺过程。

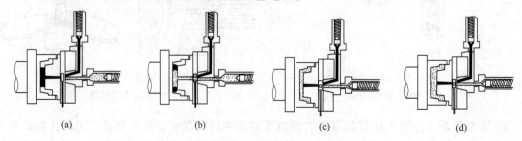

| (a) | (b) | (c) | (d) |

图 7-45　单流道的夹芯注射成型工艺过程

（a）壳层材料注射；（b）芯层材料注射；

（c）壳层材料再次注射封闭浇口；（d）开模取出制品

利用这种成型技术，可通过调节注射工艺参数而获得不同厚度的壳层，制品生产的灵活高。但该技术在转换阀门切换过程中，模腔内压力下降，壳层熔体料流前缘出现短暂的滞流现象，导致制品出现暗纹等缺陷。

（2）双流道成型　双流道成型技术是由Battenfeld 等提出的，该技术一般将两个独立的注射单元通过一个特殊的喷嘴相连接，Battenfeld 采用的是一种特殊的环形浇口（见图7-46），壳层熔体和芯层熔体分别通过外围环形喷嘴与中心喷嘴注入模腔。该技术的工艺过程是：先将壳层材料局部填充模腔；同时注入壳层和芯层材料；最后切断芯层与壳层熔体料流，利用壳层熔体封闭型腔。

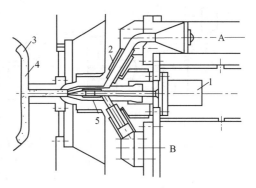

图 7-46　双流道的夹芯注射成型
装置结构示意图
1—控制物料注入顺序的液压缸；2—塑料 A 流道；
3—壳层塑料 A；4—芯层塑料 B；5—塑料 B 流道

双流道成型技术具有较高的灵活性，它可在充模过程中独立控制壳层和芯层熔体的注射速度，以此避免壳层熔体料流前缘出现短暂的滞流现象，杜绝单流道技术出现的表面暗纹等缺陷。该技术的主要缺点是壳、芯层物料分布不均匀，在近浇口区域，由于熔体流动所产生的摩擦热致使壳层物料再次熔融而被带动向前运动，以致壳层厚度在该区域往往过薄；而在远浇口区域，壳层厚度又明显增厚。

7.1.4.7　发泡注射成型

（1）结构发泡注射成型　结构发泡制品是一种具有致密表皮层和内部微细孔洞的芯层的连体发泡材料，其单位密度强度和刚度比同种未发泡的材料高 3～4 倍。广泛应用于建筑、家具、家用电器等领域。

结构发泡注射成型适于成型壁厚大于 5mm，具有较大质量和尺寸的塑料制品。制品抗弯曲性能好，且内应力较小。

结构发泡注射成型的方法可归纳为两大类：单组分结构发泡注射成型和双组分结构发泡注射成型。单组分结构发泡制品为结皮泡沫材料，它由一种塑料构成，表面为致密的皮层，芯层为泡沫。而双组分结构发泡制品为夹芯结构泡沫，它由两种不同的塑料分别构成表层和芯层。

① 单组分结构发泡注射成型　该方法又可分为：低压单组分结构发泡注射成型和高压单组分结构发泡注射成型。

a. 低压单组分结构发泡注射成型　该成型方法通常将含有发泡剂的塑料加入到注塑机中进行塑化，在高温作用下发泡剂分散放出的气体渗入塑料熔体中，熔体和气体的混合物在较高的注射速度下注入模具型腔，熔体注入量一般为模腔体积的 60%～70%，然后依赖发泡压力使熔体充满整个模腔。由于液压控制的喷嘴的封闭作用和背压作用，使料筒内熔体压力高于发泡剂气体的发泡压力，从而阻止了塑料熔体在注入模腔前提前发泡。低压单组分结构发泡注射成型的工作原理如图 7-47 所示。这种成型方法模腔压力低，所需锁模力较小，制品表面较粗糙。低压单组分结构发泡注射成型常用原料有 PS、PE、PP、PPO、PC、PA 和 PU。发泡剂多用化学发泡剂，如偶氮二甲酰胺（AC）。

b. 高压单组分结构发泡注射成型　该方法是在高压下，将混有发泡剂的塑料熔体注满型腔，由于模腔压力高，不能发泡。待制品表面稍微冷却后，将动模板向后移动一定距离，模内物料因模腔体积扩大，模腔压力下降而产生发泡，故又称二次开模发泡成型。高压单组

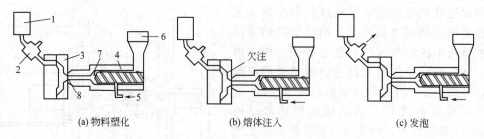

图 7-47　低压单组分结构发泡注射成型的工作原理

1—蓄能器；2—气体阀门；3—模具；4—注塑机；5—进气孔；
6—料斗；7—塑料熔体；8—阀式喷嘴

分结构发泡注射成型的工作原理如图 7-48 所示。该方法最明显的特点是，制品的发泡倍率可通过调整动模板后退距离而改变，且其致密表层的厚度可通过冷却时间进行调节。

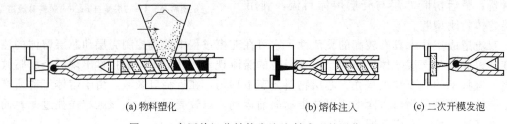

图 7-48　高压单组分结构发泡注射成型的工作原理

高压单组分结构发泡注射成型的注塑机设有二次合模保压装置，模腔压力较低压法高。所得制品表面平整，泡孔尺寸均匀，发泡倍率高，密度小。

② 双组分结构发泡注射成型　双组分结构发泡注射成型制品由致密的皮层和多孔的夹芯层所构成，皮层和芯层可用同种或不同种塑料，芯层物料含发泡剂，而皮层物料不含发泡剂。皮层和芯层的材料可根据外观和性能要求以及经济性来选择，具有很高的灵活性。双组分结构发泡注射成型常用的原料有 PE、PP、PS 及其共聚物、PMMA、EVA、PVC、PC 等

双组分结构发泡注塑机有两套塑化和注射装置，并且这两套装置用一个特殊结构的闭锁式喷嘴连接，这种喷嘴采用了同心多层流道，可保证两种材料经过喷嘴时能完全分开，使得注射时可连续地从第一种塑料转换为第二种塑料。注射时首先将不含发泡剂的表层材料经浇口注入模具，随后由同一浇口注入含有发泡剂的芯层材料，并将皮层材料充分压实，使模腔充满，最后注入少量不含发泡剂的皮层材料使浇口封闭。由此可见，这种成型方法与夹芯注射成型十分相似。

（2）微孔发泡注射成型　微孔发泡注射成型是采用超临界的惰性气体（CO_2、N_2）作为物理发泡剂进行发泡成型的技术。微孔泡沫塑料注射成型可生产壁厚为 0.5mm 的薄壁大型制品及尺寸精度要求高的、形状复杂的小部件。微孔泡沫塑料注射成型工艺过程主要包括以下四个基本阶段。

① 塑化阶段　从料斗加入的树脂在料筒内熔融塑化。

② 超临界气体的注入、混合和扩散阶段　将惰性气体的超临界流体通过安装在料筒上的注射器注入到聚合物熔体中，与熔体均匀混合，形成均相聚合物/气体体系。

③ 注射阶段　将塑料熔体注入模腔，随着模腔内压力的降低，气体从熔体中析出而形成大量均匀气核。

④ 发泡、定型阶段　气泡在精确的温度和压力控制下生长、稳定。当气泡长大到一定尺寸时，冷却定型。

该技术制备的微孔泡沫材料的微孔尺寸均匀，孔径在 $1\sim10\mu m$，这种微孔结构赋予了比传统方法制备的制品更高的机械性能和更低的密度。在不损失力学性能的情况下，质量可降低 $10\%\sim30\%$，而且可减少制品的翘曲、收缩和内应力。PP、PS、PBT、PA 及 PEEK 等材料均适用于微孔发泡注射成型。

微孔发泡注射成型与常规注射成型方法相比，具有以下一些显著的优点。

① 塑料熔体的流动性提高　与超临界气体混合后，塑料熔体的表观黏度降低，流动性明显改善。由于流动性的改善，注射压力和锁模力减小，同时成型温度也可适当降低。

② 成型周期缩短　通常，微孔泡沫塑料注射成型没有保压阶段，而且超临界气体的相态转变会起到冷却的作用，因而成型周期较常规方法可减少 $20\%\sim50\%$。

③ 制品无缩孔、凹痕和翘曲。

④ 适用于薄壁制品　由于发泡过程产生的泡孔尺寸小，故可生产常规发泡成型难以生产的薄壁制品。

⑤ 通常为闭孔结构，可用于阻隔性包装。

⑥ 环保　发泡过程采用惰性气体，不采用其它化学试剂，不对环境造成污染。

7.1.4.8　注射-压缩成型

注射-压缩成型又称二次合模注射成型，简称注压成型。该技术能增加注射制品的流动长度与壁厚的比例，成型过程的锁模力和注射压力均较低，制品内应力小。其成型过程为：模具第一次合模，但动模和定模不完全闭合而保留一定的压缩间隙；然后将塑料熔体注入型腔；熔体注射完成后，进行二次合模，模具完全闭合，型腔中的熔体再一次流动并充分压实，其原理见图 7-49。

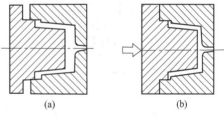

图 7-49　注射-压缩成型原理示意图
（a）注射；（b）压缩

与常规注射成型方法相比，注射-压缩成型的特点有：

① 熔体注射是在模腔未完全闭合条件下完成的，流动阻力小，因此注射过程的压力较低；

② 熔体收缩是通过外部压力使模腔尺寸变小来补偿的，因而型腔内熔体压力分布均匀；

③ 模具型腔空间可以根据不同的制品外观和性能要求来自动调整，使用灵活。

由此可见，注射-压缩成型可减少或消除由充模和保压产生的分子取向和内应力，提高制品材质的均匀性和制品的尺寸稳定性，同时降低塑料件的残余应力。注射-压缩成型适用于各种热塑性塑料制品，如大尺寸的曲面零件、薄壁、微型化零件、光学镜片，以及要求具有良好抗冲击性能的产品。注射-压缩成型方法特别适合制造光学镜片，这是因为成型过程的较低的注射压力以及没有保压过程，使得制品取向度低、内应力小，且显著地降低了各向异性，防止了镜片的光学失真。此外，注射-压缩成型在玻璃纤维增强塑料成型中的应用也发展迅速。

7.1.4.9　熔芯注射成型

当注射成型结构上难以脱模的制品，如汽车输油管和进排气管等形状复杂的中空制件时，一般是将制件分为两部分来分别成型，然后组成获得需要的产品，但这种方法导致该类产品的密封性下降。随着这类产品的规模日益发展，人们开始将类似失蜡铸造的熔芯成型工艺应用到注射成型中，形成了熔芯注射成型方法。

熔芯注射成型特别适用于形状复杂、中空和不宜机械加工的复杂制件。与吹塑和气体辅助注射成型相比，这种成型方法虽然需要增加铸造可熔型芯的模具和设备以及熔化型芯的设备，增加了成型周期，但该技术可充分利用现有注塑机，且成型的灵活性较大。

熔芯注射成型的基本原理是：先用低熔点合金铸造可熔型芯，然后把可熔型芯作为嵌件放入模具中进行注射成型，冷却后将带有型芯的制件从模腔中取出，再加热将型芯熔化。该技术的关键问题是型芯材料的选择，传统材料很难用作塑料加工中的型芯，首先是其强度不够，难以在成型温度和压力作用下保持原有形状，更主要的是这些材料的精度不适用于塑料制品的制造。目前常用熔芯材料主要是 Sn-Bi 和 Sn-Pb 等低熔点合金。熔芯注射成型的工艺过程可参见图 7-50。

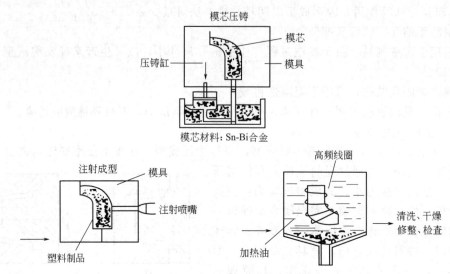

图 7-50　熔芯注射成型的工艺过程

熔芯注射成型已发展成一种重要的注射成型方法，伴随汽车等领域对塑料复杂制件的需求，这种成型方法发展迅速。主要应用有：车用管道、汽车水泵、离心热水泵、航天器油泵等。

7.1.4.10　精密注射成型

精密注射成型是成型尺寸和形状精度很高、表面粗糙度很低的一种塑料制品的成型方法。该方法的尺寸精度可达到 0.01mm 以下，通常在 $0.001 \sim 0.01$mm 之间。随着高分子材料和微电子技术的发展，电子电路高度集成化，使得工业设备零件逐渐向高性能化、高精度化、轻量化、小型化和微型化发展。因而，精密塑料制件符合高精度要求，同时具有良好的机械、力学性能以及尺寸稳定性高等优点，在机械、电子、仪器、通信、汽车和航空航天零部件等领域取代了部分高精度的金属零件而得到广泛应用。

精密注射成型由于制件的尺寸精度高、公差范围小、制品重复性高等因素，对原料、模具和注塑机都提出了特殊的要求。塑料的收缩特性是塑料的重要物理性能，其对塑料制品尺寸稳定性和和精度起到了重要的作用。塑料的收缩特性是塑料的热收缩、弹性回复、塑性变形、后收缩和老化收缩的综合表现。精密注射成型对成型原料的收缩特性有较高要求，采用尺寸稳定性高的塑料。精密注射成型通过精密注塑机完成，精密注塑机的结构特点主要有：结构刚性高，有足够的合模力；计量装置精密要求高，并且要求重复性好；塑化部件的塑化能力强、均匀程度高、注射速率高、螺杆的驱动扭矩大并能无级调速；螺杆和料筒的耐磨性好。精密注射成型所使用的模具要选择机械强度高的合金钢，要求其硬度高、耐磨性好、抗腐蚀能力强；另外要求模具设计时充分保证模具的刚性，避免模具零件在高压下变形，以获得良好的可重复性。

精密注射成型工艺主要采用多级注塑，并精确控制模具温度。多级注塑是指在一个注射过程中，螺杆向模具注入熔体时，要求实现在不同位置上的注射速率和注射压力控制。多级注塑控制程序可以根据流道的结构、浇口形式及注塑件结构的不同，来合理设定多段注射压力、注射速率、保压压力和熔胶方式，有利于提高塑化效果，提高产品质量，降低不合格率及延长模具设备的使用寿命。精密注射成型工艺的选择主要注意两个方面：一为注射压力，为降低制品成型收缩率，精密注射成型的压力通常较高，一般为 220～250MPa，最高可达400MPa；二为注射速率，由于精密注塑制件的形状复杂，流道及型腔的尺寸较小，流动阻力较大，因而需要更高的注射速率以成型复杂制品和提高制品的尺寸稳定性。

综上，精密注射成型有着显著的优点，其应用也日渐广泛。精密注射成型适用的材料主要有 PPS、PPA、LCP、PC、PA、POM 等。

7.2　压制成型

7.2.1　概述

压制成型又称为模压成型或压缩模塑。根据材料的性状和加工工艺的特征，可分为压制成型和层压成型。这种成型方法是将粉状、粒状或纤维状等塑料放入成型温度下的模具型腔中，再闭模加压使其成型固化的作业方法。压制成型主要用于热固性塑料，也可用于热塑性塑料。压制热固性塑料时，树脂在模内发生交联反应而固化，获得模具赋予的形状。热塑性塑料的压制，与热固性塑料基本相同，但没有交联反应，故在熔体充满型腔后，须将塑模冷却使其冷却固化才能脱模成为制品。对热塑性塑料，在成型时，模具必须交替地进行加热和冷却，故成型周期长，生产效率低，易损坏模具，仅用于成型聚四氟乙烯或有长纤维、片状纤维的增强塑料等流动性很差的热塑性塑料，或在塑料制品极大时或进行实验研究时才采用。本节重点讨论热固性塑料压制成型。

完整的压制成型工艺是由物料的准备和压制两个过程组成的，其中物料的准备又分为预压和预热。预压只用于热固性塑料，而预热可用于热固性塑料和热塑性塑料。压制热固性塑料时，预压和预热两个部分均可使用，也可仅进行预热。仅进行预压而不进行预热是很少见的。预压和预热不但可以提高压制效率，而且对制品的质量也起到积极的作用。如果制品不大，质量要求又不很高，物料的准备过程也可免去。

压制成型的主要优点是可压制较大平面的制品和利用多槽模进行大量生产，其缺点是生产周期长、效率低，不能压制要求尺寸准确性较高的制品。

常用于压制成型的热固性塑料有酚醛塑料、氨基塑料、不饱和聚酯塑料、聚酰亚胺塑料等，其中以酚醛塑料、氨基塑料最广泛。典型的压制成型制件有仪表壳、电闸板、电器开关、插座等。

7.2.2　压制成型原理与过程

7.2.2.1　压制成型原理

压制成型的原理如图 7-51 所示，是将松散状（粉状、粒状或纤维状等）或预压锭的塑料放入成型温度（一般为 130～180℃）下的模具型腔中，如图 7-51（a）所示，然后以一定的速度合模，接着加热加压，使塑料在热和压力作用下逐渐变成黏流态，在压力作用下使物

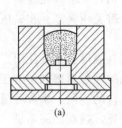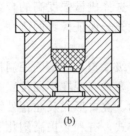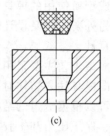

(a)　　　　　　　　　(b)　　　　　　　　　(c)

图 7-51　压制成型原理示意图

料充满型腔，如图 7-51(b) 所示。塑料中的高分子与固化剂作用发生交联反应，逐步转变为具有一定形状的不熔的硬化塑件，最后经保压一段时间使制品完全定型并达到最佳性能时，开模，脱模并取出制件，如图 7-51(c) 所示。

图 7-52 给出了以恒定速度闭模时，压制成型周期中各个阶段所需的活塞压力。在第一阶段，即 $t \leqslant t_f$ 时，活塞压力随物料受压受热而迅速增大。从 t_f 开始，聚合物处于熔体状态，受压发生流动充满整个型腔。充模过程在 t_c 时刻完成，物料继续受压并补充由于聚合反应引起的体积收缩。t_c 后即开始物料的交联反应过程。

原则上，一旦获得 t_f 前任一时刻物料的温度场，即可求出活塞压力。此时，物料可认为是可在模具表面滑动的固体，且压缩模具有温度依赖性。在 $t < t_f$ 的任一时刻，物料中的各层将发生一定量的变形，这样物料中厚度为 Δz 的各层所受的压力是相同的且任一时刻各层压缩变形之和等于活塞施加在物料上的变形（图 7-53）。也可通过假定物料是具有温度依赖性黏度的黏性液体，且受到整体的恒定速率的压缩流动来估计所施加的压力。这样，这一问题即可求解。可以使用平均温度，或认为每层均以同一速率进行流动，这样，每层上的压力就与 z 无关，且所有压缩速率之和等于活塞所施压的压缩速率。

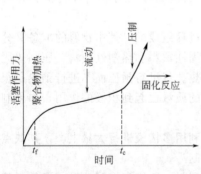

图 7-52　压制成型过程中以恒定速度移动
活塞时所施加的活塞作用力示意图

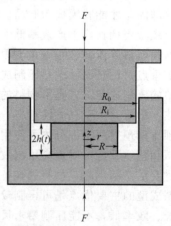

图 7-53　用于模拟压缩模塑过程的
杯形型腔的尺寸和坐标图

压力梯度可由下式获得：

$$P = P_a + \frac{m(2+s)}{2^n(n+1)} \frac{(-\dot{h})R^{n+1}}{h^{2n+1}} \left[1 - \left(\frac{r}{R}\right)^{n+1} \right] \tag{7-12}$$

式中，$m = 1/n$；$\dot{h}$ 为活塞所施压的压缩速率。活塞压力 F_N 为：

$$F_N = \frac{\pi m(2+s)^n}{2^n(n+3)} \frac{(-\dot{h})^n R^{3+n}}{h^{2n+1}} \tag{7-13}$$

当物料半径达到 R_0 时，流体被迫在环形空间 $R_0 - R_t$ 中进行流动。只要发生环形流动，就有一额外的力作用在活塞上。$r = R_i$ 处的压力不等于大气压，而是用于支持环形流动的压力。对于较小的环形，即 $\Delta R \ll \overline{R}$ 时，环形流动可认为是压力流动而不是压力和拖曳作用共同作用下的流动。

对于不可压缩幂率流体的非环形压力流动，Q 和 ΔP 的关系为：

$$Q = \frac{\pi R_0^3}{s+2} \left(\frac{R_0 \Delta P}{2ml} \right)^s (1-k)^{s+2} \tag{7-14}$$

7.2.2.2　压制成型工艺过程

压制成型工艺过程如图 7-54 所示，可分为三个阶段。

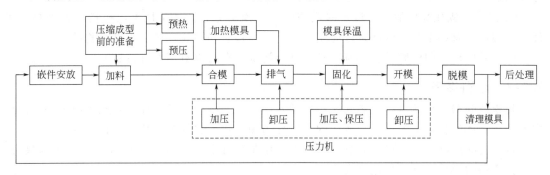

图 7-54　压制成型工艺过程

（1）成型前的准备　由于热固性塑料的比容较大，容易吸湿，存储时易受潮，通常应预先对塑料进行预热处理，以使成型过程顺利进行，保证塑件的质量和产量。有时还要对塑件进行预压处理。

预热是在成型前，对热固性塑料加热，除去其中的水分和其它挥发物，同时提高料温，以便缩短压缩成型周期。生产中常用电热烘箱进行预热。

预压是在室温下将松散的热固性塑料用预压模在压机上压成重量一定、形状一致的型坯，型坯的形状以能十分紧凑地放入模具中预热为宜，多为圆片状，也有用长条状等。

（2）压制成型　热固性塑料压制成型过程可分为加料、合模、排气、固化和脱模等几个阶段，在成型带有嵌件的塑料制件时，加料前应预热嵌件并将其安放定位于模内。此外，模具装上压机后要进行预热。

① 嵌件的安放　嵌件是指在制品中与制品一起进行压制的金属零件。嵌件的安放要求位置正确、平稳，以免造成废品或模具损伤。常用手将嵌件安放在模具的固定位置，特殊情况用专门工具安放嵌件。压制成型时为防止嵌件周围的塑料出现裂纹，常用浸胶布做垫圈。

② 加料　按需要往模具加料室内加入已预热和定量的物料。对粉料或粒料塑料，可用勺加料；当型腔数低于 6 个而加入的又是预压物时，可用手加料；型腔数多于 6 个时应采用专用加料工具。加料定量的方法有重量法、容积法和计数法三种。重量法准确，但操作麻烦；容积法不及重量法准确，但操作方便；计数法只用于加预压物。

③ 合模　加料完成后便合模。在凸模尚未接触物料之前，合模要快速，以便缩短塑模周期和避免物料过早固化和过多降解；当凸模触及塑料后改为慢速，以避免模具中的嵌件、成型杆或型腔遭到破坏，同时放慢速度还可以使模具内的气体充分排除；待模具闭合即可增大压力（通常为 15～35MPa）对原料进行加热加压。合模所需的时间由几秒至几十秒不等。

④ 排气　压制热固性塑料时，常有水和低分子放出，在模腔内的反应进行到一定时间后，可减压松模，用很短的一段时间来排气。排气有利于提高塑件性能和表面质量，还可缩

短固化时间。通常根据工艺需要确定排气的次数和时间，排气的次数一般为 1～2 次，每次时间通常由几秒至几十秒。

⑤ 固化 在压制成型温度下保持一段时间，以待热固性塑料的性能达到最佳状态，这称为固化。在固化阶段，塑料发生物理、化学变化，交联成立体网状分子结构，硬化定型。压制成型固化速率不高的塑料时，有时不必将整个固化放在塑模内完成，而只要塑件能够完整地脱模即可结束固化，而用后烘的方法来完成塑件的最后固化，以缩短固化时间，提高生产率。模内固化时间取决于塑料种类、塑件厚度、物料形状以及预热与成型温度等，通常由实验确定，从 30s 至数分钟不等，过长或过短对塑件的性能都不利。酚醛压制塑件的后烘温度范围通常为 90～150℃，时间视塑件的厚薄由几小时至几十小时不等。

⑥ 脱模 固化完毕后，应进行脱模使塑件与模具分开。通常用推出机构将塑件推出模外，当塑件带有侧型芯或嵌件时，应先用专门工具将它们拧脱，然后再进行脱模。

（3）后处理 塑件脱模后，应对模具进行清洗，有时也对塑件进行后处理。

7.2.3 原料准备

将松散的粉状或纤维状的热固性塑料预先用冷压法（即模具不加热）压成质量一定形样规整的密实体的作业称为预压。所压的物体称为预压物，也称为压片、锭料或形坯。

预压物的形状并无严格的限制，一般以能用整数而又能十分紧凑地放入模具中为最好。常用预压物的形状及其优缺点见表 7-1。

表 7-1 预压物的形状及其优缺点

预压物的形状	优 缺 点	应用情况
圆片	压模简单，易于操作，运转中破损较少，可以用各种预热方法预热	广泛采用
圆角或腰鼓形的长条	适用于质量较重的预压物，顺序排列时可获得较为紧密的堆积，便于用高频电流预热。如果对其长、宽、高取得恰当，则在压制时可以使型腔受压均匀，缺点时运转中磨损较大	较少采用
扁球	运转中磨损较少，压制时装料容易。缺点时成堆的扁球体很难作规整的排列，以致表观密度不够，不宜使用高频电热预热	较少采用
与制品形状相仿	便于采用流动性较低的压塑粉，制品的溢料痕不十分明显，模压时可以使型腔受压均匀。缺点是制品表面易染上机械杂质（运转中外界带入），有时不能符合高频电流预热的要求	只用于较大的制品
空心体和双合体（由两瓣合成的空心体）	压制时可以保障型腔受压均匀，不致使嵌件移位或歪曲，不易使嵌件周围的塑料出现熔接不紧的痕迹，缺点是制品表面易染上机械杂质（运转中外界带入），有时不能符合高频电流预热的要求	适用于带有精细嵌件的制品

压制成型时，用预压物比用松散的压塑粉具有以下优点：加料快，准确简单，可避免加料过多或不足时造成的废次品；降低塑料的压缩率（例如可将一般工业用酚醛塑料粉的压缩率由 2.8～3.0 降低导 1.25～1.4），从而可减小模具的装料室，简化模具结构；避免压塑粉的飞扬，改善了劳动条件；预压物中的空气含量少，使传热加快，缩短预热和固化时间，并能避免制品出现较多的气泡，利于提高制品的质量；便于运转；改进预热规程。预压物的预热温度可以比压塑粉高，因为粉料在高温下加热会出现表面烧焦，如一般酚醛塑料只能在 100～120℃下预热，而其预压物则可在 170～190℃下预热，预热温度越高，预热时间和固化时间就越短；便于模压较大或带有精细嵌件的制品，这是利用与制品形状相仿的预压物或空心预压物的结果。

虽然采用预压物有以上的优点，但也有局限性。一是需要增加相应的设备和人力，如不能从预压后生产率的提高上取得补偿，则制品成本就会提高。二是松散度特大的长纤维状塑料预压困难，需用大型复杂的设备。三是模压结构复杂或混色斑纹制品不如用粉料的好。

7.2.3.1 压塑粉的性能对预压的影响

压塑粉的预压性依赖于其水分、颗粒均匀度、倾倒性、压缩率、润滑剂含量以及预压的温度和压力。

如果压塑粉中水分含量很少，对预压不利。但含量过大时，则对压制成型又不利，甚至导致制品质量的劣化。

预压时，压塑粉的颗粒最好是大小相间的。压塑粉中如果出现过多的大颗粒，则预压物就会含有很多空隙，强度不高；细小颗粒过多时，又容易使加料装置发生阻塞和将空气封入预压物中。再则，细粉还容易在预压所用的阴阳模之间造成销塞。

倾倒性是以 120g 压塑粉通过标准漏斗（圆锥角为 60°，管径为 10mm）的时间来表示的。该性能可保证依靠重力流动将料斗中压塑粉准确地送到预压模中。用作预压的压塑粉，其倾倒性应为 25～30s。

要将压缩率很大的压塑粉进行预压很困难，但压缩率太小又失去预压的意义。压塑粉的压缩率一般应在 3.0 左右。

润滑剂的存在对预压物的脱模有利，还可使预压物外形完美，但润滑剂含量不能太多，否则会降低制品的力学强度。

预压在不加热的情况下进行，但当压塑粉在室温下不易预压时，也可将温度提高到50～90℃。在这种温度下制成的预压物，其表面常有一层熔结的塑料，因而较为坚硬，但流动性却有所降低。

预压时所施加的压力应以能使预压物的密度达到制品最大密度的 80% 为原则，这种密度的预压物可以预热得很好，且具有足够的强度，施加压力的范围为 40～200MPa，其大小随压塑粉的性质以及预压物的形状和尺寸而定。

7.2.3.2 预压的设备和操作

预压的主要设备是压模和预压机。压模共分上阳模、下阳模和阴模三个部分，其原理如图 7-55 所示。由于多数塑料的摩擦系数都很大，因此压模最好用含铬较高的工具钢来制造。上、下阳模与阴模之间应留有一定的余隙，开设余隙不仅可以排除余气使预压物紧密结实，还可使阴阳模容易分开和少受磨损。阴模的边壁应开设一定的锥度，否则阴模中段会因常受塑料的磨损而成为桶形，从而使预压成为不可能。斜度大约为 0.001cm/cm。压模与塑料接触的表面应很光滑，以利于脱模而提高预压物的质量和产量。

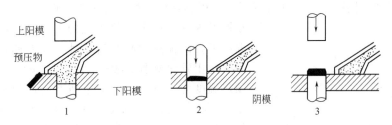

图 7-55 预压机压片原理示意图

预压用的预压机类型很多，应用最广的是偏心式和旋转式两种。也有采用生产效率比偏心式压片机高，而压片重量比旋转式压片机更精确的液压式压片机。

偏心式压机的吨位一般为 100～600kN，按预压物的大小和塑料种类的不同，每分钟可压 8～60 次，每次所压预压物的个数为 1～6 个。这种预压机宜于压制尺寸较大的预压物，但生产效率不高。

旋转式预压机每分钟所制预压物的数目为 250～1200 个。常用旋转式预压机的吨位为 25～35kN。其生产率虽然很高，但只适于压制较小的预压物。

液压式压片机织构简单紧凑，压力大，计量较准确，操作方便。特别适用于松散性较大的塑料的预压。此外操作时无空载运行，生产效率高，较为经济。

由于预压机操作时会引起粉尘飞扬，所以通常都将这些设备集中在一起，以免波及其它作业。同时也正是由于灰尘较重，预压机上不免会聚集不少灰尘。如果灰尘聚集在预压机的活动部分，则可能带来较大的磨损。故在操作前必须仔细检查各个活动部分，并添足润滑油。开动机器时，先将压力调低，各部分调节妥当后，便可在操作中逐渐增加压力，直至达到规定的数值。此后的工作就是保证供料和抽查预压物的密度。密度偏小时预压物不合规格，而偏大时则会使机器压力负荷过大，从而影响压模寿命，甚至机器也会损坏。

7.2.3.3 预热

为了提高制品质量和便于压制的进行，有时必须在压制前将塑料进行加热。如果加热的目的只在去除水分和其它挥发物，则这种加热称为干燥。如果目的是提供热量以便于压制，则应称为预热。在很多情况下，加热的目的常是两种兼有的。

热塑性塑料成型前的加热主要处起到干燥的作用，其温度应以不使塑料熔成团状或饼状为原则。同时还应考虑塑料在加热过程中是否会发中降解和氧化。如有，则应改在较低温度和真空下进行。

表 7-2 预热对某种酚醛塑料物理力学性能的影响（以未预热的指标作为 100 计）

模压温度	预热情况	冲击强度	弯曲强度	马丁耐热	布氏硬度	吸水性(24h)
175℃	未预热	100	100	100	100	100
175℃	175℃下预热	111	109.4	110	125	74

热固性塑料在模压前的加热通常都兼具预热和干燥的双重意义，但主要是预热。采用预热的热固性塑料进行模压有以下优点：缩短闭模时间和加快固化速率，缩短模塑周期；增进制品固化的均匀性，从而提高制品的物理力学性能，如表 7-2 所示；提高塑料的流动性，从而降低塑模损耗和制品的废品率，同时还可减小制品的收缩率和内应力，提高制品的因次稳定性和表面光洁程度；可以用较低的压力进行压制。例如未经预热的酚醛塑料通常须在 (30±5)MPa 压力下模压，预热后则可降至 15～20MPa，由于模压压力的降低，因而可用较小吨位的压机压制较大的制品，或在固定吨位的压机上增加模槽的数目。

不同类型和不同牌号的塑料有着不同的预热规程，最好的预热规程通常都是获得最大流动性的规程。确定预热规程的方法是，在既定的预热温度下找出预热时间与流动性的关系曲线，然后根据曲线定出预热规程。图 7-56 为某一酚醛塑料预压物在预热温度为 (180±10)℃下所测得的流动曲线，可见在 0～4min 之间，曲线一直上升，表示流动性继续增加；4～8min 期间，曲线变化不大，表示水分与挥发物的逐除过程；8min 以后，曲线急剧下降，表示塑料中树脂的化学反应加深，从而使其黏度增大，流动性降低。达到最大流动性的时间为 5～7min。所以预热这种塑料的规程可定为 (180±10)℃和 5～7min。常用热固性塑料的预热温度范围列于表 7-3 中。

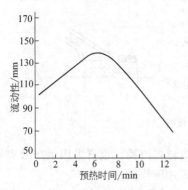

图 7-56 流动性与预热时间的关系
（拉西格法测定的流动性）

表 7-3　常用热固性塑料的预热温度范围

塑 料 类 型	预热温度范围
酚醛塑料	分低温和高温两种,低温为 80~120℃,高温为 160~200℃
脲甲醛塑料	最高不超过 85℃
脲-三聚氰胺甲醛塑料	80~100℃
三聚氰胺甲醛塑料	105~120℃
聚酯塑料	只有增强塑料才预热,预热温度为 55~60℃

预热和干燥的方法常用的有：热板加热、烘箱加热、红外线加热、高频电热等。

7.2.4　成型设备

压制成型用的主要设备是压机和塑模。

7.2.4.1　压机

压机的作用在于通过塑模对塑料施加压力，开闭模具，顶出制品。压制成型所用压机的种类很多，有机械式和液压式。但使用最多的是液压机，且多数是油压机。液压机按其结构的不同主要可分为以下两种。

上动式液压机如图 7-57 所示。压机的工作油缸处于压机的上部，其中的主压柱塞是与上压板直接或间接相连的。上压板凭主压柱塞受液压的下推而下行，上行则靠液压的差动。下压板是固定的。模具的阳模和阴模分别固定在上下压板上，依靠上压板的升降即能完成模具的启闭和对塑料施加压力等基本操作。制品的脱模是由设在机座内的顶出柱塞担任的，否则阴阳模不能固定在压板上，以便在压制后将模具移出，由人工脱模。

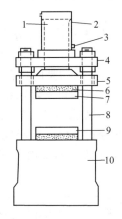

图 7-57　上动式液压机图

1—柱塞；2—压筒；3—液压管线；4—固定垫板；
5—活动垫板；6—绝热层；7—上压板；
8—拉杆；9—下压板；10—机座

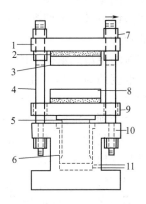

图 7-58　下动式液压机

1—固定垫板；2—绝热层；3—上模板；4—拉杆；
5—柱塞；6—压筒；7—行程调节套；8—下模
板；9—活动垫板；10—机座；11—液压管线

下动式液压机如图 7-58 所示。压机的工作油缸处于压机的下部，柱塞由下往上压。制品在这种压机上的脱模一般都靠安装在活动板上的机械装置来完成。

7.2.4.2　塑模

压制成型所用的塑模，按其结构特征，一般分为溢式、不溢式和半溢式三类。其中以半溢式用得最多。

溢式塑模如图 7-59 所示，主要结构是阴阳模两个部分。阴阳模的准确闭合由导合钉保证。脱模推顶杆是在压制完毕后使制品脱模的一种装置。导合钉和推顶杆在小型塑模中不一

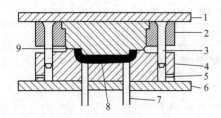

图 7-59　溢式塑模示意图

1—上模板；2—组合式阳模；3—导合钉；
4—阴模；5—气口；6—下模板；7—推
顶杆；8—制品；9—溢料缝

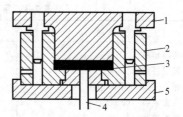

图 7-60　不溢式塑模示意图

1—阳模；2—阴模；3—制品；
4—脱模杆；5—定位下模板

定设置。溢式塑模的制造成本低廉，操作比较容易，对压制扁平或近于碟状的制品较为合适，但因阴模较浅，不宜压制收缩率大的塑料。压制时每次用料量不求十分准确，但必须稍有过量。多余的物料在阴阳模闭合时，即会从溢料缝溢出。积留在溢料缝而与内部塑料仍有连接，脱模后附在制品上成为毛边，成型后必须除去。为避免溢料过多而造成浪费，过量的物料应以不超过制品重量的 5% 为限。由于有溢料的关系以及每次用料量的可能差别，成批生产时，制品的厚度和强度难于一致。这种模具多用于小型制品的压制。

不溢式塑模如图 7-60 所示，主要特点是不让塑料从型腔中外溢和压力完全施加在塑料上。这种塑模不但可以采用流动性较差或压缩率较大的塑料，而且还可以制造牵引度较长的制品。另外，还可使制品的质量均匀密实而又不带明显的溢料痕迹。不溢式塑模在压模时，几乎无溢料损失，要求加料量更准确，必须用重量法加料。其次，不溢式塑模不利于排除型腔中的气体，固化时间较长。

半溢式塑模兼具以上两类塑模的结构特征，按其结合方式的不同，又可分为无支撑面与有支撑面的两种。

无支撑面的半溢式塑模（图 7-61），与不溢式塑模相似，所不同的是阴模在 A 段以上略向外倾斜（锥度约为 3°），在阴阳模之间形成了一个溢料槽，多余料可从溢料槽溢出。A 段的长度一般为 1.5～3.0mm。压制时，当阳模伸入阴模而未达至 A 段以前，塑料仍可从溢料槽外溢，但会受到一定限制。阳模到达 A 段以后，情况与不溢式塑模完全相同。所以压制时的用料量可略过量而不必十分准确，所得制品的尺寸却十分准确，质量均匀密实。这种模具的制造成本及操作要求均较不溢式模具低。

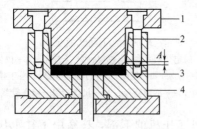

图 7-61　无支撑面半溢式塑模示意图

1—阳模；2—溢料槽；3—制品；4—阴模；
A—平直段

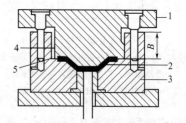

图 7-62　有支撑面半溢式塑模示意图

1—阳模；2—制品；3—阴模；4—溢
料槽；5—支撑面；B—装料室

有支撑面的半溢式塑模（图 7-62），除设有装料室外，与溢式塑模很相似。由于有了装料室，故可采用压缩率较大的塑料。而且压制带有小嵌件的制品比用溢式塑模好，因为溢式塑模需用预压物压制，这对小嵌件是不利的。

塑料的外溢在这种塑模中是受到限制的，因为当阳模伸入阴模时，溢料只能从阳模上开设的溢料槽（其数量视需要而定）中溢出。在阴模进口处开设向外的斜面亦可达到同样目的。所以在每次用料的准确度和制品的均匀密实等方面，都与用无支撑面的半溢式塑模相仿。这种塑模不宜用于压制抗冲性较大的塑料，压制时物料容易积留在支撑面上，使型腔内的塑料受不到足够的压力。

以上所述，仅为压缩模塑塑模的基本类型。为了降低制模成本，改进操作条件，或便于压制更为复杂的制品，在基本结构特征不变的情况下，可以而且也必须进行某些改进，例如多槽模和瓣合模就是常见的实例。

模具加热主要用电、过热蒸汽或热油等，其中最普遍的是电加热，加热方式如图 7-63 所示。电加热的优点是热效率高，加热温度的限制性小，容易保持设备的整洁。缺点是操作费用高，冷却不易。

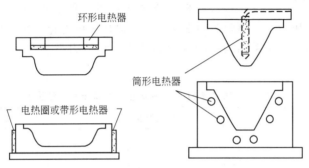

图 7-63 深浅槽模具的电热方式

7.2.5 工艺控制

压制成型过程的工艺控制主要是指压制成型压力、压制成型温度和压制成型时间。

7.2.5.1 压制成型压力

压制成型压力简称成型压力，是指压制时压机通过凸模迫使塑料熔体完全充满型腔所施加的必要压力，用制件在垂直压力方向上单位面积所受的力表示，可采用下式进行计算。

$$p_m = p_0 \pi D^2 / 4A \tag{7-15}$$

式中　p_m——成型压力，MPa，通常为 15～30MPa；

　　　p_0——压机工作液压缸的表压，MPa；

　　　D——压机主缸活塞直径，m；

　　　A——塑件或加料室在分型面上的投影面积，m^2。

成型压力的作用是使塑料熔体流动充满模具型腔，将其压实，增大塑件致密度，提高塑件的内在质量；克服在压制成型过程中因发生固化反应而放出的小分子物质挥发、气体逸散以及塑料热膨胀等因素造成的负压力；使小分子物质及气体及时排出，以避免制品在其内部残存太多气孔和气泡；克服胀模力，使模具闭合，保证塑件具有稳定的尺寸、形状，减少飞边，防止变形。但过大的成型压力会降低模具寿命。

压制成型压力的大小与塑料种类与形态、压缩率和预热情况、制件的形状与尺寸、成型温度、固化速度有关。压缩率越高，制品的厚度越大，其形状结构越复杂，成型深度越大，则所需的成型压力也应越大。

一般来说，增大压力，除流动性增加外，还会使制品更密实，成型收缩率降低，性能提高。但压力过大，会降低模具使用寿命，并增大设备的功率损耗，甚至影响制品的性能；压力过小则不足以克服交联反应中放出的低分子物的膨胀，也会降低制品的质量。为了减少和

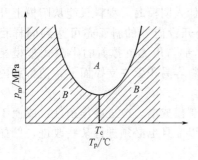

图 7-64　压制成型压力与
预热温度的关系
A—塑料可充满型腔区域；B—塑
料不能充满型腔区域

避免低分子物的不良作用，在闭模压制不久就应卸压放气，即可排除这种不良现象。

对于厚壁制品，虽然物料流动不困难，但反应过程中放出的低分子物多，仍需使用较大的成型压力，并在一定的范围内提高模温，以增加物料的流动性。

图 7-64 所示为物料压制成型压力与预热温度的关系，T_c 为临界预热温度。当 $T_p < T_c$ 时，预热温度越高，所需的成型压力越低。此时，通过预热增加塑料的流动性而影响成型压力。当 $T_p > T_c$ 时，预热温度越高，所需成型压力越大。此时，预热主要导致物料交联，流动性降低。故理想预热温度实际上往往是一个温度范围。

根据公式计算得到的成型压力是一个确定的数值，但是实际的塑料成型压力一般是随时间变化的，压制压力的变化规律与成型采用的压模类型等因素有关。实际生产中所采用的成型压力通常比计算压力高 20%～30%。常用塑料成型压力见表 7-4。

表 7-4　热固性塑料的压制成型压力和压制成型温度

塑　料	成型温度/℃	成型压力/MPa
酚醛塑料	145～180	7～42
三聚氰胺-甲醛塑料	140～180	14～56
脲甲醛树脂	135～155	14～56
不饱和聚酯	85～150	0.35～3.5
聚邻苯二甲酸二烯丙酯	120～160	3.5～14
环氧树脂	145～200	0.7～14
有机硅塑料	150～190	7～56

7.2.5.2　压制成型温度

压制成型温度即压制成型时所需的模具温度，是热固性塑料流动、充模以致最终固化成型的主要影响因素，决定了成型过程中聚合物交联反应的速度，影响塑料制件的最终性能。

压制成型温度并不总是等于模腔中各处物料的温度，对热塑性塑料，压制成型温度并不总是不低于模腔中塑料的温度；而对热固性塑料，因在压制过程中会发生固化反应放出热量，模腔中某些部位（如中心部位）的温度，有时可能高于模具温度。

压制成型温度对热固性塑料成型主要有两个方面的作用：一方面，发生聚合物松弛，塑料在模具型腔中从固体粉末逐渐受热软化，使强度由大变小，流动性增加，达到熔融状态，最终获得足够的流动性，顺利地充满型腔；另一方面，塑料熔化后，交联反应开始，聚合物熔体强度增大，流动性减小，随着温度的升高，交联反应速度增大。可见，塑料黏度或流动性具有峰值，其变化是聚合物松弛和交联反应的综合结果。故在合模后，迅速增大成型压力，使塑料在温度还不是很高而流动性又较大时，充满型腔各部分是非常重要的。

温度升高能使热固性塑料在模腔中的固化速度加快，固化时间缩短，有利于缩短压模周期。温度过低，固化慢，成型周期长。另外，由于固化不完全的外层受不住内层挥发物的压力作用，成型效果差，塑件暗淡无光。通常，压制温度越高，压制周期也就越短。图 7-65 是木粉填充的酚醛塑料压缩成型时温度 T_M 与成型周期 t_c 的关系。总的说来，任何热固性塑料的压制成型与图 7-65 均有相似的表现。不论压制的塑料是热固性或热塑性的，在不损害制品的强度及其它性能的前提下，提高压制成型温度对缩短压制周期和提高制品质量都是有利的。温度过高，会因固化速度太快而使塑料流动性迅速下降，并引起充模不满，尤其是压制形状复杂、壁薄、深度大的塑件时更为明显。另外，温度过高还可能引起树脂和有机填料等分解，使塑料变色、颜色暗淡，同时高温下外层固化要比内层快得多，使内层挥发物难以排除，不仅会降低塑件的力学性能，而且会使塑件发生肿胀、开裂、变形和翘曲等。故在压制成型厚度较大的塑件时，往往在降低温度的前提下延长压制时间。

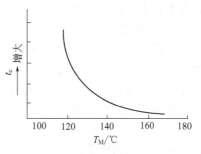

图 7-65　成型时温度与成型周期的关系（酚醛塑料）

几种热固性塑料的压制温度也列于表 7-4 中。薄壁制品取压制温度的上限（深度成型除外），厚壁制品取压制温度的下限。同一制品厚薄均匀时，取温度的下限或中间值，以防薄壁处过热。

7.2.5.3　压制成型时间

压制成型时间为塑料在模具中从开始升温，加压到固化完全的这段时间。压制成型时间与塑料的类型（树脂种类、挥发物的含量等）、制品的形状、厚度、模具结构、压制工艺条件（压力、温度）以及操作步骤（是否排气、预压、预热）等有关。如前所述，升高温度能缩短塑料固化时间，缩短压制周期。通常，压制成型时间随制品厚度增加而增加。压制时间太短，树脂固化不完全（欠熟），制品物理机械性能差，外观无光泽，制品脱模后易出现翘曲、变形等现象。但时间过长会使塑料交联过度，增加制品收缩率，引起树脂与填料间产生内应力，制品表面发暗和起泡，制品性能降低，严重时会使制品破裂，而且会浪费能源和降低生产率。

7.2.6　层压成型

层压成型是指在一定压力和温度作用下，将多层浸有热塑性树脂或热固性树脂的薄片状材料黏结和熔合，压制成层状塑料制品的成型方法。对于热塑性塑料，可将压延成型所得片材通过层压成型制成板材，但层压成型较多的是用来制造增强热固性塑料制品。

层压成型的填料通常是片状或纤维状的纸、布、玻璃布（纤维或毡）和木材厚片等。胶黏剂则是各种树脂溶液或液体树脂（如酚醛树脂、不饱和聚酯树脂、环氧树脂、有机硅树脂、聚苯二甲酸二烯丙酯树脂等）。生产过程主要包括浸渍和成型两个步骤。以下以玻璃布为例，简要予以介绍。

7.2.6.1　浸渍

浸渍时（图 7-66），玻璃布由卷曲辊 1 放出，通过定向辊 2 和涂胶辊 3 浸于装有树脂溶液的浸槽 7 内进行浸渍。浸过树脂的玻璃布在通过挤液辊 4 时，使其所含树脂得到控制，然后进入烘炉 5 内干燥，再由卷曲辊 6 收取。

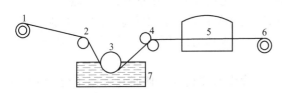

图 7-66　浸胶机示意图
1—卷曲辊；2—定向辊；3—涂胶辊；
4—挤液辊；5—烘炉；6—卷
曲辊；7—浸槽

在浸渍过程中，要求所浸的布含有规定数量的树脂，即含胶量，一般要求含胶量为 $30\%\sim55\%$。

影响上胶量的因素是胶液的浓度和黏度、增强材料与胶液的接触时间以及挤液辊的间隙。挤液辊还有把胶液渗透到纤维布缝隙中，使上胶均匀平整和排除气泡作用。

玻璃布的上胶，除用浸渍法外，还可以

采用喷射法、涂拭法等。

7.2.6.2 板材的成型

层压板的用处很多，但按所用增强材料来分，可简单的分为：纸基层压板，除有花纹而用淡色或无色树脂制成的作为建筑材料外，大多数用作绝缘材料；布基层压板，主要用于机器零件；玻璃布层压板，具有强度高，耐热性好，吸湿性低等优点，主要用作结构材料，应用在机械、飞机和船舶上以及电气工业、化学工业上等；木基塑料，用于制造机器零件；石棉基层压板，主要用于制造耐热部件和化工设备；合成纤维基层压板，根据需要可用于耐热、耐磨、耐腐蚀部件。

(1) 成型工艺过程　成型工艺过程共分叠料、进模、热压、脱模、加工和热处理等工序。

① 叠料　选用的附胶材料要无杂质，浸胶均匀，树脂含量符合要求〔用酚醛树脂时其含量在（32±3）%；用邻苯二甲酸二烯丙酯树脂时为（40±3）%〕，而且树脂的硬化程度也应达到规定的范围。然后是剪裁和层叠，即将符合标准的附胶材料按制品预定尺寸（长宽均比制品要求的尺寸大 70～80mm）裁切成片并按预定的排列方向叠放成扎的板坯。制品的厚度一般是采用张数和重量相结合的方法来确定的。裁剪时可用连续定长切片机，也可以手工裁剪。

为了改善制品的表观质量，也有在板坯两面加用表面专用附胶材料的，每面约放 2～4张。表面专用附胶材料与一般的附胶材料不同，它含有脱模剂，如硬脂酸锌，含胶量也比较大。这样制成的板材不仅美观，而且防潮性较好。

将附胶材料叠放成扎时，其排列方向可以相互垂直排列，也可以按同一方向排列，不同的排列对增强塑料制品的强度有方向性的影响。用前者制品的强度是各向同性的，而后者则是各向异性的。

叠好的板坯应按下列顺序集合压制单元：

金属板-衬纸（约 50～100 张)-单面钢板-板坯-双面钢板-板坯-单面钢板-衬纸-金属板

金属板通常用钢板，但表面应力求平整。单面和双面钢板，凡与板坯接触的面均应十分光滑，否则，制品表面就不光滑，可以是镀铬钢板，也可以是不锈钢板。放置板坯前，钢板上均应涂润滑剂，以便脱模。施放衬纸是便于板坯均匀受热和受压。双面不锈钢板使用的数量视层压板的多少而定。

② 进模　将多层压机的下压板放在最低位置，而后将装好的压制单元分层推入多层压机的热板中，再检查板料在热板中的位置是否合适，然后闭合压机，开始升温升压进行压制。

③ 热压　开始热压时，温度和压力都不宜太高，否则树脂易流失。压制时，聚集在板坯边缘的树脂如已不能被拉成丝，即可按照工艺参数要求提高温度和压力。温度和压力是根据树脂的特性，用实验方法确定的。压制时温度和压力的控制一般分为五个阶段。

第一阶段是预热阶段，是指从室温到硬化反应开始的温度。预热阶段中，树脂发生熔化，并进一步浸透玻璃布，同时排除一些挥发成分。施加的压力不宜过高，否则树脂会大量流失，一般为全压的 1/3～1/2。

第二阶段是中间保温阶段。该段温度较第一阶段温度稍高，树脂在低温下进行固化反应，直至板坯边缘流出的树脂不能拉成丝为止，然后开始升温升压。

第三阶段是升温阶段。这一阶段是自固化开始的温度升至压制时规定的最高温度。不宜太快，否则会使固化反应速度加快而引起成品分层或产生裂纹，但应施加足压力。

第四阶段是热压保温阶段。它的作用是保证树脂充分固化，使成品的性能达到最佳值。

保温时间取决于树脂的类型、品种和制品的厚度。

　　第五阶段是冷却阶段。当板坯中树脂已充分固化后进行降温，准备脱模的阶段。降温多数是热板中通冷水强制冷却，少数是自然冷却。冷却时应保持规定的压力直到冷却完毕，以防止板材变形。

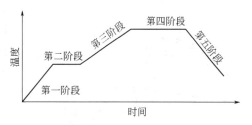

图 7-67　热压工艺五阶段的升温曲线示意图

　　五阶段中温度与时间的变化情形如图 7-67 所示。五个阶段中所施的压力，随所用的树脂类型而定。压力的作用是增加树脂的流动性，除去挥发成分，使玻璃布进一步压缩，防止增强塑料在冷却过程中的变形等。

　　④ 脱模　当压制好的板材温度已降至 60℃时，即可依次推出压制单元进行脱模。

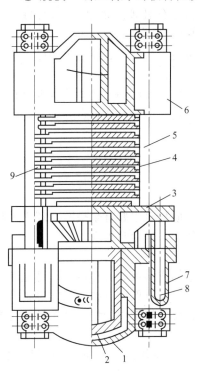

图 7-68　多层压机
1—工作压筒；2—工作柱塞；3—下压板；
4—工作垫板；5—支柱；6—上压板；
7—辅助压筒；8—辅助柱
塞；9—条板

　　⑤ 加工　加工是指去除压制好的板材的毛边。3mm 以上的一般采用砂轮锯片加工，3mm 以下厚度的薄板，可用切板机加工。

　　⑥ 热处理　热处理的目的是使树脂进一步固化，同时部分消除层压制品的内应力，使制品的力学强度、耐热性和电性能都达到最佳值。热处理的温度应根据所用树脂而定。环氧树脂和酚醛树脂层压板的热处理是在 120～130℃下保持 120～150min。

　　(2) 层压机　压制板材所用的多层压机如图 7-68 所示，一般吨位都较大，通常约为 2000～4000t。2000t 的压机工作台面约为 1m×1.5m。2500t 压机的工作台面约为 1.37m×2.69m。这种压机的操作原理与压制成型用的下压式液压机相似，只是在结构上稍有差别。多层压机在上下板之间设有许多工作垫板，以容纳多层板坯而达到增大产量的目的。目前，工业上所用多层压机的层数可以从十几层至几十层不等。

　　压机对板坯的加热，一般是将蒸汽通入加热板内来完成的。冷却则是在同一通道内通冷却水，一般用软化处理过的软水。层压成型工艺虽然简单方便，但制品质量的控制却很复杂，必须严格遵守工艺操作规程，否则常会出现厚度不均、裂缝、板材变形等问题。

　　裂缝的出现是由于树脂流动性大和固化反应太快，使反应热的放出比较集中，以致挥发猛烈向外逸出所造成的。因此，附胶材料中所用的树脂，其硬化程度应受到严格控制。

7.2.6.3　管材和棒材

　　与层压成型相同，成型热固性塑料管材与棒材也是以干燥的附胶片材为原料，用专门的卷管机卷绕成管坯或棒坯，见图 7-69。使用的附胶片材主要是酚醛树脂或酚醛环氧树脂浸渍的平纹玻璃布或纸张，只有在个别情况下才能使用浸有相同树脂的棉布或木材原片。管材和棒材都是用卷绕方法成型的。

　　用卷绕法成型管材时，先在管芯上涂脱模剂。脱模剂可用凡士林或沥青与石蜡按重量比 1.5∶1.1 经混熔和冷却制成。使用时，用松节油稀释成糊状物。涂有脱模剂的管芯须包上

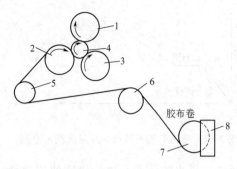

图 7-69　卷管工艺示意图

1—大压辊；2—前支撑辊；3—后支撑辊；

4—管芯；5—导向辊；6—张力辊；

7—胶布卷；8—加压板

一段附胶材料作为底片，然后放在两个支撑辊之间并放下大压辊将管芯压紧。将绕上卷绕机的附胶片材拉直使其与底片一端搭接，然后慢慢卷绕，正常后可加快速度，卷绕中，附胶材料通过张力辊和导向辊，进入已加热的前支撑辊上，受热变黏后再卷绕到包好底片的管芯上。张力辊给卷绕的附胶片材以一定张力，一方面是借助摩擦力使管芯转动；另一方面则使卷绕紧密。前支撑辊的温度必须严格控制，温度过高易使树脂流失；过低不能保证良好的联结。当卷绕到规定厚度时，割断胶布，将卷好的管坯连同管芯一起从卷管机上取下，送炉内做硬化处理。硬化后从炉内取出，在室温下进行自然冷却，最后从管芯上脱下玻璃布增强塑料管。

制棒的工艺和制管相同，只是所用芯棒较细，且在卷绕后不久就将芯棒抽出而已。对于层压棒，也可将棒坯放入专门的压制模具内，然后加压加热固化成型。

所成型的管材和棒材，经过机械加工可制成各种机械零件，如轴环、垫圈等；也可直接用于各种工业，例如在电气工业中用作绝缘套管，在化学工业中用作输液管道等。

7.3　铸塑成型方法

7.3.1　静态浇铸

静态浇铸是浇铸成型中简便，但使用较广泛的一种。其原材料主要有聚酰胺、环氧树脂和聚甲基丙烯酸甲酯等，此外酚醛、不饱和聚酯等也有所使用，但为数极少。

7.3.1.1　原材料

用于静态浇铸的原材料一般须满足下列要求：①原料熔体或溶液的流动性好，易充满模具型腔；②成型的温度比产品熔点低；③原料在模具中固化时没有低沸点物或气体等副产物生成；④浇铸原料的化学变化、放热、结晶和固化等过程在反应体系中能均匀分布且同时进行，体积收缩较小，不易使制品出现缩孔或残余内应力。

(1) 聚己内酰胺　聚己内酰胺的浇铸制品又称铸型尼龙、单体浇铸尼龙、MC 尼龙等。铸塑时，己内酰胺单体在碱性催化剂和助催化剂的作用下进行聚合反应而成为聚己内酰胺。除己内酰胺外，还可以用八、十一和十二内酰胺等。催化剂通常用氢氧化钠，用量约为1.4%。助催化剂又称活化剂，主要为各种异氰酸酯，可在产品中引入新的官能团，改进聚合物性能，以利于填料、颜料或防老剂的加入。助催化剂增大聚合反应速度和活性的效果各有不同，应根据浇铸工艺要求来选择。使用双官能或多官能的助催化剂时，可使聚合物分子量提高或具有体型结构以提高制品的冲击强度。铸型尼龙中有时还加入一定量的矿物油类，以增加其自润滑性，用于钢材热轧机轴承等要求使用温度较高，耐磨，耐老化的场合。

(2) 环氧树脂　通常使用的是双酚 A 型环氧树脂，其冲击韧性较差、耐热性低，因此用其它高聚物（如聚硫橡胶，聚酰胺等）进行改性。

环氧树脂的固化剂常用的包括胺类固化剂和酸酐类固化剂。多元胺类能使环氧树脂在室温下固化，生产大型铸塑制品很方便，但有些多元胺具有较大的毒性。也可使用低分子量聚酰胺固化剂，可室温固化，操作方便，毒性较低，但固化周期较长（1～2 天）。酸酐类固化剂毒性较低，但需加热才能使环氧树脂固化。酸酐一般在室温下为固体，配制时需先磨细再加到已加热熔融的树脂中并充分混合均匀。酸酐受热后易升华，有浓烈的刺激味，对眼睛和呼吸器官有刺激作用。因此，近年来也采用室温为液态的甲基四氢苯酐等固化剂。

环氧树脂中可加入少量增塑剂使制品的冲击韧性有所提高，同时也可降低配料时树脂的黏度，有利于填料的浸润等。常用的有邻苯二甲酸二丁酯、邻苯二甲酸二辛酯、癸二酸二丁酯等，用量一般为树脂量的 10%～20%。

为了降低树脂黏度以便浇铸，常在原料中加入稀释剂。稀释剂有活性与非活性之分，前者是指含有环氧基或其它活性基团的物质，在固化时也参与化学反应而成为制品中网状高聚物的组成部分；后者又称惰性稀释剂，为环氧树脂的一般溶剂，如甲苯、丙酮等。采用惰性稀释剂时，在固化过程中要逸出，会增加产品的收缩率，降低黏合力，甚至会降低热变形温度、冲击强度、拉伸强度等，同时还会产生气泡，并具有一定的毒性，因而在配制时应慎重选择。稀释剂用量一般为环氧树脂的 5%～20%，若过量，特别是在使用惰性稀释剂时，将使产品性能下降。而当采用双环氧或多环氧基的活性稀释剂时影响就很小。

（3）聚甲基丙烯酸甲酯　聚甲基丙烯酸甲酯是由甲基丙烯酸甲酯聚合而成的。聚合反应中，当单体的转化率达到 14%～40% 时，黏度很快上升，聚合速度显著提高，常导致局部过热，发生爆发性聚合。其原因是，在转化率为 0%～50% 的聚合过程中，增长链的活动性逐渐降低，以致链终止的速率会随反应物黏度的逐步上升而下降，而单体的扩散速率则不受影响，使链增长速率不致发生大的变化。由于链终止速率大大下降而链增长速率不变，总的结果是聚合速率加快，以致发生爆发性聚合。在聚合过程中要严格控制这种现象，否则产品将带有大量气泡，软芯，物理机械性能恶化。因此，在铸塑中一般均用单体与聚合体组成的浆状物为原料进行浇铸，而不使用纯单体，这样不仅使生产过程控制较容易，可避免爆发性聚合的发生，同时也可减少原料在模具中的漏损并使生产周期缩短。也有将单体直接进行部分预聚合后再用于浇铸的。

引发剂通常为过氧化二苯甲酰（用量为单体量的 0.02%～0.12%）或偶氮二异丁腈（用量为单体量的 0.02%～0.05%）。

除上述几种原料及助剂外，浇铸时还常加入各种类型的填料。例如，在己内酰胺及环氧树脂中加入石墨或二硫化钼（用于耐磨、减摩及降低热膨胀系数）、金属粉（提高导热性）、各类增强纤维（提高机械强度）、滑石粉（增加环氧树脂触变性，防止流淌）及云母、高岭土、石棉、石英等粉末及橡胶，在聚甲基丙烯酸甲酯中加入各类色料等。由于填料的比重均较大，在浇铸过程中容易下沉，使其分散不均匀。可通过增加填料细度，对填料进行表面处理，在浇铸系统中加入表面活性剂等方法进行改进。也可在单体中溶入少量聚合体增稠或使模具在振动旋转等条件下进行浇铸及固化。

7.3.1.2　模具

图 7-70 为静态浇铸示意图。静态浇铸的制品设计和模具设计，总的要求与注射成型相同。由于在较低的压力下进行成型，因此对模具强度的要求不高，只要模具材料对浇铸过程无不良影响，能经受浇铸过程所需要的温度，加工性能良好即可。常用的模具材料有铸铁、钢、铝合金、型砂、硅橡胶、塑料、玻璃以至水泥、石膏等，选用时需视塑料品种、制品要求及所需数量而定。

对于外形简单的制品，模具一般只用阴模。此时，由于浇铸过程中塑料因固化而发生体积收缩（如己内酰胺浇铸时，收缩可达 15%～20%），将使制品高度减小、上表面不平整，因此模具高度应有充分的余量，以便在制品脱模后进行切削加工。

使用强度较差的模具材料，在生产大型制品（如在汽车、飞机制造中用作压制工具的环氧塑料制品）时，为使模具有足够的刚度，常以其它硬质材料制成模框作为支承。支承体的

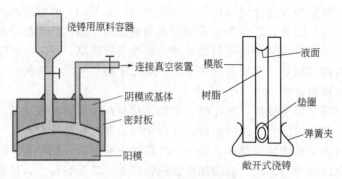

图 7-70　静态浇铸示意图

材料常用钢、木材、石膏（在用软塑料或橡皮模具时）等。

　　用于环氧塑料的模具，可分为敞开式浇铸、水平式浇铸（正浇铸）、侧立式浇铸、倾斜式浇铸等。采用不同的浇铸方式主要的目的在于利于料流充满模具和气泡的排出或使气泡移至非工作部位。敞开式浇铸装置较简单，一般只有阴模，易于排气，因而制品内部的缺陷较少，通常用于制造外形较简单的制品。水平式浇铸是将制品的基体（制品中作为支承塑料部分用的）事先安装固定于阴模之上，然后用密封板密封，再向基体上的浇口铸入环氧塑料并借基体上的排气口排气。侧立式浇铸是将两瓣模具（或一瓣为基体）对合并侧立放置，两瓣模具对合时中间所余的缝隙即为模腔。对合缝处用环氧胶泥或石棉板与石膏浆密封。侧立放置模具的顶部留出环氧塑料的浇口和排气口。模具外部用固定夹夹紧，环氧塑料由浇口铸入。这种方法可使制品的气泡集中在制品顶部非工作部位，而较之相似制品用平放模时有较高的制品质量。为了更好地排气，可采用抽真空的方法将模具型腔内的空气抽出，使之在真空下进行浇铸，真空度以维持在 99.9kPa 上为宜。

　　用于甲基丙烯酸甲酯浇铸的片材浇铸模具通常用下述方法制造：将两块表面平整无缺的硅酸盐玻璃板（厚约 1cm，长 1.0～2.2m，宽 0.9～1.4m）上的灰垢及绒毛等洗涤，擦净并干燥。然后将两玻璃板对齐平放在桌上并用等厚的小木板（也可用聚氯乙烯块或有机玻璃块）衬在两块玻璃板的边角将其隔开。依次用等厚而贴有玻璃纸的橡皮条（也可用软聚氯乙烯或铝等做的条状物）衬在玻璃板四边，但应在其一边留出长约 20mm 的缺口作为浇铸口。原作隔开用的小木块应在衬橡皮条的过程中及时抽去。衬垫安好后，凡有衬垫的部位均应加以密封。最后用橡皮带或牛皮纸紧包封边并用弹簧夹子夹紧，即可作为铸塑板材的模具使用。制造棒或管材时，一般用铝或铅为模具。铸塑棒材时，当模具（铝管）灌满液态原料后，继续聚合是在静态加热下完成的。而在铸塑管材时，铝管内只装入少于其容量很多的液态原料，并用氮气或二氧化碳排去管内空气，然后将其封闭。原料的继续聚合则在管子水平置放并沿管轴旋转（200～300r/mm）和加热（常用热水浇淋）条件下完成。

7.3.1.3　浇铸工艺

　　静态浇铸的工艺过程有模具的准备、原料的配制和浇铸、固化等几个步骤。

　　（1）模具的准备　包括模具的清洁、涂脱模剂、嵌件准备与安放以及预热等过程。模具应清洁、干燥。若材料的浇铸要求较高，如聚甲基丙烯酸甲酯板材浇铸中所用的硅酸盐玻璃板，应经仔细洗涤、擦净和干燥后再用。有的浇铸过程（如聚甲基丙烯酸甲酯板材）并不需要脱模剂，但另一些（如环氧塑料的浇铸）则是十分重要的。由于环氧塑料的黏结性很强，脱模剂选择不当将造成脱模困难以致损坏制品或模具。常用的脱模剂有矿物润滑油、润滑脂，如机油、液体石蜡、黄色凡士林等。有些浇铸过程（如己内酰胺单体的浇铸），需事先将模具预热到固化温度（如 160℃）。

（2）原料的配制

① 己内酰胺 己内酰胺在浇铸时的聚合过程是阴离子型的催化聚合反应。在碱催化剂的存在下，加入少量助催化剂，能大大降低反应活化能，使反应速度成百倍的提高。这样，原在200℃以下反应极其缓慢，一般要在200℃以上经过一段诱导时间才能迅速聚合的过程，添加了助催化剂可在150℃（甚至低到120℃）下很快聚合。

由于每一个分子的酰亚胺将成为一个链的生长中心，因此当加入一定量的助催化剂时，也控制了分子链的数目和生长过程，使产品分子量较稳定，也不致因继续加热产生显著的分子量下降现象。聚合物一经生成就会凝结出来成为固体状的聚合块，聚合时的容器也就决定了它的形状。由于反应温度较低，产物为结晶的固体，所以反应平衡后的单体含量比在高温液相聚合时低得多，即产率较高。

己内酰胺在聚合时，其内酰胺环的酰胺键打开，聚合反应的放热约13.4kJ/mol，所放出的这部分热量可使反应系统的温度升高约50～60℃。这样，预热至140～150℃的己内酰胺活性料，在加入绝热的容器中进行聚合达到最高的转化率时，仍能够使反应体系的温度控制在200～210℃。由于聚合和结晶整个过程中所有的变化都是在反应物料各个部位同时进行的，所以得到的聚合体是较均匀的。在聚合结晶过程中，总体积的收缩大部分为过程中的放热膨胀所抵消，因此生成的聚合块能够很好地充满内腔，成为聚合容器的形状，而且制品的内应力很小。这与熔融尼龙聚合体的情况不同，尼龙熔体浇铸入模后进行冷却硬化时是从外向内冷凝的，其表面首先冷凝形成一层硬壳，当内部的熔体继续冷凝而发生收缩时则在内外层之间产生较大的内应力，从而易使制品出现裂痕、凹陷或气泡。

活性己内酰胺原料的制备过程，视其产量大小而在流程及设备上有不同选择。小量生产时，可按模具容量称取己内酰胺置于反应器中加热。当原料开始熔化时即开始抽真空（真空度要大于99.9kPa）以脱去部分水分。待原料全部熔化后（约120℃）停止加热和抽真空，加入催化剂（如NaOH）并继续加热和抽真空。待反应物沸腾后，温度控制在140℃左右，视真空度的高低而定。维持20～30min以便反应物中水分含量减低到300×10^{-6}以下，一般可凭经验判断。取下脱水完成的反应器，迅速加入助催化剂并混合均匀。此反应物应立即进行浇铸，不宜放置。

② 环氧树脂 从制品性能考虑，不同的环氧树脂和固化剂有不同的耐热性和力学性能。从成型工艺条件考虑，如需制造大型制品，则宜选用室温固化的配方，此时可选用分子量较低、室温下为液体的树脂，而固化剂亦需用脂肪族多胺类，即固化剂要有较大的活性，但活性又不能太大，以免配制的环氧塑料使用寿命太短，不便于操作。

配制过程中主要应注意的因素是：使各组分完全均匀混合；设法消除带入的空气和挥发物；控制好固化剂的加入温度。

加入固化剂时所允许的温度应视其活性而定，如乙二胺、二乙基三胺、三乙基四胺等活性大的固化剂，加入环氧树脂的温度可在28～32℃；间苯二胺、己二胺与间苯二胺配制的混合胺，根据工作环境温度的不同，可控制为30～45℃，而使用咪唑时则可控制为40～50℃。

物料中含有的挥发物质及吸附、溶解或混合加料过程等卷入的空气是铸塑制品产生气泡和针孔的重要原因。除对各种添加剂（如填料）应充分干燥外，还可在配料后采用抽真空或常压放置进行脱泡。也可用超声波振荡以起到脱泡并降低塑料黏度、增加填料加入量的作用。

树脂中一经加入固化剂（特别是室温固化剂），事实上固化反应即已开始进行，只是在生产中把配制、浇铸与固化作为工艺过程分开来而已。

③ 甲基丙烯酸甲酯　其单体-聚合体浆状物的配制，常用的有两种方法。

其一，在不锈钢或搪瓷混合器中，往单体中加入少量增塑剂（如邻苯二甲酸二丁酯，用量为单体量的 1%～10%，制品厚度或直径增大时用量可减少），引发剂（常用过氧化二苯甲酰，用量为单体量的 0.02%～0.12%，或偶氮二异丁腈，用量为单体量的 0.0296%～0.05%，制品厚度增大时用量可减少）和润滑剂，在升温（80～110℃）和搅拌的情况下进行部分聚合，当反应液的黏度达到需要值（70～80℃时约为 0.7～1.0Pa·s）时，用急冷使其温度降 30℃ 左右。所得浆状物经真空脱泡后即可用于浇铸。暂时不用的浆状物应在 <5℃ 下保存，否则聚合仍将继续进行。

其二，一定量的聚合体（其平均相对分子质量为 12 万～17 万）溶在单体内使其成为均匀的溶液，经过脱泡（必要时还须经过滤）后，即可作为浇铸用。生产有色制品时，应在聚合前将染料溶于单体中，这时引发剂不能用过氧化物。

（3）浇铸及固化　浇铸和固化随原料品种不同其过程也略有差别。

① 己内酰胺　将已制备好的活性原料灌注入已涂好脱模剂（如硅油）并预热的模具中，在 160℃ 左右保温约半小时，即可逐步冷却取出制品。所得制品可在机油中于 150～160℃ 下保温 2h，待与油一起冷至室温后再置于水中煮沸 24h，再逐步冷至室温以消除制品内应力及稳定尺寸。

② 环氧树脂　将已加入固化剂并混合均匀的原料灌入已涂好脱模剂的模具中。其固化工艺条件，视所用固化剂的不同而异。通常在采用室温固化剂时，只需在 25℃ 左右放置一段时间即可。为加速固化，也可在升温下进行。温度升高，固化时间相应缩短。但升温不宜过快，保温也不能太高，以免造成某些固化剂的挥发损失。同时原料中的空气、水分、低分子物逸失太快时，也易使制品起泡，造成次品或废品。

③ 甲基丙烯酸甲酯　浇铸时将配制好的浆状物用漏斗灌入模具中并应尽量避免带入气泡，灌满后即将模具封闭。其固化通常是在常压下于烘房或水浴中进行的。固化温度应逐步分段提高，必要时还需加入几个冷却阶段。各段的温度和所占的时间主要取决于制品的厚度。当转化率未达 92%～96% 以前，固化温度均不得高于 100℃，而在这以后，则需提高到 100℃ 或更高，且应维持数小时，这是因为单体在此时的聚合速度已十分缓慢。

聚合反应也可在高压（1MPa 左右）惰性气体下进行，即在高压釜内进行，这样就可适当提高固化温度（70～135℃）而便于缩短生产周期。采用高压聚合时，浆状物可以不经过脱气过程。

7.3.2　嵌铸

嵌铸又称封入成型，是将各种非塑料物件包封在塑料中的一种成型方法。使用最多的是用透明塑料包封各种生物或医用标本、商品样本、纪念品等，如图 7-71 所示。在工业上还有借嵌铸而将某些电气元件及零件与外界环境隔绝，以便起到绝缘、防腐蚀、防震动破坏等作用。用于前一类的塑料主要有丙烯酸类，如聚甲基丙烯酸甲酯，其次是不饱和聚酯及脲醛塑料等，而用于后一类的都为环氧塑料类。被嵌铸的样品、元件等在嵌铸工艺中常称作嵌件。

嵌铸的工艺过程首先是要将嵌件进行适当处理，然后按照要求的位置使其固定于模具内，最后是塑料浇铸和固化。塑料的浇铸及固化与静态浇铸的过程是相同的。

7.3.2.1　原材料

嵌铸工艺目前使用的塑料品种主要有脲甲醛、不饱和聚酯、有机玻璃及环氧塑料等。

使用脲甲醛时通常不加填料，成本较低，但制品表面容易龟裂。可在脲甲醛塑料中加入

图 7-71　各种嵌铸制品

聚丙烯乙二醇等增塑剂，以降低树脂硬度，防止发生龟裂，但制品耐水性不好，故使用不多。

用于嵌塑的不饱和聚酯塑料应选用无色、透明、黏度小、硬化反应放热较缓和及硬化后硬度适中（太软易变形，太硬易碎）的树脂。固化时通常用氧化甲乙酮（约树脂重量的0.25％）作催化剂，钴盐（约树脂重量的 0.25％）作促进剂。使用时先将树脂分为两半，分别与催化剂和促进剂均匀混合。然后再将两者混合成混合料备用（催化剂及促进剂不可一开始就在一起混合，已配制好的混合料不应放置过久以免黏度上升甚至发生固化）。不饱和聚酯固化时放热不多，可在室温下固化成型，故宜用于对热敏感的嵌件的嵌铸。

聚甲基丙烯酸甲酯透明性及耐气候性均较好，但价格较贵，故多用于要求较高的样品的嵌铸。浇铸用的原料多使用单体与聚合体配制成的浆状物，需要注意避免发生爆聚现象。也可采用钴 60 辐照使甲基丙烯酸甲酯聚合，可避免在较高温度下固化，适用于嵌铸受热易变质损坏的样品。为了使固化后制品在 40℃ 以上时略具有弹性，可以采用甲基丙烯酸甲酯、乙酯和丁酯共聚的浆状物来进行浇铸。

环氧塑料一般均用于包封电气元件及某些工业零件等。为了减少塑料的收缩率，防止制品产生较大的内应力或开裂，可在塑料配方中多加些填料或加一定量的增塑剂。近年来有些电子元件的包封已为生产率高、性能更好的注射成型的聚苯硫醚等封装的电子元件所代替。

7.3.2.2　模具

嵌铸用的模具要求都较低，因为一般制品外形都较简单（大多呈立方体或其它简单几何形状的立体，在嵌铸小件样品时，也有将某些部分做成凸镜形的，使其有放大作用），制品脱模后一般还需要进行机械加工（如去掉顶部因浇铸后收缩成的不平整部分等）及抛光等。

模具材料可用玻璃、塑料（如玻璃增强塑料）、铝、石膏、木材等。也可用钢质模具但表面应镀铬。

某些嵌铸制品为了提携方便等原因，常需在其外部附一个坚实的外壳（多用金属或玻璃增强塑料制成），因此即可以其外壳作为模具。

在使用不饱和聚酯塑料时，脱模剂可用聚乙烯醇、硅油或放一层聚乙烯薄膜或玻璃纸。在使用有机玻璃时，如使用玻璃或镀铬抛光的钢模具，只要模具彻底清洗干净可以不用脱模剂，也可用层玻璃纸贴在模具型腔内。

7.3.2.3 嵌铸工艺过程

（1）嵌件的预处理 为使塑料与嵌件之间没有不良的影响（如发生化学反应或浸溶作用等）或避免嵌件上带有气泡，不能相互紧密黏合等，常需对嵌件预处理。随处理目的不同，大体可以分以下几种。

① 干燥 如嵌件带有水分，则在嵌铸的高温下可能因其气化而使制品带有气泡，所以应先进行干燥。如果嵌件不能经受常压干燥或真空干燥，则可依次在 30%，50%，80%，100% 的甘油中各浸一天，把内部的水分都萃取出来，然后取出用吸湿纸把表面吸干即可用于嵌铸。另一种方法是将标本冷冻至 −30℃ 后再真空干燥。嵌铸花草等植物时，通常的干燥会使其变形或变色。如果将其埋在干燥的硅胶中，数日后取出，可使形状和颜色不变。也可用已调好 pH 值的叔丁醇抽提花中的水分，被抽提的花从叔丁醇中取出后可放在吸湿纸上并一起放入真空干燥器中脱除叔丁醇，这种花可在真空下保持数年不变。

② 嵌件表面润湿 如用不饱和聚酯嵌铸时，为避免塑料与嵌件间黏结不牢或夹带气泡，可先将嵌件在苯乙烯（不饱和聚酯树脂的交联剂）单体中润湿。

③ 表面涂层 某些嵌件会对塑料的硬化过程起不良影响，如铜或铜合金会对丙烯酸类树脂的聚合起阻聚作用，但又不能找到其它代用嵌件材料时，可在嵌件表面涂上一层惰性物质（如水玻璃、醋酸纤维素或聚乙烯醇等），再进行嵌铸。如在制品中需嵌入文字说明时，可用墨汁写在玻璃纸上，再在其上涂一层聚乙烯醇，然后嵌铸在制品中，这样在制品中可以只看见字，而看不出衬底。

④ 表面糙化 嵌铸某些电子元件时，由于金属与塑料的膨胀系数不同，且在使用中元件有可能发热，而可能导致塑料层开裂，塑料与嵌件的连接脱落。除在塑料品种、配方及嵌件大小、外形上适当考虑外，也可将嵌件进行喷砂或用粗砂纸打磨使表面糙化，以提高嵌件与塑料的黏结力。

（2）嵌件的固定 生物标本等样品（如蝴蝶）可用钉子（竹钉、铁钉或特制的与浇铸塑料相同的塑料钉，后者在制品中可以看不出来）固定在模具上。

某些嵌件因与塑料相对密度不同以致发生上浮或下沉，此时可用分次浇铸，以便嵌件能固定在制品中部或其它规定的位置。

（3）浇铸工艺 不饱和聚酯及环氧塑料等的浇铸与静态浇铸基本相同，但对有机玻璃则有所不同。静态铸塑有机玻璃板材时，因厚度一般较小，散热比较容易，但嵌铸制品的厚度有时要大得多，故聚合过程的散热困难，容易引起爆聚。为此，常采用高压釜内于惰性气体下进行聚合的方法。浆状的混合物因内部夹有空气而不透明，靠加压而逐出其内部的空气时就能使其变为透明。有时可在制品底下一层衬以乳白色的有机玻璃板，使制品看起来更美观。

7.3.3 离心浇铸

离心浇铸是将液状塑料浇入旋转的模具中，在离心力的作用下使其充满回转体形的模具，再使其固化定型而得到制品的一种方法。所生产的制品多为圆柱形或近似圆柱形的，如轴套、齿轮、滑轮、转子、垫圈等。离心浇铸与滚塑（旋转成型）的区别在于前者主要靠离心力的作用，故转速较大，通常从每分钟几十转到 2000 转。滚塑主要是靠塑料自重的作用流布并黏附于旋转模具的型腔壁内，因而转速较慢，一般每分钟只有几转到几十转。

根据制品的形状和尺寸可以采用水平式（卧式）或立式的离心铸塑设备。当制品轴线方向尺寸很大时，宜采用水平式设备，而当制品直径较大而轴线方向尺寸较小时，宜采用立式设备。单方向旋转的离心铸塑设备通常都用以生产空心制品，如欲制造实心制品，则在单方向旋转后还需在紧压机上进行旋转，以保证制品的质量。此外也可同时使模具作两个方向旋转。

离心铸塑所采用的塑料通常都是熔融黏度较小，熔体热稳定性较好的热塑性塑料，如聚酰胺、聚乙烯等。此外碱催化聚合的己内酰胺单体也常用离心铸塑法成型。

离心铸塑比之静态铸塑的优点是：宜于生产薄壁或厚壁的大型制品，如大型轴套，而用静态铸塑法则难以生产大型的薄壁制品；制品无内应力或内应力很低，外表面光滑，内部不致产生缩孔；制品较静态铸塑的精度高，机械加工量减少；制品的机械强度（如弯曲强度、硬度等）较静态铸塑高。

离心铸塑的缺点是较静态铸塑复杂。与其它成型工艺比较，离心铸塑的优点是设备及模具简单，投资小，工艺过程简单，制品尺寸及重量所受限制较少（离心铸塑的单件制品的重量常可达几十公斤），制品质量高；缺点是生产周期长，难以成型外形复杂的精密制品。

离心铸塑所用的模具通用一般碳钢制成，因受力不大，故模具的壁厚可较小，这样也有利于减少旋转时动能的消耗。

生产中通常是将模具固定于离心铸塑设备的壳体内，靠电动机经减速装置带动其旋转。所产生的离心力即基本决定了塑料在模具内所受压力的大小。随所用塑料品种和制品类型的不同，要求的离心力大小也略有差异（塑料熔体的黏度越大，制品的形状复杂时要求离心力越大）。通常离心力为 0.3～0.5MPa 即可。由于所成型的熔融塑料的密度为定值，故当所生产制品的直径增大时，设备的转速可以低些，而生产小型制品时则要求较高的转速。此外还应考虑塑料自重的影响。

7.3.3.1 立式离心铸塑

铸塑时，首先用挤出机将塑料熔化并挤到旋转（约 150r/min）和加热（高于塑料熔点约 20～30℃）的模具中。由模具下部送入的惰性气体以防止塑料氧化和便于清理模具。模具型腔上部留有相当大的空间（约为型腔的 10%～20%），用于储备塑料以便此后填补型腔的空余部分。当模具中装入规定量的塑料后，停止挤出并提高挤出机的供料口，同时以高速（约 1500r/min）旋转模具。经几分钟后，塑料中的气泡即会向模具的中央集中。此时停止模具的旋转并将它送到紧压机上。经过在紧压机上旋转（约 300～500r/min）十几分钟后，型腔上部的储料即将气泡置换到型腔上部的储料部分。旋转时，模具内的塑料因受空气的冷却逐步由表及里地进行固化。储料部分之所以需要加设绝热层就是为了保持这部分的塑料为熔融状态，以便填补型腔中空部分和型腔内塑料因冷却收缩而缺少的部分。模具由紧压机上卸下后，即从中取出粗制品并将它送到温度较低的烘箱内冷却，使内应力降至最小。粗制品在进烘箱时，其内部还可能存有熔态塑料，因此，在冷却时还会发生收缩。这种收缩仍需借储料部分的余料来填补。为使这种填补能顺利进行，储料部分已经硬化的面层必须戳破以使其与大气相通。经过几小时的冷却后，即用粗加工方法将储料部分多余的料除去。如果塑料是吸水性的，此时即应进行调湿处理。处理后的粗制品再经细加工即成为制品。

用于离心铸塑的挤出机，主要作用是塑化塑料。

铸入模具中的塑料带有较多气泡的原因是：挤出机的反压力太低；流入模具中的塑料有较多的折叠和扰动；熔融塑料的表面张力不大等。带入的气泡会恶化制品的质量，所以要使模具旋转和经紧压机处理，以增加气泡的浮力，使能很快地脱除。从理论分析可知，脱泡速率与气泡直径的平方成正比而与塑料的熔融黏度成反比。因此，铸料入模的过程应设法避免小泡存在，在不影响制品质量的前提下，应尽量提高塑料的温度使其黏度降低。脱泡速率粗略地与转速平方成正比，所以转速越快越好。模具旋转时，气泡所受的压力与其离开旋转轴的距离平方成正比。由于气泡是可以压缩的，所以相同质量的气泡，离开旋转轴越远时，它的体积就越小。如果单从这一点来说，推动气泡的浮力是愈靠近旋转轴愈大。但是气泡向心力又与气泡离旋转轴的距离成正比，因此，离开旋转轴过远或过近的气泡的逸出速率并不是最大的。

7.3.3.2　水平式离心铸塑

模具的旋转用电动机经变速箱带动。模具外有可移动的电加热烘箱。此种设备常用于碱催化单体浇铸尼龙轴承的成型。其工艺过程是将已加入催化剂并搅拌均匀的活性体原料用专用漏斗加入旋转的模具内，原料随即在离心力的作用下附着于模具型腔壁上形成中空的圆柱形。将电热烘箱移动使旋转模悬于烘箱内，进行加热并控制活性体原料在稳定的条件下聚合硬化。所得轴承的外径由模具型腔的大小决定（考虑一定的收缩率和机加工余量），轴承内径的大小则取决于加入活性体原料的量。

厚壁制品较薄壁者散热困难，生产厚壁制品时模内温度常会因聚合放出热量的积累而超过模外温度；而当生产薄壁制品时，模内温度大多达不到模外的温度。故烘箱温度应随制品厚度不同作相应的调整，使模具维持的实际温度符合要求。活性体加入模具后在该温度下保持 20～30min 后停止加热，待温度降至 150～160℃ 时停止模具旋转，将制品与模具一起冷至 120℃ 即可脱模，再将制品放入烘箱内进行保温冷却。

由于己内酰胺单体铸塑尼龙的吸水性很大，吸水后容易膨胀变形，在作为水下使用的轴承时常会在长期使用后膨胀变形而发生把转轴卡得过紧以致无法转动的"抱轴"现象。为此可采用吸水性较小的尼龙 1010 粒料进行离心（熔融）铸塑，生产水下使用的大型轴套。其方法为，选用为白色透明的尼龙 1010 粒料，黏度（硫酸法）1.8～2.2，熔点 202～205℃。树脂中加入抗氧剂（用量为树脂量的 0.5%～0.8%）。将模具在设备上固定好后，开动电动机让模具开始旋转至转速达 1500r/mm。同时开始升温加热。然后将尼龙 1010 粒料一次加入模具内。当温度升高到 100℃ 时，向模具中通入干燥的惰性气体（如 CO_2、N_2），以免原料氧化使制品变色发脆。继续升温加热，模具温度最高应控制在 220～230℃，以待料全部熔化。温度升高虽有利于加速料的熔化，但又易引起氧化降解。温度过低料的熔化太慢，生产周期变长，而且在长期受热下也会引起制品的性能下降。熔料保温时间应根据制品的壁厚确定。例如当轴承壁厚为 10mm 时，保温时间可在 30mm 左右，而当壁厚增至 40mm 时则可在 65min 左右。经保温熔料后即可停止加热并在继续旋转下让其自然冷却，同时还应继续通入惰性气体，待模具温度降至 100℃ 左右时可停止通入惰性气体及停止旋转。移开烘箱，在模具外用水淋冷却，至 50℃ 以下即可脱模。大型厚壁制品脱模后建议在沸水中煮24h，然后缓慢冷却以消除内应力。制品的收缩率（轴向及径向）为 3.5%～4.0%。

水平式离心铸塑还用于生产聚烯烃的大口径管材，其管径所受限制较少，设备较简单，投资较低。缺点是管材的力学强度不如挤出成型高，生产周期较长。

习题与思考题

1. 简要叙述注射成型的特点。

2. 注射成型装置由那些部分组成？注射机按结构不同可分为那些类型，简要叙述各类型的工作原理。

3. 与挤出用单螺杆相比较，注射用螺杆有那些不同？

4. 简述注射成型的工艺过程和注射成型周期的组成。

5. 简述一个注射成型周期内，模内压力和温度随时间的变化规律。

6. 分析注射成型过程中，模内剪切速率的分布规律。并讨论注射成型过程的剪切速率对大分子取向及多层次结构形成的影响。

7. 简述注射成型过程中，注射压力对熔体流动及最终制品性能的影响。

8. 简述反应注射成型的原理和工艺过程。

9. 简述气体辅助注射成型的原理和工艺过程。

第8章 模面成型

8.1 压延成型

8.1.1 概述

压延成型是将加热塑化的热塑性塑料通过两个或两个以上相向旋转的滚筒间隙，使其连续成型为规定尺寸的薄膜或片材的一种方法。也可将压延薄片复合到引入的基布或纸上，制成人造革或壁纸。目前，压延制品约占塑料制品总量的 10%。压延成型所采用的原材料主要是聚氯乙烯，其次是丙烯腈-丁二烯-苯乙烯共聚物、乙烯-乙酸乙烯酯共聚物以及改性聚苯乙烯等塑料。其中聚氯乙烯制品占据了压延产品的主导地位。

压延成型产品主要为薄膜和片材、人造革和其它涂层制品，薄膜与片材之间的区分主要在于厚度，一般以 0.25mm 为分界线，薄者为薄膜，厚者为片材。聚氯乙烯薄膜和片材有硬质、半硬质和软质之分，由所含增塑剂量而定。通常以含增塑剂 0～5 份者为硬质品，25份以上为软制品。聚氯乙烯压延薄膜主要用于农业、工业包装、人造革表面贴膜、室内装饰以及生活用品等。压延片材常用作地板、录音唱片基材、传送带以及热成型和层压用片材等。压延成型适用于生产厚度在 0.05～0.60mm 范围内的软质聚氯乙烯薄膜和片材以及 0.10～0.70mm 范围的硬质聚氯乙烯片材和板材。

压延成型的特点为：①加工能力大，一台普通四辊压延机的年生产能力为 5000～10000t；②生产速度快，生产薄膜的线速度为 60～100m/min，有时可达 300m/min 以上；③产品质量好，厚度均匀，公差可控制在 10% 以内，并且表面平整且可制得具有各种花纹和图案的制品，与不同的基材复合还可制得花样繁多的人造革及其它涂层制品；④生产的自动化程度高，先进的压延成型联动装置 1～2 人可管理一条生产线。

压延成型的主要缺点是设备庞大、投资较高、维修复杂、制品宽度受压延机滚筒长度的限制等，因而在生产连续片材方面不如挤出成型的技术发展快。

压延软质塑料薄膜时，如果将布或纸随同塑料通过压延机的最后一对滚筒，则薄膜就会紧覆在布或纸上，所得制品常称为涂层布或涂层纸，这种方法通称压延涂层法。涂层布和纸也可以用挤出涂覆的方法成型。

8.1.2 压延成型原理及流动分析

对压延过程中的物料流动进行分析讨论，目的是试图建立起诸如滚筒直径、线速度、间隙以及物料压力等设备和工艺参数之间的关系。加斯克尔（Gaskell）在 20 世纪 50 年代首先提出压延流体动力学理论，60 年代麦凯尔维（Mckelvely）又将此理论推广应用到符合指数定律的非牛顿流体中。近年来对非牛顿流体的压延流动理论分析更加深入，对非等温及非对称（不等辊径，不同转速）压延过程的流变理论研究也已取得一定进展。本节着重讨论加斯克尔的经典理论，并限于牛顿流体的对称压延。尽管该分析中的假设条件与实际情况不完全一致，但可以对压延过程的流动特性做出一些分析，而且便于讨论。

图 8-1 为压延机的一对辊筒，半径为 R，两辊之间的间隙为 $2H$。压延中物料受辊筒挤压时受到压力的部分称为钳住区，辊筒开始对物料加压的点称为始钳住点，加压终止点为终

钳住点，两辊中心（两辊筒横截面圆心连线的中点）称中心钳住点，钳住区压力最大处称最大压力点。为了使分析简单，作如下假设：

① 过程为不可压缩牛顿流体所作的等温、层状、稳定流动，因而物料黏度 η 为常数，各流动参数对时间的导数皆为零；

② 忽略重力的作用，即 $\rho g = 0$。式中 ρ 为物料的密度，g 为重力加速度；

③ 由于 $H_0 \ll R$，因而可认为钳住区内的两辊筒表面互相平行，这样 y 方向无物料流动，即物料在 y 方向的流动速度 $v_y = 0$。物料在 x 方向流动速度 v_x 的变化远小于它在 y 方向的变化，因而 $\mathrm{d}v_x/\mathrm{d}x$ 可忽略不计。压力 p 仅为 x 的函数，且压力降 $\mathrm{d}p/\mathrm{d}z$ 为常数；

④ 物料严格按照 x、y 二维流动，在辊筒宽度方向，即 z 向，无物料流动，亦即物料在 z 方向的流动速度 $v_z = 0$；

⑤ 忽略物料的弹性，并认为物料在辊筒表面没有滑动；

⑥ 两辊筒的半径和线速度相等，辊筒刚度足够大，因而流动的几何边界不受辊隙间压力的影响。

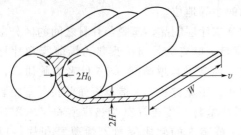

图 8-1 压延过程示意图

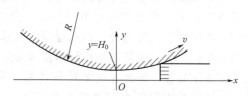

图 8-2 压延流动分析的坐标图

根据上述假设，采用图 8-2 所示的直角坐标系统，速度分布可以表述为：

$$v_x = v + \frac{y^2 - h^2}{2\eta}\left(\frac{\mathrm{d}p}{\mathrm{d}x}\right) \tag{8-1}$$

单位辊筒宽度上的体积流率可表示为：

$$Q = 2h\int_0^h v_x\,\mathrm{d}y$$

将式（8-1）代入上式并积分得：

$$Q = 2h\left[v - \frac{h^2}{3\eta}\left(\frac{\mathrm{d}p}{\mathrm{d}x}\right)\right] \tag{8-2}$$

用无因次变量 x' 来表示 x，可使方程简化：

$$x' = \frac{x}{(2RH_0)^{1/2}} \tag{8-3}$$

将式（8-3）代入式（8-2），解出 $\dfrac{\mathrm{d}p}{\mathrm{d}x}$ 得：

$$\frac{\mathrm{d}p}{\mathrm{d}x'} = (2RH_0)^{1/2}\left(\frac{3\eta}{h^2}\right)\left(v - \frac{Q}{2h}\right) \tag{8-4}$$

引入另一无因次变量 λ：

$$\lambda^2 = \frac{Q}{2VH_0} - 1 \tag{8-5}$$

由于物料在此处脱离辊筒表面，物料的流动速度将与辊速相同，即 $v_x = v$，而 $Q = 2vH_0$，因此可得：

$$\lambda^2 = \frac{x'^2}{2RH_0} \tag{8-6}$$

可见，λ 等于终钳住点处的 x' 值。将 λ^2 引入式（8-4）可得

$$\frac{\mathrm{d}p}{\mathrm{d}x'}=\frac{\eta v}{H_0}\sqrt{\frac{18R}{H_0}}\left[\frac{x'^2-\lambda^2}{(1+x'^2)^3}\right]\tag{8-7}$$

物料在钳住区任一点的压力可由上式积分得到，根据 $\lambda=x'$ 时终钳住点处 $p=0$（忽略大气压力），可得积分常数近似为 $5\lambda^3$，于是得：

$$p=\frac{\eta v}{H_0}\sqrt{\frac{9R}{32H_0}}\left[g(x',\lambda)+5\lambda^3\right]\tag{8-8}$$

$g(x',\lambda)$ 是一个复杂函数，它有两个重要的根，即压力为零的那两点。其中一点为始钳住点处，假设此点 $x'=-x'_0$；另一点为终钳住点处，此处 $x'=\lambda$。方程（8-8）表明，这两点的 $g(x',\lambda)=-5\lambda^3$，亦即：

在始钳住点处，$g(-x'_0,\lambda)=-5\lambda^3$；在终钳住点处，$g(\lambda,\lambda)=-5\lambda^3$；

因而：

$$g(-x'_0,\lambda)=g(\lambda,\lambda)\tag{8-9}$$

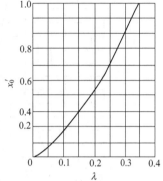

图 8-3 λ 和 x'_0 之间的曲线关系

表明始钳住点和终钳住点之间存在着唯一的关系，此关系可由图 8-3 表示。

当 $x'=\pm\lambda$ 时，$\frac{\mathrm{d}p}{\mathrm{d}x'}=0$，这时 p 分别为极小值和极大值。在 $x'=-\lambda$ 处，$p=p_{\max}$，为最大压力点，最大压力值为：

$$p_{\max}=\frac{5\lambda^3\eta v}{H_0}\sqrt{\frac{9R}{8H_0}}\tag{8-10}$$

如果把钳住区任一点压力和最大压力之比定义为相对压力，并用 p' 表示，则：

$$p'=\frac{p}{p_{\max}}=\frac{p(x')}{p(-\lambda)}=\frac{1}{2}\left[1+\frac{g(x',\lambda)}{5\lambda^3}\right]\tag{8-11}$$

由此式可得钳住区各主要点上的 p' 值为：

始钳住点：$x'=-x'_0$，$p'=0$；

最大压力点：$x'=-\lambda$，$p'=1$；

中心钳住点：$x'=0$，$g(0,\lambda)=0$，$p'=1/2$；

终钳住点：$x'=\lambda$，$p'=0$。

式（8-11）可简化为：

$$p=k\lambda^3p'\tag{8-12}$$

式中，k 为常数项。由此可清楚地看到 λ 对压力分布的影响。图 8-4 表示三种 λ 值的 p-λ 曲线。随着 λ 的增加，钳住区范围扩大，最大压力上升。由于 $p_{\max}$ 和 λ 呈三次方关系，所以 λ 的微小变化即会引起 $p_{\max}$ 很大改变，例如 λ 增加 1 倍时，$p_{\max}$ 就增至 8 倍。

虽然 λ 对压力分布曲线的斜率影响很大，但它只能用实验方法测定。如果得到压力分布，那么 λ 可根据零压力点，最大压力点，也可根据辊隙处的压力来确定，这取决于哪一点压力值与实验数据最吻合。有人采用应变式压力传感器在直径为 250mm 的辊筒表面上测得了压力分布，物料为软聚氯乙烯。测试数据和理论曲线的比较表明（图 8-5），它们的最大压力点是一致的。若以最大压力点 $x'=-\lambda$ 为分界线，则在 $x'>-\lambda$ 这段，理论曲线与实际曲线比较一致，而在 $x'<-\lambda$ 这段，理论值比实际值低。在 $\frac{p}{p_{\max}}>1/2$ 的情况下，理论曲线

与实测曲线比较一致，而在 $\dfrac{p}{p_{\max}}<1/2$ 的部分，理论曲线就降在实际曲线之下。理论与实际不相符的主要原因是熔体的非牛顿性。理论假设所有各点的熔体黏度为常数，但实际上熔体为假塑性，在辊隙区剪切速率大，η 值比较小，故压力建立必定比牛顿流动理论所要求的早。此外，忽略熔体的弹性及喂料端有存料也是产生误差的重要原因。

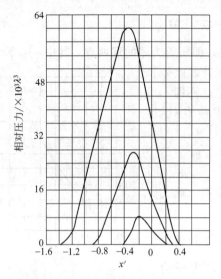

图 8-4 不同 λ 值的相对压力分布

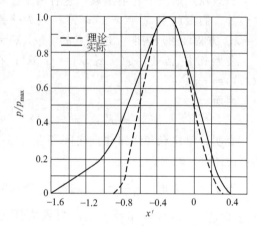

图 8-5 理论压力曲线与实际压力曲线的比较

联列式(8-1) 和式(8-7)，把 x 化为 x'，并重新整理，得到钳住区物料的速度分布：

$$\frac{v_x}{v}=\frac{2+3\lambda^2\left[1-(y/h)^2\right]-x'^2\left[1-3(y/h)^2\right]}{2(1+x'^2)} \tag{8-13}$$

该式表明 $\dfrac{v_x}{v}$ 是 x'、(y/h) 和 λ 的函数。由此式可以得出以下结论 [图 8-6(a)]：

① 当 $x'=\pm\lambda$ 时，$v_x=v$，速度分布为直线，亦即最大压力点和终钳住点处物料速度等于辊筒表面线速度。

② 当 $-\lambda<x'<\lambda$ 时，压力梯度为负，速度分布为凸状曲线。在此区域内，除了与辊筒接触的物料 $v_x=v$ 外，其它各点的比值都大于辊筒线速度。在 x' 轴方向上，v_x 由 $-\lambda$ 处至中心钳住点处逐渐增加到最大值，过了中心钳住点后又逐渐下降，在终钳住点处等于辊筒线速度。

③ 当 $x'<-\lambda$ 时，压力梯度为正度分布为凹状曲线。

④ $x'<-\lambda$ 区域内，当 $x'=x'^*$ 时，在 $y=0$ 处，$v_x=0$，这一点称为"滞留点"。使式(8-13)中的 $\dfrac{v_x}{v}=0$，即可求得：

$$x'^*-3\lambda^2-2=0$$

该式说明 x'^* 是 λ 的函数。

⑤ 当 $x'<x'^*$ 时，物料运动出现两个相反方向的速度：靠近中心面处，物料速度为负值，离开钳住区向负 x 方向流动；靠近辊筒表面处，物料速度为正值，向着正 x 方向流动。因而在此区域内存在局部环流。

熔体在钳住区的剪切速率可由式(8-13)给出的 v_x 时 y 进行偏导求得：

$$\dot{\gamma}=\frac{\partial v_x}{\partial y}=\frac{1}{h}\left[\frac{\partial v_x}{\partial(y/h)}\right]=\frac{3v(y/h)}{h}\left(\frac{x'^2-\lambda^2}{1+x'^2}\right) \tag{8-14}$$

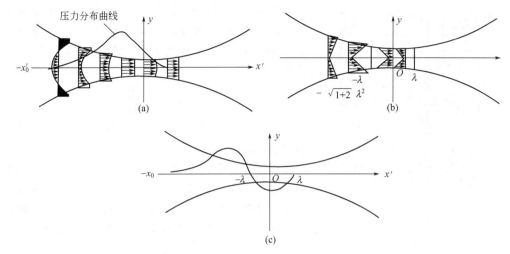

图 8-6 钳住区速度和剪切速率的分布曲线

（a）速度和压力分布曲线；（b）剪切速率在 y 轴方向的分布曲线；

（c）辊筒表面的剪切速率在 x' 轴方向的分布曲线

由于剪切应力 $\tau = \eta\dot\gamma$，$\dot\gamma$ 和 λ 都与 y 成正比关系，且当 $y=0$ 时，$\dot\gamma$ 和 λ 也都等于零，所以 $\dot\gamma$ 和 λ 在 y 方向的分布为通过原点的直线，如图 8-6（b）所示。

在辊筒表面 $y/h=1$，则剪切速率 $\dot\gamma_h$ 和剪切应力 τ_h 为：

$$\dot\gamma_h = \frac{3v}{H_0}\left[\frac{x'^2 - \lambda^2}{(1+x'^2)^2}\right] \tag{8-15}$$

$$\tau_h = \frac{3v\eta}{H_0}\left[\frac{x'^2 - \lambda^2}{(1+x'^2)^2}\right] \tag{8-16}$$

欲得在 x' 坐标轴上的最大剪切速率 $\dot\gamma_{max}$ 和最小剪切速率 $\dot\gamma_{min}$，可由式（8-15）对 x' 求导，并取 $\dfrac{\mathrm{d}\dot\gamma_h}{\mathrm{d}x'}=0$ 求得相应的 x' 后，即可得到：当 $x'=0$ 时，$\dot\gamma_h$ 最小，当 $x'=-\sqrt{1+2\lambda^2}$ 时，$\dot\gamma_h$ 最大，且：

$$\dot\gamma_{max} = \frac{3v}{4H_0}\left(\frac{1}{1+\lambda^2}\right) \tag{8-17}$$

$$\dot\gamma_{min} = -\frac{3v\lambda^2}{H_0} \tag{8-18}$$

由以上两式又可得到最大剪切应力 τ_{max} 和最小剪切应力 τ_{min}：

$$\tau_{max} = \frac{3v\eta}{4H_0}\left(\frac{1}{1+\lambda^2}\right) \tag{8-19}$$

$$\tau_{min} = -\frac{3v\eta}{H_0}\lambda^2 \tag{8-20}$$

此外，当 $x'=\pm\lambda$ 时，即在最大压力处和终钳住点处，不管 y 为何值，剪切速率和剪切应力都等于零。

$\dot\gamma_h$ 对 x' 的分布曲线见图 8-6（c）。可见，物料刚进入钳住区时，$\dot\gamma>0$，$\tau>0$。在 $x'=-\sqrt{1+2\lambda^2}$ 处，$\dot\gamma$ 和 τ 达到最大值。以后，$\dot\gamma$ 和 τ 渐趋减小，但仍为正值。当 $x'=-\lambda$ 时，虽然压力达到最大值，但 $\dot\gamma$ 和 τ 都为零。以后 $\dot\gamma$ 和 τ 变为负值，当 $x'=0$ 时，$\dot\gamma$ 和 τ 达到最小值，过了这点以后，$\dot\gamma$ 和 τ 逐渐增加，但仍为负值，直到 $x'=\lambda$ 时，$\dot\gamma$ 和 τ 变为零，于是物料离开钳住区。

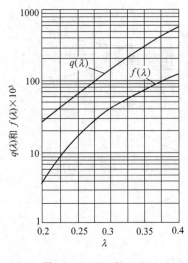

图 8-7 $f(\lambda)$ 和 $q(\lambda)$
随 λ 变化的曲线

驱动每一个辊筒所需的功率 N 由以下几项乘积确定：①辊筒表面速度 v；②辊筒轴向工作面宽度 W；③熔体黏度 η；④沿熔体与辊筒接触的全部剪切速率 $\dot{\gamma}_h$ 的总和。

$$N = 3Wv^2 \eta \sqrt{\frac{2RH}{H_0}} f(\lambda) \tag{8-21}$$

式中，$f(\lambda)$ 为仅与 λ 变化有关的函数式，其曲线关系如图 8-7 所示。

在压延过程中，辊筒对物料施加压力，而物料对辊筒又产生反作用力，这个力使辊筒趋向分离，通常称为分离力。显然，总压力和分离力是彼此相等的。辊筒所受的分离力分布在整个钳住区，而且沿工作面长度均布：

$$F = \frac{3\eta v R W}{4H_0} q(\lambda) \tag{8-22}$$

式中，函数 $q(\lambda)$ 由另一个复杂方程确定，该方程的曲线由图 8-7 表示。

分离力是设计压延机的主要参数，常用以推测某种材料在一定的工艺条件下压延时，辊筒和轴承是否安全。由于辊筒分离力与 H_0 成反比关系，因而在生产很薄的制品时，分离力显著增加，即使辊筒和轴承的强度允许，辊筒挠度也将增加，制品厚薄均匀度必然受影响，高速生产时影响更严重，应引起注意。

实际生产中，辊筒分离力常由压力传感器或液压加载装置测量得到。为了设计计算方便，通常引入"横压力"的概念，它表示每单位厘米辊筒宽度上的分离力。由实验测知，实际生产中辊筒横压力在 4000~7000N/cm 范围变化。

8.1.3 成型设备

压延成型所用的主要设备是压延机，此外还包括挤出机、供料装置、干燥和冷却装置、轧花和卷曲装置等附属设备，共同组成压延生产线。

8.1.3.1 压延机

在压延成型生产流水线中，将热塑性塑料压延成型的主要机械设备称为压延机，它主要是使物料通过若干个旋转的辊筒，使之受到挤压和相互之间的摩擦作用，从而使制品基本定型。压延机体积庞大，投资大，维修复杂，制造技术要求高。

（1）压延机分类　压延机通常以辊筒数目及其排列方式来分类。根据辊筒数目不同，压延机有双辊、三辊、四辊、五辊，甚至六辊。压延机的辊数越多，压延效果越好。但是，辊数多，机器庞大，结构复杂，造价也高。通常压延成型以三辊或四辊压延机为主。由于四辊压延机对塑料的压延较三辊压延机多了一次，可以使薄膜厚度更薄，更均匀，而且表面也较光滑。同时，辊筒转速也可大大提高。例如，三辊压延机的辊速一般只有 30mm/min，而四辊压延机能达到它的 2~8 倍。此外，四辊压延机还可以一次完成双面贴胶工艺，因此正逐步取代三辊压延机。

通常三辊压延机的排列方式有 I 形、三角形等几种，四辊压延机则有 I 形、倒 L 形、正 Z 形、斜 Z 形等（图 8-8）。排列辊筒的主要原则是尽量避免各辊筒在受力时彼此发生干扰，并应充分考虑操作的要求和方便以及自动供料的需要等。

I 形压延机，辊筒全部垂直排列。该种排列方式，供料不方便，并且，当物料压力变化造成辊筒浮动变形时，各辊筒互相干扰严重，直接影响制品质量。

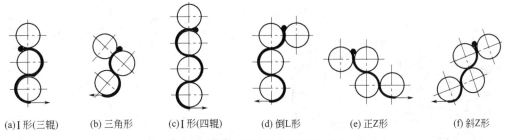

(a)I形(三辊)　(b) 三角形　(c)I形(四辊)　(d) 倒L形　(e) 正Z形　(f) 斜Z形

图 8-8　常见的压延机辊筒排列方式

L 形压延机包括正 L 形和倒 L 形。它是将垂直放置的辊筒中的一个辊筒水平放置，以解决形压延机供料困难和辊筒互相干扰的问题，在结构上比 I 形压延机紧凑。

Z 形压延机包括正 Z 形和斜 Z 形，相邻两个辊筒互为 90°角排列。目前应用比较普遍的是斜 Z 形。它与倒 L 形相比有如下优点：各辊筒互相独立，受力时可以不互相干扰，这样传动平稳，操作稳定，制品厚度容易调整和控制；物料和辊筒的接触时间短，受热少，不易分解；各辊筒拆卸比较方便，易于检修；上料方便，便于观察存料；厂房高度要求低；便于双面贴胶。

斜 Z 形的缺点是物料包住辊筒的面积比较小，因此产品表面光洁程度受到影响，杂物容易掉入。此外，斜 Z 形压延机的第三辊与第四辊速度不能相差太小，否则物料容易包住第四辊；若两辊速度相差太大，对生产透明薄膜又不利。

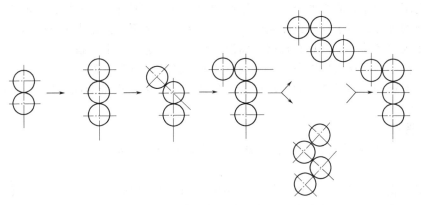

图 8-9　压延机的发展历程

近年来，一些压延机又有从 Z 形和斜 Z 形向倒 L 形发展的趋势（图 8-9）。这是因为用倒 L 形压延机生产薄而透明的薄膜时，中辊受力不大（上下作用力几乎相等，相互抵消），因而辊筒挠度小、机架刚度好，牵引辊可离得近，只要补偿第四辊的挠度就可压出厚度均匀的制品。至于其中辊浮动和易过热等缺点，可采取零间隙精密滚柱轴承、钻孔辊筒、辊筒预应力装置以及轴交叉装置等办法解决。而当用倒 L 形压延机时，第三辊和第四辊的速度可以互相接近。

（2）压延机的构造　压延机主要由机体、辊筒、辊筒轴承、辊距调节装置、加热装置、轴交叉装置和预应力装置、润滑装置、传动与减速装置等组成，如图 8-10。

压延机辊筒必须具有足够的强度、刚度、精度及表面光洁度。为保证尺寸精度和表面光洁，辊筒表面粗糙度应不大于 $0.2\mu m$，不得有气孔和沟纹。辊筒越长，刚度越差，弹性变形也越大。因而压延机辊筒的长径比有一定限制，通常为 1：(2～3)。压延软质制品时取较大值，压延硬质制品时取较小值。通常，同一压延的各辊筒直径和长度都是相同的，但也有异径辊筒压延机。

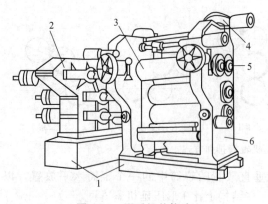

图 8-10 压延机的构造

1—机座；2—传动装置；3—辊筒；4—辊距调节

装置；5—轴交叉调节装置；6—机架

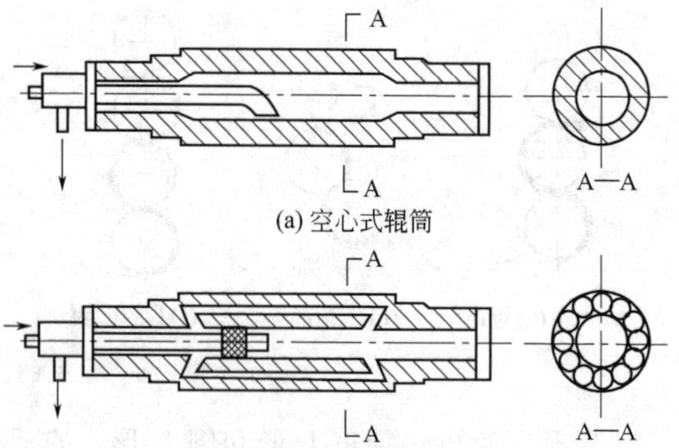

图 8-11 辊筒结构

辊筒为中空结构，内部可通蒸汽、过热水或油来加热或冷却。按载热体流道的形式不同，可分为空心式和钻孔式两种，如图 8-11 所示。辊筒轴承不但支撑辊筒，而且承受压延加工时产生的压力。一般采用滚动轴承，也有用特殊的浇铸套筒轴承。由于三、四辊压延机在塑料运行方向倒数第二辊的轴承位置是固定的，其它辊筒借助调节装置可以前后移动，以便调整辊间距，适应制品厚度的需要。辊筒的加热方式主要有蒸汽加热、电加热、过热水加热三种。前两种方式用于空心式压延辊筒；后一种方式多用于钻孔式压延辊筒，其加热面积是空心式压延辊筒的 2 倍，具有辊筒表面温度均匀、稳定、易于控制等优点。轴交叉装置和预应力装置都是为了克服操作中辊筒出现弯曲而设置的。压延机辊筒的转动广泛采用直流电动机通过变速箱和万向联轴节的传动形式，分别由一个电动机带动四个辊筒，或两个辊筒，或一个辊筒。

8.1.3.2 辅机

压延机辅机的主要结构包括：引离辊、轧花装置、冷却装置、卷取装置、金属检测器等。

（1）引离辊 引离辊又称解脱辊或牵引辊，如图 8-12 所示。一般小型三辊压延机不设置，薄膜靠压花辊或冷却辊直接引离出来，而四辊压延机则需要设置，其作用是从压延机辊筒上均匀地无皱折地剥离已成型的薄膜，同时对薄膜进行一定程度的拉伸。一般引离速度要大于压延速度。引离辊设置于压延机辊筒出料的前方，距离最后一个压延辊筒约 75～150mm。一般为中空式，内部可通过蒸汽加热，以防止出现冷拉伸现象和增塑剂等挥发物质凝结在引离辊表面。辊温和速比是影响引离的主要因素，生产薄膜时，引离辊的线速度通常比主辊高 30％左右。

（2）轧花装置 轧花的意义不限于使制品表面轧上美丽的花纹，还包括使用表面镀铬和

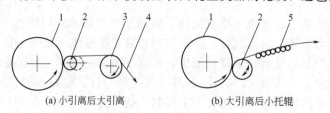

(a) 小引离后大引离　　　　　　　(b) 大引离后小托辊

图 8-12 引离装置示意图

1—压延辊筒；2—小引离辊；3—大引离辊；4—薄膜；5—小托辊

高度磨光的平光辊轧光，以增加制品表面的光亮度。

轧花装置由轧花辊和橡皮辊组成，如图 8-13，辊内可通冷却水，以控制花纹定型和保护橡胶辊。轧花辊上的压力、转速和冷却水流量都是影响轧花操作质量的主要因素。

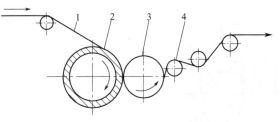

图 8-13 轧花装置示意图
1—PVC 薄膜；2—胶辊；3—轧花辊；4—导辊

（3）冷却装置 压延出来的薄膜温度很高，需要冷却才能定型，否则薄膜会发皱、花纹消失、难于卷取等。冷却装置主要由 4～8 个冷却辊筒组成，为了避免与薄膜黏结，冷压辊不宜镀铬，最好采用铝质磨砂辊筒。

（4）卷取装置 卷取装置有摩擦卷取和中心卷取两种。为了保证压延薄膜在存放和使用时不致收缩和发皱，卷取张力大小应该适合。张力过大时，薄膜在存放中会产生应力松弛，以致摊不平或严重收缩；张力过小时，卷取太松，则堆放容易把薄膜压皱。因此，卷取薄膜时应保持相等的松紧程度。为此，卷取时都应添设张力的控制装置。

（5）金属检测装置 物料中含有金属时，能自动发出警报并停止喂料，以保护辊筒表面不受损伤。

（6）β 射线测厚仪 为了使薄膜厚度测定达到自动控制，通常配备一个 β 射线测厚仪。压延薄膜冷却定型后，通过 β 射线测厚仪可以把薄膜的厚度连续测出并记录下来。根据测出的薄膜厚度变化，通过反馈电路调节 4 号辊筒与 3 号辊筒之间的间隙，以达到用信号自动控制薄膜厚度的目的。

8.1.4 典型的压延成型工艺过程

压延过程可分为前后两个阶段：前阶段是压延前的备料阶段，主要包括所用物料配制、塑化和向压延机供料等；后阶段包括压延、牵引、轧花、冷却、卷取、切割等，是压延成型的主要阶段。图 8-14 表示压延生产中常用的四种工艺过程。每一阶段又包括若干工序。

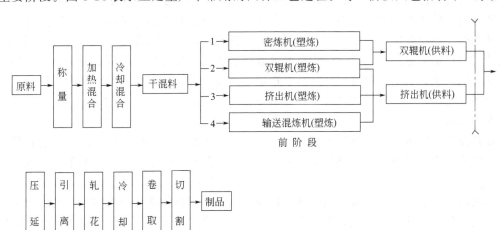

图 8-14 压延成型工艺过程

目前的压延成型主要以生产聚氯乙烯制品为主。聚氯乙烯压延产品主要有软质薄膜和硬质产品两种。由于它们的配方及用途不同，生产工艺也有差别。

生产软质聚氯乙烯薄膜的工艺流程如图 8-15 所示。

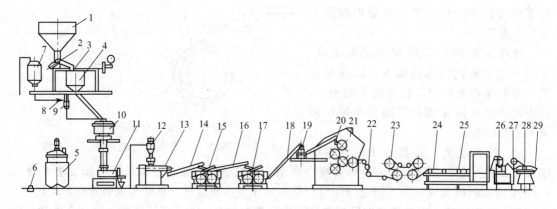

图 8-15　生产软质聚氯乙烯薄膜的工艺流程

1—树脂料仓；2—电磁振动加料斗；3—自动磅秤；4—称量计；5—大混合器；6—齿轮泵；7—大混合中
间储槽；8—传感器；9—电子秤料斗；10—高速热机；11—高速冷机；12—集尘器；13—塑化机；
14,16,18,24—运输带；15,17—辊压机；19—金属检测器；20—摆斗；21—四辊
压延机；22—冷却导辊；23—冷却辊；25—运输辊；26—张力装置；
27—切割装置；28—复卷装置；29—压力辊

8.1.5　影响压延质量的因素

影响压延制品的因素很多，通常可以归纳为四个方面，即压延机的操作因素、原材料因素、设备因素和辅助过程中的各种因素。所有因素对压延各种塑料的影响都相同，但对压延软质聚氯乙烯制品较为复杂，这里即以其为例，说明各种因素的影响。

8.1.5.1　压延机的操作因素

压延机操作因素主要包括辊温和辊速、速比、辊距、存料量等。

（1）辊温和辊速　物料在压延成型时所需的热量，一部分由加热辊筒供给，另一部分则来自物料与辊筒之间的摩擦以及物料自身剪切作用产生的能量。该热量的大小除与辊速有关外，还与物料的增塑程度即其黏度有关。因此，压延不同配方的塑料时，在相同的辊速条件下，其温度控制也有所不同；同理，相同配方不同的辊速，其温度控制也应有所不同。提高压延速度则辊温应适当降低，此时物料升温和熔融塑化所需的热量即可由增加剪切作用而增加的热量来提供，否则将导致温度过高，影响制品质量或正常操作。反之，降低压延速度则应适当提高辊温，以补充由减少剪切量而减少的摩擦热，否则会造成温度过低，塑化不良，因此控制辊筒温度必须与辊筒线速度相配合。

压延温度的确定除了与压延速度有关外，还与配方有关，如配方中使用聚合度较高的聚氯乙烯树脂，则压延温度应适当提高；使用用量较多的与增塑效率较好的增塑剂，压延温度可降低。

压延时，物料常黏附于高温和快速的辊筒上。为了使物料能够依次贴合辊筒，避免夹入空气而使薄膜产生孔泡，各辊筒的温度一般是依次增高的（最后一道压延辊温降低，以便引离膜片顺利），并维持一定的温差，各辊筒间的温差在 5～10℃ 范围内。

（2）辊筒的速比　压延机相邻两辊筒线速度之比称为辊筒的速比。压延辊具有速比可使压延物依次贴辊，而且还能使物料受到更多的剪切作用，使塑料更好地塑化。此外，还可使制品取得一定的延伸和定向，从而所制减小薄膜厚度和提高质量。为达到延伸和定向的目的，辅机各转辊的线速度也应有差异，引离辊、冷却辊和卷绕辊的线速度应依次增高，并且都大于压延机主辊筒（四辊压延机中的第四辊）的线速度。但是，速比不能太大，否则薄膜

的厚度将会不均匀，有时还会产生过大的内应力。

在三辊压延机中，上、中辊的速比一般为 1∶1.05，中、下辊一般取相同速比，借以起到熨平的作用。引离辊与压延机主辊的速比也要控制适当，速比低，会影响引离；速比过大则会产生过多的延伸。生产厚度为 0.10～0.23mm 的薄膜时，引离辊线速度一般比主辊高 10%～34%。

（3）辊距及辊隙间的存料量　压延辊筒表面之间的距离称为辊隙或辊距。物料在三辊压延机中两次通过辊隙，在四辊压延机中则三次通过辊隙，每增加一个压延辊筒，物料就多一次压延。在压延中各辊隙应顺序减小，即第一道辊隙大于第二道辊隙，第二道辊隙大于第三道辊隙，直至最后一道辊隙使熔融物料压延成所需厚度的薄膜或片材。

辊距按压延机辊筒排列次序自下而上增加，目的是使辊筒间隙间有少量存料，辊隙存料在压延成型中起储备、补充和进一步塑化的作用。存料的多少和旋转状况均直接影响产品质量。存料过多，薄膜表面毛糙和出现云纹，并容易产生气泡；在硬片生产中还会出现冷疤。此外，存料过多时会增大辊筒的负荷，对设备不利。存料太少，则会因压力不足而造成薄膜表面毛糙，在硬片中会连续出现菱形孔洞。

如果存料温度过低或辊隙调节不当，其旋转状况就会出现不正常，影响膜、片均匀度及质量。存料旋转不佳，会使产品横向厚度不均匀，薄膜有气泡，硬片有冷疤。存料的旋转状态应保持表面平滑，全部呈同一方向均匀旋转，尤其是最后一道存料更应如此。

（4）剪切和拉伸　压延机上压延物在纵向上受很大的剪切应力和一些拉伸应力，因此高聚物分子会顺着薄膜前进的方向（压延方向）发生分子定向，导致薄膜在物理机械性能上出现各向异性。

由于定向引起的性能变化主要有：①与压延方向平行和垂直两向（即纵向和横向）上的断裂伸长率不同，纵向约为 140%～150%，横向约为 37%～73%。②在自由状态加热时，由于解取向作用，薄膜各方向尺寸会发生不同的变化，纵向出现收缩，横向与厚度则出现膨胀。定向作用的程度随辊筒线速度、辊筒之间的速比、辊隙间的存料量以及物料表观黏度等因素的增长而上升，随辊筒温度和辊距以及压延时间的增加而下降。引离辊、冷却辊等均具有一定的速比，也会引起压延物的分子定向作用。

8.1.5.2　原材料的因素

（1）树脂　一般来说，使用分子量较高和分子量分布较窄的树脂，可得到物理力学性能、热稳定性和表面均匀性好的制品，但会提高压延温度，增大设备负荷，对生产较薄的薄膜不利。故在压延制品的配方设计中，应根据具体的要求选用合适的树脂。树脂中的灰分过高会降低薄膜的透明度，而水分和挥发物过高则会使制品带有气泡。

配方设计时，应先根据制品的具体要求确定树脂分子量和增塑剂的用量。树脂分子量不同，制品的力学性能和对加工的温度要求也就不同。分子量越大，黏度越大，加工温度要求高，得到的制品力学性能越好。近几年来，为了提高产品的质量，用于压延成型的树脂有了很大的发展，用本体聚合的树脂生产出的制品透明度好，吸收增塑剂效果也好。此外通过树脂与其它材料的共混改性和单体接枝嵌段共聚改性，也可得到性能更好的树脂。

（2）其它组分　配方中对压延影响较大的其它组分是增塑剂和稳定剂。

压延成型中，为降低聚氯乙烯树脂的玻璃化转变温度，增加其流动性，使之易于成型加工，往往在树脂中加入增塑剂。增塑剂不仅可改善树脂的加工性能，而且可提高制品伸长率，减小相对密度，提高耐低温性和增大吸水性。但加入的增塑剂同时也会使制品的耐热性、硬度、拉伸强度以及撕裂强度等指标下降。从工艺角度而言，增塑剂含量越多，物料熔体强度就越低，在不改变压延机负荷的情况下，可以提高辊筒转速或降低压延温度。

聚氯乙烯塑料必须加入热稳定剂和抗氧剂。不适当的稳定剂会使压延机辊筒（包括花辊）表面沉积一层蜡状物质，致使薄膜表面光泽降低。压延温度越高，这种现象越严重。出现蜡状物质的原因在于所用稳定剂与树脂的相容性较差，而且其分子极性基团的正电性较高，以致压延时析出而包围在辊筒表面上，形成蜡状层。颜料、润滑剂及螯合剂等原料也有形成蜡状层的可能。

(3) 物料的混合与塑炼　混合是将准备好的树脂、辅助材料在混合设备中，在低于树脂熔点的温度之下，通过设备的搅拌、振动、翻转等作用完成的简单混合。混合时，要求各种原料的细度比较接近，而且要按一定的顺序加料。通常是按树脂、增塑剂、稳定剂、着色剂、填料和润滑剂等的顺序进行混合。混合的温度、时间应按树脂的性能、配方组成和设备类型来决定。

塑炼可改变物料的性状，使物料在剪切力作用下热熔、剪切混合，达到适当的柔软度和可塑性，使各种组分的分散更趋均匀，同时还可以驱逐其中的挥发物及弥补树脂合成中带来的缺陷（挥发残存的单体、催化剂等），有利于输送和成型等。塑炼时间不宜太长，温度不宜过高，否则会使过多的增塑剂散失以及引起树脂分解。但是，塑炼温度太低，则会出现不黏辊或塑化不均现象。通常软质制品的塑炼温度为 $165\sim170\,℃$，硬质制品为 $170\sim180\,℃$。

8.1.5.3　设备因素

压延产品质量上的突出问题是横向厚度不均，通常是中间和两端厚而近中区两边薄，俗称"三高两低"现象。这种现象主要是辊筒的弹性变形和辊筒两端的温度偏低引起的。

(1) 辊筒的弹性变形　实测或计算都表明，压延时的辊筒受有很大的分离力，因此两端支撑在轴承上的辊筒犹如受载梁一样，会发生弯曲变形。这种变形从变形最大处的辊筒中心，向辊筒两端逐渐展开并减少，导致压延产品的横向断面呈现中厚边薄的现象（图 8-16）。

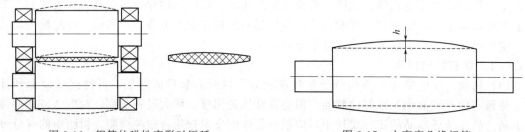

图 8-16　辊筒的弹性变形对压延　　　　　图 8-17　中高度凸缘辊筒
　　　　　产品横向断面的影响

辊筒长径比愈大，弹性变形愈大。除了可从辊筒材料及增强结构等方面提高其刚度外，生产中还采用中高度、轴交叉和预应力等措施进行纠正。三种方法有时联用，已达到相互补偿的效果。

① 中高度　即将辊筒的工作面制成腰鼓形，如图 8-17 所示。辊筒中部凸出的高度 h 称为中高度或凹凸系数，其值很小，一般只有百分之几毫米到十分之几毫米。产品偏薄或物料黏度偏大，则需要的中高度偏高。因此，既定中高度的辊筒生产的薄膜，在选用的原料和制品的厚度上，均应固定，最多也只能对原料（主要是流变性能）和厚度两者的限制略微放宽，否则厚度公差就会增大。

② 轴交叉　一般情况压延机相邻两辊筒的轴线都是在同一平面上相互平行的，在没有负荷下可以使其间隙保持均匀一致。如果将其中一个辊筒的轴线在水平面上稍微偏动一个角

度（轴线仍不相交），则在辊筒中心间隙不变的情况下增大了两端的间隙，相当于在辊筒表面构筑了一定弧度（图 8-18）。

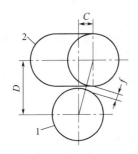

图 8-18　辊筒轴交叉示意图
1—固定辊；2—交叉辊；C—辊筒端交叉距辊偏移
的距离 $f=\sqrt{C^2+D^2}-D$

图 8-19　辊筒轴交叉所形成的弧度
（实线）和所需弧度（虚线）

实际上，轴交叉导致的弯曲形状间隙和因分离力所引起的间隙弯曲并非完全一致（图 8-19），当用轴交叉方法将辊筒中心和两端调整到符合要求时，在其两侧的近中区部分却出现了偏差，即轴交叉产生的弧度超过了因分离力所引起的弯曲，致使此处产品偏薄。轴交叉角度愈大，这种现象愈严重。不过在生产较厚制品时，这一问题并不突出。

轴交叉法通常都用于最后一个辊筒，常与中高度结合使用。轴交叉的优点是可以随产品规格品种不同而调节，从而扩大了压延机成型制品的适应范围。轴交叉角度通常由两个电动机经传动机构对两端的轴承壳施加外力来调整，两个电动机应当绝对同步。轴交叉的角度一般均限制在 2°以内。

③ 预应力　这种方法是在辊筒轴承的两侧设一辅助轴承，用液压或弹簧通过辅助轴承对辊筒施加应力，使辊筒预先产生弹性变形（图 8-20），其方向与分离力所引起的变形方向相反。这样，在压延过程中辊筒所受的两种变形便可以互相抵消，所以该装置也称辊筒反弯曲装置。

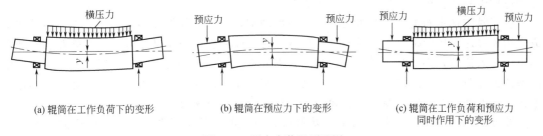

(a) 辊筒在工作负荷下的变形　　(b) 辊筒在预应力下的变形　　(c) 辊筒在工作负荷和预应力
同时作用下的变形

图 8-20　预应力装置原理图

预应力装置可以对辊筒的两个不同方向进行调节。当压延制品中间薄两边厚时，也可以用此装置予以校正。不仅可使辊筒弧度有较大变化范围，并使弧度的外形接近实际要求，而且较易控制。但是，如果完全依靠这种方法来调整，则需几十吨甚至几百吨的力。由于辊筒受有两种变形的力，这就大大增加了辊筒轴承的负荷，降低了轴承的使用寿命。在实际使用中，预应力只能用到需要量的百分之几十，所以预应力一般也不作唯一的校正方法。

中高度法、轴交叉法、预应力法三种方法比较见表 8-1。

（2）辊筒表面温度　在压延机辊筒上，两端温度通常比中间的低。原因是轴承的润滑油带走了热量和辊筒不断向机架传热。辊筒表面温度不均匀，必然导致整个辊筒热膨胀的不均匀，这就造成产品两端厚的现象。

表 8-1 对辊筒挠度补偿三种方法的比较

中高度法	中高度固定,在特定的品种和操作条件下,效果明显,但不能随制品规格和工艺条件的变化而变化,故有局限性。此外,机械加工困难,而且辊筒中高度数值不一,不能相互调配使用
轴交叉法	与中高度并用,可以弥补制品两边薄的问题,但轴交叉所造成的间隙弯曲形状不一致,故即使薄膜厚度调到两边与中间相同,而在两边靠近辊筒长度 1/4 处,还是偏薄,出现"三高两低"现象
预应力法	此法与轴交叉接近于实际变形曲线,故有利于提高薄膜厚度的均匀性,但由于辊筒受到极大的作用力,且受力集合断面小,轴承使用寿命短

为了弥补辊筒表面的温差,可在温度低的部分采用红外线或其它方法作补偿加热,或者在辊筒两边近中区采用风管冷却,但这样又会造成产品内在质量的不均。所以,保证产品横向厚度均匀的关键仍在于中高度、轴交叉、预应力装置的合理设计、制造和使用。

8.1.6 压延法人造革的生产工艺

人造革通常是以布或纸为基材的塑料涂层制品,可代替天然皮革。早在 1920 年就有所谓硝化纤维漆布的生产。1948 年以后出现了聚氯乙烯人造革。20 世纪 60 年代初,工业上开始以尼龙、聚氨酯以及氨基酸系树脂等代替聚氯乙烯作为涂层原料,制得的制品在性能上与天然革更为相近,具有一定的透气性和透湿性。

聚氯乙烯人造革常以基材、结构、表观特征和用途等分类。以基材来分,有用纸张的聚氯乙烯壁纸,用一般纺织布的普通人造革,用针织布的针织布基人造革等。此外还有不用基材的片材,通称为无衬人造革。以结构来分,则有单面人造革、双面人造革、泡沫人造革及透气人造革等。按表观特征分时有贴膜革、表面涂饰革、印花贴膜革、套色革等。按用途分时有家具人造革、衣着人造革、箱包人造革、鞋用人造革、地板人造革以及墙壁覆盖人造革等。

压延法人造革是在压延软质聚氯乙烯薄膜的过程中引入基材,使薄膜和基材牢固地贴合在一起形成的一种复合材料。其优点是可以使用廉价的悬浮法聚氯乙烯树脂,生产效率高,特别适用于制作箱包革、家具革和地板革。

生产时按选定的配方将聚氯乙烯树脂、增塑剂及各种助剂先配制成塑料,而后将其塑炼成为熔体并送至压延机。按所需厚度、宽度压延成膜后立即与布基贴合,再经轧花、冷却即制得压延人造革,必要时还须经过适当的表面处理。用压延法可以生产一般人造革,也可生产泡沫人造革。生产泡沫人造革时,在膜层与布基贴合以前的所有工序中,都必须把操作温度控制在发泡剂的分解温度以下。膜层的发泡是用后烘方法进行的。

图 8-21 是用三辊压延机使膜层与基材进行直接贴合的示意图。送往压延机的布基应进行预热,预热温度为 60℃左右。

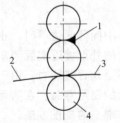

图 8-21 三辊压延机生产人造革示意图
1—塑料;2—布匹或纸张;3—压延涂层制品;4—压延机辊筒

压延法生产人造革可分为贴胶法和擦胶法两种。贴胶法中,三辊压延机的中、下两辊转速相同,上辊的速度可以稍慢或等于中、下辊。中、下两辊的辊距必须严格控制,以保证粘贴在基材上的薄膜厚度一致。由于塑料和基材对金属的摩擦系数不同,贴胶过程中有可能使制品表面产生横形条纹。可通过适当降低塑料的温度以增加其黏度、将进布(或纸)的速度稍稍放快或使成品的卷取速度略快于压延速度,以拉紧成品并保证均匀的运行速度。擦胶法的特点是压延机中辊转速比上、下两辊都较快,其速比为 1.3:1.5:1。由于中辊转速快，部分物料被擦进布缝中，而另一部分则贴附在布的表面。为保证物料能擦进布缝，通过压延机的布应有足够的张力，中、下两辊的间距应调整适当（过小会把布擦破，过大则会降低擦进作用）。辊筒温度应尽可能提高，以便物料黏度下降而易于擦进布缝，否则会引起布基破裂。

贴胶法和擦胶法各有优缺点。擦胶法制得的制品，塑料与布基黏结较牢固，但产品僵硬、手感差，生产过程较难控制，常会将布撕裂，所以需要较厚实的布作为基材。贴胶法的优缺点则与擦胶法相反。

用四辊压延机生产人造革时，基材的导入方式有：①擦胶式（辊间贴合）[图 8-22 (a)]，布基在第三、四辊间导入，与膜层贴合，布基不需预先涂胶黏剂。②内贴式 [图 8-22 (b)]，膜层与布基不在压延机主机上贴合，而在主机下辊处装一个橡胶辊，布基在橡胶辊上与压延辊之间穿入，给予适当的压力，使布基与膜层贴合牢固。为了提高贴合效果，通常先在布基上涂一层黏合剂。③外贴式 [图 8-22 (c)]，贴合辊的温度较低，因而使用寿命长，但布基也需要先经涂底。

压延法制造泡沫人造革时，涂层的发泡虽可在轧花时进行，但为便于控制温度以便均匀理想的发泡，多通过烘道进行发泡。烘箱温度一般分两段或三段。温度的高低与树脂的黏度和发泡剂的性能有关，也受增塑剂、稳定剂和发泡促进剂等其它助剂的影响。

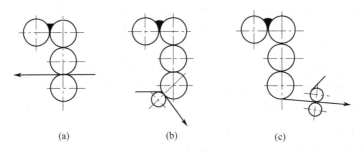

(a)　　　　　　　(b)　　　　　　　(c)

图 8-22　四辊压延机生产人造革示意图
(a) 擦胶法；(b) 内贴法；(c) 外贴法

8.2　涂覆成型

8.2.1　涂覆成型概述

为了防腐、绝缘、装饰等目的，以液体或粉末形式在织物、纸张、金属箔或板等表面上涂盖塑料薄层的成型方法称为涂覆成型、涂层或涂布。广义上讲，凡树脂复合物在任何形式的物体上形成厚度为 0.025～0.65mm 覆合层的方法均可称为涂覆成型。因此涂覆成型是许多加工方法的总称。本节主要介绍压延涂层、刮涂涂层以及几种主要的粉末喷涂方法。

8.2.2　涂覆成型原理与方法

8.2.2.1　涂覆法人造革的生产工艺

涂覆法是先将聚氯乙烯树脂与增塑剂及其它各种助剂配制成塑性溶胶，而后把它均匀地涂（或刮）在基材上，再经过热处理，使其成为涂层制品。根据涂覆的方式不同，可分为直接涂覆和间接涂覆。

聚氯乙烯溶胶亦称聚氯乙烯糊。溶胶由室温状态逐渐加热，增塑剂即开始向树脂颗粒渗透。当增塑剂为树脂完全吸收时，体系失去流动性，达到凝胶态。温度继续升高，增塑剂分子在聚合物分子链间渗透，直至大分子均匀地溶解在增塑剂中，形成均匀的熔融状态。将其冷却，即得到具有相当强度的塑料制品，如图 8-23 所示。溶胶在常温下是一种稳定体系，具有稳定的黏度、均匀的分散状态，不发生增塑剂析出分层或树脂沉淀，不出现凝胶化现象。

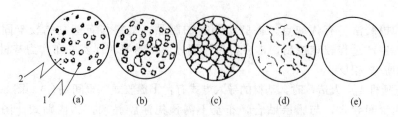

图 8-23　聚氯乙烯塑性溶胶的凝胶化和熔融作用
1—树脂颗粒（非连续相）；2—增塑剂（连续相）
(a) 25℃；(b) 65℃（颗粒溶胀）；(c) 85℃（凝胶化，液相消失）；
(d) 140℃（部分熔融）；(e) 165℃（熔融）
注：所示温度随配方的不同而变化

（1）聚氯乙烯溶胶的流变性能　在不同的剪切速率下，溶胶的黏度变化比较复杂。剪切速率极低时，溶胶接近于牛顿流体，剪切速率略升高，可转变为假塑性液体；剪切速率继续增加，出现膨胀性液体的流动特征；剪切速率再增加时，又成为假塑性液体。在此过程中，有时还会出现与时间有依赖关系的流动行为。溶胶流变性能的变化还随树脂品种的不同而有差异。

温度对溶胶黏度的影响也比较复杂。温度升高，起初会使溶胶黏度下降，但在短时间后，由于聚合物的溶胀和凝胶化作用，黏度便会显著增加。特别是当温度升到 60℃ 以后，溶胀和凝胶作用会急速产生。因此聚氯乙烯溶胶的保存温度最好不要超过 30℃。

由不同牌号的聚氯乙烯树脂按同样配方制得的溶胶，在低剪切速率下的初始黏度是有差别的，而且这种差别与树脂分子量无必然联系，而与树脂的粒径及其分布密切相关。树脂的粒径小、分布窄，溶胶的初始黏度就大，反之则相反。树脂在溶胶中呈现的颗粒状态不但取决于初级粒子的大小和分布，而且与次级粒子在增塑剂中和在剪切条件下的崩解强度有关。因为溶胶中的树脂颗粒是由次级粒子崩解成的初级粒子、次级粒子未完全崩解的残片和完全未崩解的次级粒子组成的，因而根据初级粒子大小不同和次级粒子崩解程度，会出现以下几种情况。①当次级粒子全部崩解为初级粒子和次级粒子残片时，如果崩解物的粒径较大（$1.40\mu m$ 以上）而又有合适的粒度分布，它们不易凝聚，在剪切作用下微粒运动单元尺寸不发生显著变化，因而近似于牛顿液体；若崩解物的粒径偏低，又存在着较多的微小初级粒子，它们易凝集成聚集体，流动行为呈现假塑性；若崩解后的体系中粒径分布狭窄，静态时候排列紧密，在剪切作用下颗粒占有的空间增大，成为膨胀性液体。②次级粒子仅部分崩解，那么由于增塑剂向未崩解的次级粒子内扩散，体系具有较高的初始黏度；同时又由于微小的初级粒子发生凝聚，体系具有假塑性流动行为。可见，如果次级粒子崩解强度高，这种树脂不易制得优质人造革。

增塑剂的用量、化学结构和溶剂化能力对聚氯乙烯溶胶的流变行为有重要影响。溶胶的黏度在给定剪切速率下随增塑剂用量的增加而降低，但增塑剂用量高达一定程度后即对黏度的影响显著减小。溶剂化能力强的增塑剂易被树脂颗粒吸收，使固体的体积分数增加；同时，增塑剂又使树脂表面溶解而导致连续相黏度增加。因而由相容性好的增塑剂制成的溶胶，不但初始黏度高，而且存放过程中的黏度变化也大。

稳定剂的种类对溶胶的黏度也有很大影响，液状有机锡与液体 Ba-Cd 或液体 Ba-Cd-Zn

稳定剂会使溶胶黏度降低；固体的碱式无机酸铅稳定剂使溶胶中的固相含量增加，导致黏度上升；金属皂类能促使溶胶凝胶化，使黏度大大增加。不过也有例外，例如蓖麻酸皂对溶胶黏度的影响就不如硬脂酸皂那么大。

配制溶胶过程中加入 1～2 份表面活化剂，可使黏度下降并消除气泡。其作用机理比较复杂，可能是它被树脂吸附后阻止了增塑剂向树脂内部扩散，也可能是它降低了树脂的比表面能，致使次级粒子容易破裂而释放出其中禁锢的增塑剂。表面活化剂有阳离子型、阴离子型和非离子型三大类。

当溶胶被强制通过涂布设备时要求它具有适当低的剪切黏度，同时还不能呈现膨胀性流动行为。因为高黏区可使刮刀变形，或引起辊筒间隙发生不均匀变化，从而导致沿基材幅宽方向涂布不均。如果溶胶在这种情况下呈现膨胀性，高剪切下的黏度升高将迫使基材减速，这时涂刮的剪切速率也相应降低；溶胶黏度降低，结果又使基材加速。然而随着基材的加速，膨胀效应又使溶胶黏度上升。这样加速、减速，并以很高的频率交替出现，引起基材颤动，必然影响制品质量。

当涂覆在基材上的物料还处于湿的未熔状态时，有可能出现流线。如果溶胶这时没有足够的低剪切流动性，那么当它在烘箱中凝胶化后，这些流线就保留在制品上。因此，溶胶在这一点的触变性流动行为对其流平性的影响极为重要。

溶胶与基材贴合时，流变性能对控制渗透作用的影响很大。渗透不仅影响制品外观和手感，而且将织物的纱线黏结在一起，使基材的强度和伸长率降低。溶胶既不能有过高的室温黏度，又要防止渗透，这就要选择最适当的树脂、增塑剂或增黏剂，使黏度下降减至最小，并使溶胶以尽可能快的速度通过其最低黏度阶段。也可使溶胶部分凝胶，即在与基材贴合前，使其通过有严格控制的小型烘箱，溶胶在此经过其最低黏度阶段，达到足够高的黏度，就可以避免在贴合时发生渗透。当然，溶胶仍需具有足够的黏性，使涂层能与基材牢固地结合。

综上所述，理想的溶胶应该能满足这样的流变性能要求：中等的低剪切黏度，可以提供满意的重力流动，有利于涂布后的流平，同时又足以控制基材渗透。此外，为了达到高速涂布，还需要有低的高剪切黏度。这些特点总结于图 8-24 中。配方 A 在低剪切速率下黏度太高，而在高剪切速率下出现明显的膨胀性流动，黏度也太高。利用掺混树脂（配方 B），即可在整个剪切速率范围内降低黏度。这种掺混树脂即悬浮法聚氯乙烯树脂，加入溶胶中除了能降低黏度和成本外，还有利于脱气和提供干燥表面。作为涂刮用的悬浮树脂，要求达到 70 目（210μm）细度。配方 B 的高剪切黏度虽已降低到可用范围，但低剪切黏度又太低，渗透不易控制。要提高溶胶的低剪切黏度而又不使高剪切黏度超过其可用范围，可通过添加高吸油填料来实现，并可进一步降低溶胶成本（配方 C）。

（2）直接涂覆 直接涂覆是把聚氯乙烯塑性溶胶直接涂覆在经过预处理的

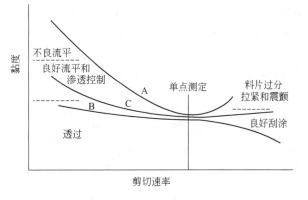

图 8-24 用于布基涂布的塑性溶胶流变性能示意图

配方	A	B	C
PVC 乳液树脂	100	70	70
PVC 掺混树脂	0	30	30
增塑剂	60	60	60
稳定剂	3	3	3
碳酸钙（高吸油）	0	0	20

布基上，再使其通过熔融塑化、轧花、冷却、表面处理等工序成为人造革的工艺，可生产各种布基的普通人造革、贴膜革和泡沫革，其工艺流程如图 8-25 所示。

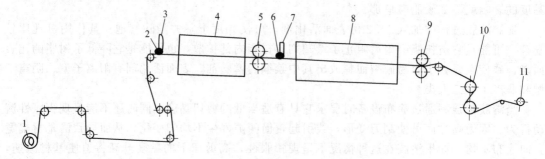

图 8-25　直接涂覆法工艺流程图

1—布基；2—塑性溶剂（擦胶）；3—刮刀；4—烘箱；5—压光辊；6—塑性
溶胶（面胶）；7—刮刀；8—烘箱；9—轧花辊；10—冷却辊；11—成品

由乳液法聚氯乙烯树脂配制塑性溶胶时，只需将树脂与增塑剂及其它助剂混合搅拌即可。悬浮法聚氯乙烯树脂不能通过直接混合制备溶胶，而要采用冲糊工艺。首先用少量悬浮树脂与少量增理剂混合，然后加入大量的经预先加热到一定温度的热增塑剂，同时迅速搅拌，使其混合均匀，得到具有黏性的糊。将其冷却后，再按配方加入树脂（这时也可加入少量乳液树脂）和其它助剂，搅拌成所需溶胶。配制好的溶胶应均匀一致，无夹生、结块和杂质，否则将会对涂覆质量产生严重影响。制造聚氯乙烯人造革最常用的基材有棉布、帆布、再生布、针织布等。其中针织布因质地疏松，易变形，更适合于间接涂覆。在直接涂覆法生产人造革时，布基被拉伸张紧，此时布上的一些疵病就会明显地呈现出来，因此布基在使用前通常都要经过处理。将溶胶均匀地涂覆在基材上，是涂覆法制造人造革的中心环节。涂覆的方法很多，主要包括刮刀法和辊涂法两类。

① 刮刀法　主要用于布基的刮涂，其装置见图 8-26。图中（a）是最简单的装置。在这种装置中，由于在刮刀作用点的下面没有支承物承托运行的布基，因而不宜用于刮除强度不大的布基。图 8-26（b）所示的装置，有金属或橡皮辊承托，可用于涂刮强度较小的布基。涂刮时，不仅涂层均匀，而且溶胶透入布缝也较深。但当底部辊筒表面不光时，涂层厚度就不易保证均匀。其次，如果溶胶中存有不规则的凝结块状物，布基还可能被撕破。图 8-26（c）所示的装置是用橡皮输送带来承托布基的，也可以用于涂刮强度较小的布基。其结构是前述两种装置的一种折中。

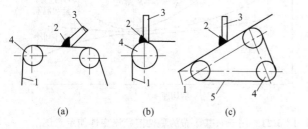

图 8-26　刮刀法涂覆示意图

1—布基（或纸）；2—塑性溶剂；3—刮刀；

4—承托辊；5—输送带

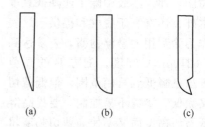

图 8-27　刮刀形式

(a) 刮薄层用；(b) 刮厚层用；

(c) 带直角缺口

此外，刮刀的外形对涂层厚度也有很大影响。锋口弧度（一般约为 $1.6\sim2.0$ mm）愈小的刮刀，涂层厚度也愈小。用图 8-27(a)、（b）所示刮刀刮涂时，如果刮刀上沾有颗粒物，或者有物料堆积在刮刀后面，则涂层表面常会出现伤痕或涂层厚薄不均，堆积物料落到基材上也影响制品表面（称为"喷溅"）。改用锋口上带有直角缺口的钩形刮刀［图 8-27(c)］时，可避免这些现象。用第二把刮刀刮平喷溅韧料的痕迹，也是一种解决办法。当涂层较薄，而且又是单层时，用两把刮刀串联，可以消除涂层中的气孔。

② 辊涂法　用辊筒将溶胶塑料涂覆在基材上的方法称为辊涂法。辊涂装置上的辊筒排列方式很多，目前用得最多的是逆辊涂胶法。

逆辊涂胶有顶部供料式和底部供料式两种。溶胶黏度高时用前者，黏度低时用后者。图 8-28 是最简单的逆辊涂胶装置，包括计量辊、涂胶辊和涂有耐油橡胶的托辊（弹性支承辊）三个辊筒。涂胶辊通常固定不动，计量辊和托辊可以移动。通过楔块来调节计量辊与涂胶辊、涂胶辊与托辊之间的间隙，以控制涂胶量。在计量辊与涂胶辊之间装有一对可调节涂层宽度的挡板，它与计量辊、涂胶辊构成一盛料区，溶胶自盛料区通过计量辊与涂胶辊的间隙定量形成膜层。计量辊转速缓慢，以防止溶胶被包卷而滴落到基材上，并且应设置刮刀来连续保持此辊面的清洁。涂胶辊将

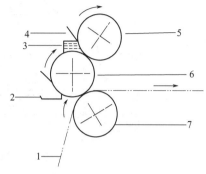

图 8-28　逆辊涂覆

1—基材；2—接料盘；3—溶胶；4—软刮板；
5—计量辊；6—涂胶辊；7—橡胶托辊

计量的溶胶带至它与托辊形成的间隙中，在此依靠托辊对涂胶辊产生的压力，使溶胶涂覆在基材上。溶胶在这时受到很高的剪切作用，因而必须小心控制其流变性能。

与压延过程相似，逆辊涂胶的辊筒也存在分离力，因而辊筒中部涂层往往偏厚。为了补偿这一效应，装配计量辊时可以其宽度中心处为轴转动一定角度，使辊筒间隙得到调整。

与刮刀法相比，逆辊涂胶是比较完善的涂覆装置。虽然其投资较大，但涂胶速度高、胶层均匀，特别是涂薄层时表面异常光滑，而且由于溶胶渗入布基少，因而手感好。逆辊涂胶使用的溶胶可在很宽的黏度范围内变化。刮刀法对黏度小于 0.5Pa·s 的溶胶就不易涂刮。刮刀法涂胶由于溶胶渗入布基较多，制品手感差，同时布基上的缺陷会明显地反映在制品表面，因而十分粗糙的布基或是针织布、无纺布都不宜用此法涂覆。

基材上涂有胶层的中间产品必须经过烘熔过程，也就是将它加热到足够温度而使胶层完全塑化，这样在冷却后涂胶层方能均匀地紧贴在基材上。最低的熔融塑化温度取决于树脂与增塑剂的比率、特性以及所加其它组分的用量和性能。熔融温度通常为 90～200℃，加热时间可为几十秒至二三十分钟，一般产品约 50～60s。加热时间长短是保证涂胶层熔融均匀的重要因素，但更重要的是溶胶实际达到的温度。烘熔后的中间产物应进行轧花（或砑光），再经冷却、检验、卷取等过程即可得成品。

（3）间接涂覆　将塑性溶胶用刮刀或逆辊涂覆的方法涂覆到一个循环运转的载体上，通过预热烘箱使其在半凝胶状态下与布基贴合，再使其进入主烘箱塑化或发泡，随后冷却并从载体上剥下，再经轧花（或印花）、表面涂饰处理即可作为成品，这种方法称为间接涂覆或转移涂覆。

在同一载体上如用两台涂覆机即可进行二次涂覆，例如做泡沫人造革时，第一次可涂一层薄（0.1mm 以下）而不含发泡剂的涂层，以形成表面比较耐磨的面层；第二次可涂较厚（0.4mm 左右）并含有发泡剂的涂层，以形成柔软而有弹性的泡沫层，然后贴上布基就形成既有表面耐磨性，又有柔软性特点的双层结构泡沫人造革。其工艺流程如图 8-29 所示。

循环运转的载体主要有钢带和离型纸两种。以钢带作为载体时设备投资较大，但经久耐用（可用 2～3 年），维修费用低。用离型纸作为载体时设备简单，而且只需在离型纸上轧上

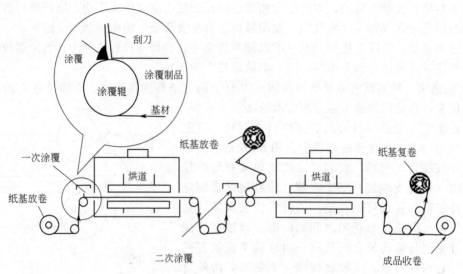

图 8-29　间接涂覆生产泡沫人造革工艺流程

花纹就可将这种花纹转移到人造革上，不再需要另行轧花。但离型纸常会断裂以致造成临时停车，每次使用后还要修剪损坏的边沿，储藏较为困难，使用寿命常少于 10 次（一般为3～4 次），总成本反比钢带高。此外，用作载体的还有金属网或硅橡胶织物带等。

间接涂覆法生产工艺的特点是：由于布基能在不受拉伸的情况下与涂层贴合，因此用伸缩性很大的针织布或拉伸强度很低的无纺织布作为基材时，此法特别适宜；产品表面平整光滑、不受布基影响，质量很差的粗布也能制得表观较好的人造革；受溶胶黏度及涂层厚度的限制较少，对生产增塑剂含量多的薄型柔软衣物和手套用革尤为相宜；需用较多的乳液树脂。

泡沫人造革的泡孔结构是制品质量的关键，它与原材料的性能和配方有关，也受发泡工艺条件影响。在发泡工艺条件中，温度的影响最大。为了得到厚度均匀的泡沫层，烘箱内的断面温度波动范围最好不超过 2℃。烘箱温度高虽可提高生产率，但温度过高，溶胶黏度下降，易形成穿孔。发泡时的烘箱温度一般在 220～260℃ 的范围内。此温度不但与原材料种类和配方有关，而且还与制品用途有关。此外，发泡温度还随基材而异：厚者温度高，薄者温度低。

8.2.2.2　聚氨酯人造革的生产

以聚氨酯树脂溶液为涂料，均匀地涂覆在基材上，然后除去溶剂，聚氨酯膜层便与基材牢固结合，这样制得的涂层制品即为聚氨酯人造革。

聚氯乙烯人造革中加有大量增塑剂，由于使用过程中增塑剂会逐渐散逸，因而制品会变硬、产生裂纹，剥离强度也较低。聚氨酯革则是依靠树脂本身的弹性而形成柔软的涂膜，因而长期使用不会发硬，而且具有质轻、耐磨、拉伸强度高、抗溶剂性好等优点。

聚氨酯人造革的生产方式有干法和湿法两种。前者的工艺过程与上述涂覆法生产聚氯乙烯人造革相似。树脂溶液的涂层通过烘箱时，溶剂被加热挥发。湿法生产中，溶剂通过水洗清除，涂层具有连续的气孔结构，因而透气性和透湿性大为提高，制品性能更加接近天然皮革。由于湿法聚氨酯革所具有的特点，工业上也把它称为"合成革"。

（1）干法聚氨酯革的生产工艺　干法聚氨酯革为多层结构体，包括涂饰层、面层、底层和基材。涂饰层采用聚氨酯系的表面处理剂，使制品具有天然皮革的花纹和光泽。面层对制品的手感和物理性能起着重要作用。底层把面层和基材结合，使之成为整体。基材对制品的手感和物理性能也有很大影响，根据用途不同而有所选择。具有这种结构的聚氨酯革，外观类似天然皮革，质轻，坚韧，耐热性和耐寒性优良，特别是在低温条件下具有手感变化小的特点，而且很容易着色。

干法聚氨酯革的生产可以使用直接涂覆或间接涂覆，目前以间接涂覆的离型纸法最多，其生产工艺流程如图 8-30 所示。

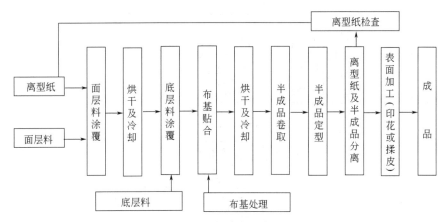

图 8-30 干法聚氨酯革生产工艺流程

底层料所用的树脂除一液型聚氨酯外，还加有二液型聚氨酯。二液型聚氨酯树脂为二异氰酸酯与聚酯成聚醚的预聚体，分子末端带有反应性的羧基，在交联剂和交联促进剂的作用下，即可发生交联，形成网状结构。所用的交联剂多为多官能团异氰酸酯。交联促进剂则有三乙烯二胺、金属有机化合物等。一液型聚氨酯具有调节底层柔韧性的功能，而二液型聚氨酯能增加涂膜与基材的黏结强度。

（2）湿法聚氨酯革的生产工艺　湿法涂覆聚氨酯革的胶料为聚氨酯的二甲基甲酰胺溶液。在湿法工艺中，聚氨酯凝固后用水洗抽提溶剂，因而胶料中的溶剂必须既能溶解聚氨酯，又能与水很好相溶，而二甲基甲酰胺正好符合这一要求。当二甲基甲酰胺全部被水洗以后，聚氨酯便成为具有连续气孔结构的凝固层。如果再对基材进一步改进，那么湿法聚氨酯革的性能就与天然皮革更加接近，而且具有比天然皮革轻、色彩丰富、表面强度高、不易损伤等优点，是目前代替天然皮革的最佳材料，主要用于制造鞋类、球类、箱包、服装等。

为了增加制品的透气和透湿性，通常选用无纺织布作为湿法聚氨酯革的基材。无纺织布由具有海岛结构的共混合成纤维制成，成型后可用溶剂抽去纤维中的岛相成分。例如若以尼龙 6 与聚苯乙烯共混纺丝，则以甲苯为溶剂洗去聚苯乙烯，纤维即成为藕状中空结构，增加了基材的孔隙率。

湿法聚氨酯革的生产过程是先用二甲基甲酰胺溶解聚氨酯，并加入着色剂及其它助剂均匀混合，再用二甲基甲酰胺稀释成一定浓度和黏度的胶料。然后将此胶料浸渍基材，接着又用水洗去二甲基甲酰胺，使聚氨酯在基材中形成细微多孔的凝固层，同时又作为基材纤维的黏结层，增加基材的弹性和强度。基材经热风干燥后，再涂覆上述胶料。经水洗和凝固，形成细微多孔的聚氨酯涂覆层，再经干燥、涂饰、印刷，得到制品。工艺流程如图 8-31 所示。

在上述过程中，也可以把浸渍的无纺织布经辊压后即涂覆聚氨酯胶料，然后只进行湿法凝固，以利于提高制品的整体性和剥离强度。基材纤维中聚苯乙烯的抽出，也可以在把纤维制成无纺织布以后进行。

由硝化纤维漆布发展到当前的所谓合成革，虽然与天然皮革的距离越来越小，但仍然存在透气、透湿性还不够，冬季会发生硬化，表面易龟裂，由于带静电而易被污染，成本太高

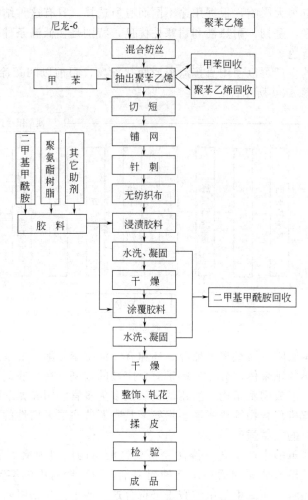

图 8-31 湿法聚氨酯革生产工艺流程

等问题，需要进一步改进和提高。

8.2.2.3 金属制件的涂覆

使金属零部件表面涂覆一层塑料后，在某种程度上既可保持金属原有的特点，又可使其具有塑料的某些特性，如耐腐蚀、耐磨、电绝缘、自润滑等，对制品应用范围的扩大和经济价值的提高都有很大的意义。

塑料涂覆的方法很多，有火焰喷涂、流化喷涂、粉末静电喷涂、热熔敷、悬浮液涂覆等。可以用作涂覆的塑料种类也很多，最常用的是聚氯乙烯、聚乙烯、尼龙等。塑料种类的选择以对涂层性能的要求为准。涂覆用的塑料必须是粉状的，其细度在 80～120 目之间。

涂覆好的工件最好趁热放入冷水中急冷至水温时取出。急冷后可以降低塑料涂层的结晶度、提高水含量，使涂层韧性好、表面光亮、黏结力增加，且可克服由于内应力而使涂层脱落的弊病。

为提高涂层与基体金属之间的黏结力，涂覆前工件表面应当无尘和干燥，没有锈迹和油脂。在多数场合下，工件都需要进行表面处理，处理的方法有喷砂、化学处理以及其它机械方法。其中喷砂处理效果较好，这是因为喷砂能使工件表面粗糙，从而增加工件表面积并形成钩角，使黏结力提高。砂粒的品种及外形对涂层质量也有影响，例如对黄铜、紫铜、铸铝等硬度较低的工件，宜用黄砂，砂粒直径应在 1～1.5mm；对钢件来说，则宜选用硬度高并有尖角的石英砂，砂粒直径 1.5～2.5mm。喷砂用的压缩空气必须经过油水分离器以除去油和水。空气压力约为 0.5MPa。喷砂后的工件表面要用清洁的压缩空气吹去灰土，并在 6h 内喷涂塑料，否则表面将会氧化，影响涂层的附着力。如果工件表面经过清洗、喷砂处理后，仍不能使塑料涂层贴合得很好，则在喷涂前先涂上一层适当的树脂，这种树脂应对涂层和工件都有比较好的黏合作用。

一般情况下，塑料涂层与各种金属粘接的牢固程度按钢、铸钢、铸铁和有色金属这一顺序依次减弱。由于塑料在冷却时的收缩比金属大，涂层容易在工件边缘处开裂，克服的方法是将工件边缘做成圆角，圆角半径以 5mm 左右为好。

直接由粉状塑料进行涂覆有以下优点：可使用那些只能以粉状形式供应的树脂；一次涂覆即可得到很厚的涂层；形状复杂或带有锐利边缘的制品都能很好的涂覆；多数粉状塑料具有极好的储存稳定性；不需溶剂，物料配制过程简单。不过粉料涂覆也存在一些缺点或局限。例如制件若需预热，其尺寸就会受到限制。在塑料粉末喷涂过程中，粉料散失可高达 60％，必须收集再用，使工艺过程符合经济要求。粉尘的易爆炸性和毒性也应充分重视。多数塑料粉末可能对皮肤、口、眼等有刺激作用，应采取必要的防护措施。

（1）火焰喷涂　火焰喷涂是使粉状或糊状塑料通过喷枪发射的火焰变为熔融或半熔融状态，并随火焰的气流射到物体表面而结成塑料涂层。涂层厚度约 0.1～0.7mm。用粉状塑料进行火焰喷涂时，工件应预热。预热方法可以采用烘箱，也可直接用喷枪预热。喷涂不同塑料时，预热温度也不同。此外，预热温度还应根据气候条件和工件大小作适当调整；夏天和厚壁工件应低一些。用溶胶塑料进行火焰喷涂时，工件可不预热。

喷涂时的火焰温度要适当，太高易烧毁过多的塑料或损伤塑料的性能；太低会影响黏附效果。一般喷涂最初一层塑料时，温度是许用范围中最高的。这样可以增进金属与塑料的黏附效果。在喷涂以后各层时，温度可略为降低。喷枪口与被喷工件距离为 100～200cm。当第一层塑料粉末塑化后，即可大量出粉加厚，直至需要的厚度。如果工件为平面，则将平面放在水平位置，手持喷枪来回移动进行喷涂；如工件为圆柱形或内孔，则须装在车床上作旋转喷涂。工件旋转的线速度为 20～60m/min。当喷涂层厚度达到要求而停止喷涂时，工件应继续旋转，直到熔融的塑料凝固为止，然后再进行急冷。

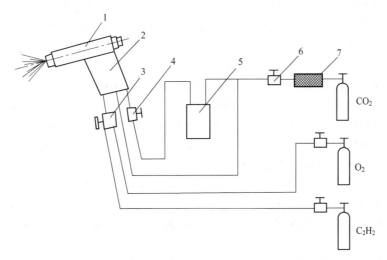

图 8-32　火焰喷涂装置示意图

1—塑料喷枪；2—枪柄；3—氧气、乙炔混合器；4—进
粉调节器；5—粉桶；6—压力调节器；7—加热器

虽然火焰喷涂的生产效率不很高，过程中常带有刺激性的气体，并且还需要相当熟练的技术。但其设备投资不大，对罐、槽内部和大型工件的涂层比用其它方法有效。火焰喷除的装置见图8-32。

（2）流化喷涂　流化喷涂的工作原理是：将树脂粉末放在一个内部装有一块只能通空气而不能通粉末的多孔隔板的筒形容器的上部（见图8-33），当压缩空气由容器下部进入就能将粉末吹起而使之悬浮于容器内。此时若将经过预热的工件浸入其中，树脂粉末就会因熔化黏附在工件上而成为涂层。

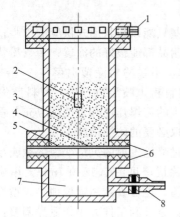

图 8-33　流化床示意图

1—抽吸接头；2—被涂物体；3—流化室中流化的塑料粉；4—过滤网；5—透气板；6—密封垫；7—空气室；8—入气口

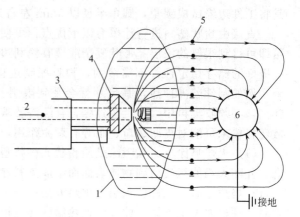

图 8-34　静电喷涂原理

1—高电位负电场；2—粉料流；3—喷枪；4—导电层；5—带负电荷的塑料粉末；6—制件

流化喷涂中工件所得涂层厚度取决于工件进入流化室的温度、比热容、表面系数、喷涂时间和所用塑料的种类，但在工艺中能够加以控制的只有工件的温度和喷涂时间，在生产中均须由实验来决定。

喷涂时，要求塑料粉流化平稳而均匀，没有结块和涡流现象以及散逸的塑料微粒较少等。添加搅拌装置时可以减少结块和涡流，而在塑料粉中加入少量滑石粉则对流化有利，不过滑石粉会影响涂层质量。防止塑料微粒的散逸是严格控制空气的流速和塑料粉颗粒的均匀度。但是散逸总是难免的，所以流化床上部应设回收装置。

流化喷涂的优点是能涂覆形状复杂的工件、涂层质量高、一次涂覆就可得到较厚的涂层、树脂损失少、工作环境清洁等，缺点是加工大型工件困难。

（3）粉末静电喷涂　静电喷涂中，树脂粉末依靠静电固定在工件表面。其原理是利用高压静电发生器所形成的静电场，使喷枪中喷射出的树脂粉末带上静电荷，而接地的工件成为高压正极，于是工件表面很快沉积一层均匀的塑料粉末（图8-34）。在电荷消失前，粉末层附着很牢固，经加热塑化和冷却后，即可得到均匀的塑料涂层。

如果涂层厚度较小，工件可以不预热，因而可用于热敏性物料或不适于加热的工件涂覆，也不需要大型存储装置。绕过工件的粉末会被吸引到工件反面，所以溅失的粉料要比其它喷涂方法少得多，而且只需在一面喷粉，就可把整个工件涂覆，但大型工件还需从两面喷涂。

带有不同断面的工件后加热较困难。若断面差别过大，可能较厚部位的涂层尚未熔融，薄处的涂层已经熔融或降解，此时，树脂的热稳定性极为重要。带有整齐内角和深孔的制件，不易完全为静电喷涂所涂覆，除非喷枪可插入其中。此外，由于较大的颗粒易从工件上脱落，所以静电喷涂所要求的颗粒较细。

（4）热熔敷法 热熔敷法是在已经预热好的工件上用喷枪喷上塑料粉末，借工件的热量使塑料熔融，冷却后就能使工件带上塑料涂层。必要时还须经过后烘处理。

热熔敷法工艺控制关键是工件的预热温度。预热温度过高，会导致金属表面严重氧化，涂层黏着性降低，甚至会引起树脂分解和涂层起泡变色等。预热温度过低，树脂流动性差，不易得到均匀的涂层。

热熔敷法一般需要反复喷涂多次。在每次喷涂后均需加热处理，使涂层完全熔化、发亮，后再喷涂第二层。这样不仅可使涂层均匀、光滑，而且还能显著提高力学强度。

热熔敷法所得涂层质量高、美观、黏结力大、树脂损失小、容易控制、气味少，其喷枪不带燃烧系统，结构简单，可利用普通喷漆用喷枪。

（5）悬浮液的涂覆 悬浮液涂覆是将三氟氯乙烯、氯化聚醚、聚乙烯等悬浮液先用适当方法涂覆在工件上，然后经加热塑化使其成为黏结较牢的塑料涂层。悬浮液涂覆的工艺过程如图 8-35 所示。

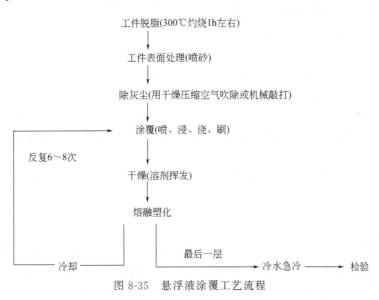

图 8-35 悬浮液涂覆工艺流程

其涂覆方法有喷涂、浸涂、涂刷和浇涂四种。

8.3 其它模面成型方法

8.3.1 流延铸塑

流延铸塑是将热塑性或热固性塑料配成一定黏度的溶液，然后以一定的速度流布在连续回转的基材（一般为不锈钢带）上，通过加热以脱掉溶剂并进而使塑料固化。从基材上剥离下来就得到流延法薄膜（铸塑薄膜）。薄膜的宽度取决于基材的宽度，长度可以是连续的，厚度则取决于所配制胶液的浓度和基材的运动速度等。流延法的模具是平面的连续基材，铸塑薄膜的特点是厚度小（最薄可达 0.05~0.10mm），厚薄均匀，不易带入机械杂质，透明度高、内应力小，多用于光学性能要求很高的塑料薄膜的制造。缺点是生产速度较慢，需要耗费大量的溶剂，成本高及强度较低等。

用于生产铸塑薄膜的塑料有：三醋酸纤维素，聚乙烯醇，氯乙烯和醋酸乙烯的共聚物等，此外某些工程塑料如聚碳酸酯等也可用铸塑来生产薄膜。

流延铸塑所用设备主要是带式流延机，也可采用大型镀银金属回转转鼓。流延机由回转的、表面无接头的、有镜面光洁度的不锈钢带及加热装置等组成。不锈钢带用两个回转的辊筒张紧并带动。带宽一般大于 1m（决定了薄膜前最大宽度），长度约 30m，也有长达 150m 的。前回转辊筒处不锈钢带的上部有流延嘴。流延嘴的断面为三角形，宽度较不锈钢带稍小，下部有开缝。配好的溶液送至流延嘴并从开缝处流布于不锈钢带表面上。流布溶液的厚度由不锈钢带的转速和流延嘴缝口的距离决定。整个流延装置均密封在烘房内。从不锈钢带下边逆向吹入热空气（约 65℃），使溶液逐步干燥。带有溶剂的气体从上部排气口排出并送至回收装置回收溶剂。溶剂回收常用冷冻回收及吸附回收两种装置，以尽量回收溶剂，实现安全生产。送入流延机的热空气主要是在回收装置排出的尾气中加入少量的新鲜空气并经过加热器而来，其气量和温度可调。溶液从流延嘴流布在不锈钢带上后即随之转动，由前辊筒上部绕至后辊筒上部，再绕至后辊筒下部，至前辊筒下部时，溶液已初步干燥并能形成薄膜，此时即与不锈钢带剥离，再送去进一步干燥。用镀银的加热金属转鼓时，转鼓的直径多在 6m 以上，而宽度则在 1.2m 左右。流延法薄膜的生产速度约在 0.5～7.0m/min。制造厚膜（最厚约达 2mm）时速度偏慢，反之则偏大。

从流延机不锈钢带上剥下的薄膜通常还含有 15%～20% 的溶剂，需再进行干燥。干燥薄膜的方法有烘干和熨烫两种。烘干的主要设备是长方形烘房，通常都隔成几个部分，每个部分所保持的温度不一定相同，而且都可以调整。温度顺着薄膜前进方向逐渐升高，而后由高温突然变为低温。准备干燥的薄膜在支承辊、转向辊和卷取辊的帮助下通过烘房。干燥后的薄膜所含的挥发物（大部分为水）应低于 1%。熨烫法是利用一系列加热辊直接熨烫薄膜来达到目的的。与烘干一样，熨烫也应该在烘房中进行。某些流延设备其熨烫干燥辊筒是与流延部分紧连在一起的。

为不使空气中的灰尘污染薄膜而影响光学性能，薄膜的整个制造过程均应在十分清洁的环境中进行。

8.3.2 搪塑

搪塑又称作涂凝模塑或涂凝成型，是用糊塑料制造空心软制品的一种重要方法。其成型原理是将糊塑料（或粉料）倒入预先加热至一定温度的模具中，接近模壁的塑料即会因受热而胶凝，然后将没有胶凝的塑料倒出，并将附在模具上的塑料进行热处理（烘熔），再经冷却即可从模中取出空心制品（图 8-36）。搪塑的优点是设备费用低，生产速度高，工艺控制也较简单，但制品的厚度、重量等的准确性较差。目前所使用的主要是聚氯乙烯塑料。

糊塑料由悬浮体变为制品的过程是树脂在加热下继续溶解成为溶液的过程。这一过程常

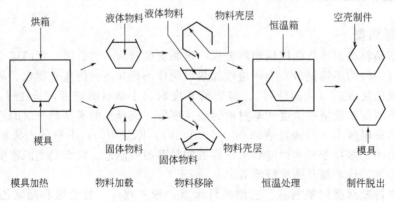

图 8-36 搪塑成型方法示意图

称作热处理，一般又将其分作"胶凝"和"熔化"前后两个过程。

胶凝阶段是从糊塑料开始加热起，直到糊塑料形成的薄膜具有一定力学强度为止的一个阶段。这一阶段中，由于加热，树脂不断地吸收分散剂，并发生溶胀。过程进行时，糊塑料中的液体逐渐减少，而体系黏度则逐渐增大，树脂颗粒间的距离也越靠近，最终使残余的液体成为不连续相而包含在凝胶颗粒之间。在更高的温度和更长的时间下，残余液体也被吸收或挥发，糊塑料即成为表面无光和干而易碎的物料。此时可认为胶凝阶段已达到终点，其温度通常都在 100℃ 以上。

"熔化"是指糊塑料在继续加热下，从胶凝终点发展到力学性能达到最佳的一段时间内的物理变化过程。严格说来，这里的"熔化"并不等于固体物质的真正熔化。在这一阶段中，溶胀的树脂颗粒先在界面之间发生黏结，即"熔化"；随之界面越来越小以致全部消失，树脂也逐渐由颗粒状变成为连续的透明体或半透明体。"熔化"完全后，除色料和填料外，其余的成分都处于十分均匀的单一相中，而且在冷却后能继续保持这种状态，因而具有较高的力学强度。如果糊塑料是有机溶胶或凝胶，在熔化阶段还有液体挥发的物理变化。

实际操作中，糊塑料的热处理过程是在烘箱中进行的。热处理的时间取决于制品厚度和糊塑料的性质，其终点应以糊塑料各点都已达到最终熔化温度为标志。在不降低制品应有强度的前提下，热处理的时间越短越好。熔化最终温度随所用糊塑料的性质而异，须试验确定。温度过高时，常会出现塑料的降解，增塑剂的损失以及制品表面不平整等现象；温度过低时，制品的力学强度又不能达到最好。

在有机溶胶和凝胶的热处理中，由于有液体挥发，通常都采用快速加热，以便使挥发性分散剂在逸失最少的情况下温度已很快地上升到最高值，从而能够最大限度地发挥它对树脂的溶解能力。加热太慢会造成塑料还未达到应得强度之前已经变干，并且会使制品产生裂纹。但加热也不能过快，否则稀释剂就不能平稳地逸出，以致制品会带有气泡。

搪塑法的一般生产操作是将配制好并经脱泡后的糊塑料先注入已加热约 130℃ 左右的模具中。灌注时应注意保持模具及糊的清洁使整个模具型腔均被糊所润湿，同时还须对模具稍加振动以逐出气泡。待糊塑料完全灌满模具后，停留约 15～30s，再将糊塑料倾倒到容器中，这时模壁余下的一层糊塑料（厚约 1～2mm）已部分发生胶凝。随即将模具送入加热至 160℃ 左右的烘箱内加热 10～40min，然后取出模具，用风冷或水冷（浸入水中约 1～2min）至低 80℃，即可从模具中取出制品。制品的厚度取决于糊塑料的黏度、灌注时模具的加热温度和糊塑料在模具中停留的时间。如果单用预热模具仍不能使制品达到要求的厚度时，则可在未倒出糊塑料前对模具进行短时间加热（用红外线照射或将模具浸在热水浴中）或者可使用重复灌注的方法。生产上也有不用热模具而直接用冷模具的，此时模具壁上所附着的塑料层即较薄。如用冷模具而又需生产较厚的制品时，也可用短时间加热模具或重复灌注的方法。采用重复灌注时，在每次灌注后都应进行适当的热处理，但不能完全熔化，而只在最后一次灌注后再完成全部热处理过程，以避免制品发生脱层。重复灌注法在工艺上要麻烦一些，但可使制品减少带入空气的机会，并能较准确地控制厚度。用重复灌注法也可以生产内外层不同的制品。

搪塑工艺对糊塑料的要求是：黏度适中（常在 10Pa·s 以下），从而可以在灌入模具后使整个型腔表面都能充分润湿并使制品表面上微细的凹凸或花纹均能显现清晰，黏度过大则达不到此要求，而过低则制品厚度太薄。由于搪塑制品多用作玩具，因而从配方上考虑要求无毒。制品应柔软，富有弹性，适当的透明，表面不易污染，容易用肥皂水清洗，增塑剂不易迁移，有足够的强度及伸长率（使不易撕裂），加工过程中应有足够的稳定性，制品耐光稳定性应良好等。此外有时还加入少量填料（如低吸油值的碳酸钙），使制品呈半透明。

搪塑所用模具大多是整块阴模并在一端开口，通常都由电镀法制成。制造时先用黏土捏成制品的形样，再用石膏翻制成阴模（有时需将石膏阴模制作成几个组合块），然后用熔化的蜡（熔点 40～60℃的石蜡 60%～70%，硬脂酸 40%～30%）进行浇铸制得蜡质阳模。蜡模经仔细修整后涂以石墨或进行化学镀银（表面要求较高时多用镀银法），再进行镀铜。铜层厚度达 1.5mm 左右时停止。加热把蜡熔化倒出，再进行清洗，锯去浇口，然后进行表面抛光及镀镍。所得模具经在 180～200℃下退火 2h 后即可投入使用。

搪塑工艺可以用恒温烘箱进行间歇性生产，也可采用洞道式加热设备进行连续生产。

8.3.3　蘸浸成型

蘸浸成型又称蘸浸模塑，生产方法与搪塑大体相似，不同的只是所用模具是阳模而不是阴模。成型时将阳模浸入装有糊塑料的容器中，然后将模具慢慢提出，即可使其表面蘸涂上一层糊塑料，通过热处理与冷却后即可从阳模上剥下中空型的制品。成型方法如图 8-37 所示。

成型模具　　模具加热　　蘸涂　　加热固化　　冷却　　脱模　　最终制作

图 8-37　蘸浸成型方法示意图

工业上用这种方法生产时，可采用流水作业，并用环形输送带使之连贯运行。用有机溶胶和塑性溶胶蘸浸一次所能制得的厚度分别为 0.003～0.4mm 和 0.02～0.5mm，厚度取决于所用糊塑料的黏度。如需厚度较大的制品，可用多次蘸浸、预热模具或提高糊塑料温度等方法。用预热的模具进行蘸浸时，伸入浸槽的速度应很快，但提出的速度则与不预热的完全相同，通常约为 10～15cm/min。制品增厚的程度取决于模具的预热温度，在多数情况下，用 150℃的模具蘸浸塑性溶胶所得制品的厚度约为 1.6～2.4mm。用提高糊塑料温度来增加制品厚度时，最高温度不应超过 32℃，否则对余料的继续使用会有不良影响。

8.3.4　滚塑

滚塑又称作旋转铸塑或旋转浇铸成型（图 8-38），是将定量的液状或糊状塑料加入模具中，通过对模具的加热及纵横向的滚动旋转，使塑料熔融塑化并借塑料自身的重力作用均匀地布满模具型腔的整个表面，待冷却固化后脱模即可得到中空的制品。滚塑与离心铸塑生产的制品是类似的，但滚塑的转速不高，故设备比较简单，更有利于小批量生产大型的中空制品。滚塑制品的厚度较之挤出吹塑制品均匀，无熔接缝，废料少，产品几乎无内应力，因而也不易发生变形、凹陷等。

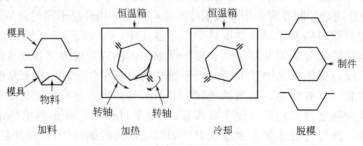

图 8-38　滚塑成型空壳制品

滚塑所用的模具，小型的常用铝或铜的瓣合模，而大型的则多采用薄钢板制成。

用聚氯乙烯糊塑料生产小型制品时，先将定量的塑性溶胶塑料加入型腔可以完全闭合的模具中，然后将模具合拢并将它固定在能够沿着两正交的轴同时进行旋转的装置上，当模具旋转时，即用热空气或红外线等对它加热。模具的旋转速度主轴约 $5\sim20\text{r/min}$，次轴的转速为主轴的 $1/5\sim1$，并且可调。通过模内半液态物料的自重而使其停留于底部。当模腔表面旋转而触及这些物料时，就能从中带走一层，直至积存的半液态塑料用尽为止。模内的糊塑料在随模具旋转并同时受热的情况下，就能均匀地分布在型腔的表面，并逐渐由凝胶达到完全的熔化。随所用糊塑料的性质和制品厚度的不同，所需旋转、加热的时间约 $5\sim20\text{min}$。塑料完全熔化后即冷却，然后开模取出完整的制品。

此过程中，加热不能过快，否则制品厚度不易均匀。旋转速度偏高时可增加糊塑料的流动性，制品均匀性较好。采用黏度较低的糊塑料有利于提高制品厚度的均匀性。

近年来，也有将粉状塑料代替液状或糊状塑料用于滚塑成型，所使用材料的品种，主要有聚乙烯、改性聚苯乙烯、聚酰胺、聚碳酸酯及纤维素塑料等。产品也有用几种塑料生产的夹层结构制品。这类产品兼具几种塑料的优点，如内外层为聚乙烯、中间层为发泡聚乙烯的储槽，用尼龙 11 作内层，聚乙烯作外层的储槽等。也可用特种牌号的聚碳酸酯生产大型容器（直径达 2.5m）、车、船及飞机壳体或结构体。此外，还有尝试使用玻璃纤维增强的聚乙烯和热固性塑料（如聚酯、聚氨酯）等材料，用旋转模塑生产大型制件。

用粉料生产大型中空制品时，为保证制品有良好的刚性、韧性、耐环境应力开裂性能，目前使用较多的原料是线型低密度聚乙烯。

成型时将配好的聚乙烯粉料加入模具并将其闭合，然后固定在模架上。将装好模具的整个支承架通过导轮推入已加热的烘箱中，并使联轴器与传动机构啮合。关闭烘箱，开动电动机，模具即在烘箱内同时作两方向的旋转。烘箱温度维持在 230℃ 左右。温度偏高可以加速物料的熔融，缩短生产周期，易于排出气泡，制品表面光洁程度较好。但温度过高则易使制品变色、降解等。保温旋转的时间视制品的大小、厚薄等决定。待物料全部熔融后，从烘箱中推出支承架，但仍应在转动下自然冷却或喷水冷却后才可取得产品。

某些加热下易氧化变色、变质等的塑料，如聚酰胺类，则应在惰性气体保护下进行整个操作。

适当选择脱模剂很重要。如在塑料还未充分固化即自动产生塑料与模具局部脱层（即脱模太容易或脱模太早），则会使制品发生变形，卷曲。目前使用的脱模剂主要是硅树脂类。

习题与思考题

1. 简要叙述压制成型的原理和方法以及热塑性塑料和热固性塑料压制成型的异同点。

2. 模压成型前为什么通常都要对物料进行预热？模压成型前物料的干燥和预热有何异同？

3. 模压用模具主要有哪些形式，各自特点和适用性如何？

4. 模压过程中，压力、时间和温度是重要的控制因素，各自对模压过程和制品性能的影响如何？

5. 影响压延制品质量的原料因素有哪些，各自如何影响？

6. 影响压延制品质量的操作因素有哪些，各自如何影响？

7. 造成压延产品横向厚度不均的重要因素之一是辊筒的变形和辊筒表面温度不均匀，应当如何防止？

8. 直径 0.2m，宽度 1m，等尺寸辊筒压延成型机在 50cm/s 的速度下运行。最后两辊间隙位 0.02cm 时，生产得到 0.022cm 厚度的薄膜。假定材料的熔体（牛顿流体）黏度为 10000Pa·s，计算最后两辊辊隙间的最大压力和分离力，估计平均温度上升的大小。

9. 若要在倒 L 形压延成型机上以 1200kg/h 的速率生产 2m 宽，0.1mm 厚的 PVC 薄膜，请给出适当的辊筒尺寸、辊隙大小和操作条件。

第 9 章　二次成型

在一定条件下将片、板、棒等塑料型材通过再次加工成型为制品的方法，称二次成型法。一次成型是利用塑料的塑性形变而成型，二次成型是利用推迟形变而成型。由于二次成型过程中塑料通常都处于熔点或流动温度以下的"半熔融"类橡胶状态，所以二次成型是加工类橡胶聚合物的一种技术，它仅适用于热塑性塑料的成型。

9.1　二次成型的黏弹性原理

聚合物在不同温度下，分别表现为玻璃态（或结晶态）、高弹态和黏流态，在正常分子量（$M_2 > M_1$）范围内，温度对无定形和部分结晶线型聚合物物理状态转变的关系如图 9-1 所示。可以看出，无定形聚合物在玻璃化温度 T_g 以上呈类橡胶状，显示橡胶的高弹性，在更高的温度（T_f）以上呈黏性液体物。部分结晶的聚合物在 T_g 以上，呈韧性结晶状，在熔点 T_m 附近转变为具有高弹性的类橡胶态，比 T_m 更高的温度才呈黏性液体状。聚合物在类橡胶状时的模量比 T_g 以下时要低，形变值大，但仍具有抵抗形变和恢复形变的能力，只是在较大的外力作用下才能产生不可逆的形变。聚合物材料的二次成型加工，就是在材料处于类橡胶状条件下进行的。聚合物在 $T_g - T_f$（或 T_m）间，既表现液体的性质又显示固体的性质。因此，在二次成型过程中聚合物会同时表现出黏性和弹性。

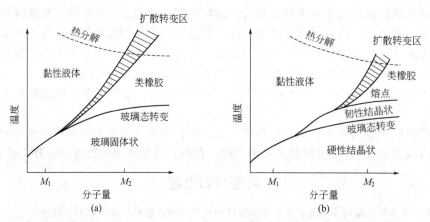

图 9-1　温度对无定形聚合物（a）和部分结晶聚合物（b）物理状态的转变关系

聚合物的 T_g 有很大差别，适用于二次成型的一般是那些 T_g 比室温高得多的聚合物。因为由它们所成型的制品在室温的使用条件下才具有长时期的因次稳定性。

由于聚合物本身的长链结构及分子链的柔顺性。一般情况下，将聚合物置于一定温度下，从受外力作用开始，大分子的形变经历一系列中间状态过渡到与外力相适应的平衡状态是一个松弛过程，其形变随时间的变化可表示为：

$$\gamma = \frac{\delta}{E_1} + \frac{\delta}{E_2}(1 - e^{-\frac{t}{\tau^*}}) + \frac{\delta}{\eta}t \tag{9-1}$$

式中　γ——聚合物在一定温度下受外力作用的总形变；

δ——聚合物在一定温度下所受的外力；

t——外力作用时间；

t^*——聚合物松弛时间，随温度升高而减小；

η——黏度，随温度升高而降低；

E_1——聚合物在外力作用温度下普弹模量；

E_2——聚合物在外力作用温度下高弹模量。

在聚合物的玻璃化温度以上，普弹形变在总形变中所占比例很小，可忽略。于是

$$\gamma = \frac{\delta}{E_2}(1-\mathrm{e}^{-\frac{t^*}{t}}) + \frac{\delta}{\eta}t \tag{9-2}$$

式(9-2) 也可写成

$$\gamma = \gamma_{2\infty}(1-\mathrm{e}^{-\frac{t^*}{t}}) + \gamma_\eta t \tag{9-3}$$

式中　$\gamma_{2\infty}$——外力作用时间 t 时的高弹形变，$\gamma_{2\infty} = \dfrac{\delta}{E_2}$；

γ_η——单位时间的黏性形变，$\gamma_\eta = \dfrac{\delta}{\eta}$。

由于在二次成型时，聚合物的成型温度处于高弹态温度范围或黏流温度附近，这时，聚合物的松弛时间 t^* 很短，若成型中的外力作用时间 $t_1 \gg t^*$，则由式(9-3) 可得，外力作用时间 t_1 后的总形变

$$\gamma = \gamma_{2\infty}(1-\mathrm{e}^{-\frac{t^*}{t_1}}) + \gamma_\eta t_1 \tag{9-4}$$

由于 $t_1 \gg t^*$，上式中 $\mathrm{e}^{-\frac{t^*}{t_1}} \to 0$，于是

$$\gamma = \gamma_{2\infty}(1-\mathrm{e}^{-\frac{t^*}{t_1}}) + \gamma_\eta t_1 \approx \gamma_{2\infty} + \gamma_\eta t_1 \tag{9-5}$$

释放外力后，高弹形变回复，根据 MAXWELL 四元件模型计算回复后的形变与形变回复时间 $(t-t_1)$ 的关系式为：

$$\gamma = \gamma_{2\infty}\mathrm{e}^{-(t-t_1)/t^*} + \gamma_\eta t_1 \tag{9-6}$$

若在高弹形变回复之前，将聚合物的温度降低到 T_g（或结晶温度）以下再释放外力，则由于在 T_g（或结晶温度）以下，聚合物松弛时间 $t^* \to \infty$ [即 $(t-t_1)/t^* \to 0$]，这时式(9-6)变为

$$\gamma = \gamma_{2\infty} + \gamma_\eta t_1 \tag{9-7}$$

利用这一原理，使处于高弹态的聚合物在外力作用下于短时间内达到所需的形变，并在高弹形变回复之前，将聚合物温度降低到 T_g（或结晶温度）以下再释放外力，则聚合物总形变（高弹形变和黏性形变）的高弹形变部分不再回复；对于黏性形变部分，本身就是不可逆形变，释放外力后亦不回复，如图 9-2 所示。聚合物的二次成型正是基于这一原理。

利用聚合物推迟高弹形变的松弛时间的温度依赖性，在聚合物玻璃化温度以上的 T_f 附近，使聚合物材料的半成品（板材、片材、管、中空异型材等）快速变形，然后保持形变，在较短时间内冷却到玻璃化温度或结晶温度以下，并保证制品长期在远低于其玻璃化温度或结晶温度以下使用，从而使成型物的形变被冻结，这就是二次成型的黏弹性原理。

二次成型的温度以聚合物能产生形变且伸长率

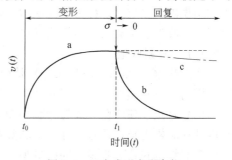

图 9-2　二次成型中聚合物
高弹形变-时间曲线

a—成型时变形，温度 $T>T_g$；b—变形的回复，温度 $T>T_g$；c—形变被冻结，温度 $T \ll T_g$

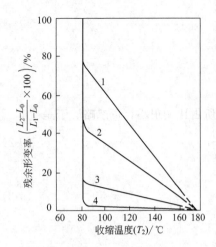

图 9-3 硬 PVC 二次成型温度与
收缩温度对残余形变的影响
成型温度：1—160℃；2—130℃；
3—100℃；4—85℃

最大的温度为宜。一般无定形热塑性塑料最宜成型温度比 T_g 略高，如硬聚氯乙烯（$T_g=83$℃）的最宜成型温度为 92~94℃，聚甲基丙烯酸甲酯（$T_g=105$℃）成型温度为 118℃。

二次成型产生的形变具有可回复性，实际获得的有效形变（即残余形变）与成型条件有关。冻结残余形变的温度（即模具温度）越低，成型制品回复的形变比率就越少，可获得的有效形变就越大。因此，模具温度不能过高，一般在聚合物的 T_g 以下。另外，成型温度升高，材料的弹性形变比率减少。图 9-3 所示的硬聚氯乙烯二次成型条件的影响关系表明，在 85℃ 以下塑料的收缩很小，塑料所获得的残余形变几乎为 100%；但在 T_g 以上加热使塑料收缩时，随收缩温度的提高，制品的形变值增大，残余形变减小。制品在相同的收缩温度下，成型温度高比成型温度低具有更高的残余形变。因此，在较高温度下成型，可获得形状稳定性较好的制品，且具有较强的抵抗热弹性回复的能力。

综上所述，根据二次成型的黏弹性原理，可得到两点推论：①二次成型制品的使用温度应比聚合物的玻璃化温度或结晶温度低得多；②二次成型温度越高，二次成型制品中不可逆形变所占比例越大，成型物的形状稳定性越好。

聚合物的二次成型方法主要有中空吹塑成型、热成型、吹塑薄膜成型、双轴拉伸薄膜成型等。

9.2 中空吹塑成型

中空吹塑（blow molding）是制造空心塑料制品的成型方法，是借助气体压力使闭合在模具型腔中处于类橡胶态的型坯吹胀成为中空制品的二次成型技术。

9.2.1 中空吹塑成型的分类及工艺过程

传统上吹塑工艺根据型坯制造方法的不同分为注射吹塑和挤出吹塑两种。若按吹塑时型坯状态的不同也可分为热坯吹塑和冷坯吹塑两种。若将所制得的型坯直接在热状态下立即送入吹塑模内吹胀成型，称为热坯吹塑；若是将挤出所制得的管坯和注射所制得的型坯重新加热到类橡胶态后再放入吹塑模内吹胀成型，称为冷坯吹塑。目前工业上以热坯吹塑为多。

9.2.1.1 注射吹塑

注射吹塑（injection blowing）是用注射成型法先将塑料制成有底型坯，再把型坯移入吹塑模内进行吹塑成型。注射吹塑又有直接注坯吹塑和注坯-拉伸-吹塑两种方法。

（1）直接注坯吹塑 成型过程如图 9-4 所示。由注射机在高压下将熔融塑料注入型坯模具内并在芯模上形成适宜尺寸、形状和质量的管状有底型坯。若生产的是瓶类制品，瓶颈部分及其螺纹也在这一步骤上同时成型。所用芯模为一端封闭的管状物，压缩空气可从开口端通入并从管壁上所开的多个小孔逸出。型坯成型后，注射模立即开启，通过旋转机构将留在芯模上的热型坯移入吹塑模内，合模后从芯模通道吹入 0.2~0.7MPa 的压缩空气，型坯立即被吹胀而脱离芯模并紧贴到吹塑模的型腔壁上，并在空气压力下进行冷却定型，然后开模

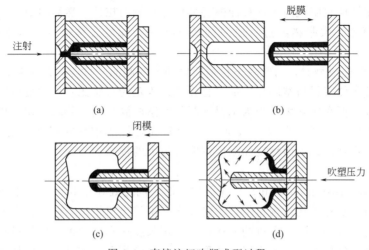

图 9-4　直接注坯吹塑成型过程

(a) 注射；(b) 脱模；(c) 闭模；(d) 吹塑

取出吹塑制品。

　　直接注坯吹塑宜生产批量大的小型精制容器和广口容器，主要用于化妆品、日用品、医药和食品的包装。

　　注坯吹塑技术的优点是：制品壁厚均匀，不需要后加工；注射制得的型坯能全部进入吹塑模内吹胀，故所得中空制品无接缝，废边废料也少；对塑料品种的适应范围较宽，一些难于用挤坯吹塑成型的塑料品种可用于注坯吹塑成型。但缺点是成型需要注塑和吹塑两套模具，故设备投资较大；注塑所得型坯温度较高，吹胀物需较长的冷却时间，成型周期较长；注塑所得型坯的内应力较大，生产形状复杂、尺寸较大制品时易出现应力开裂现象，因此生产容器的尺寸和形状受限。

　　(2) 注坯-拉伸-吹塑　注坯-拉伸-吹塑制品成型过程如图 9-5 所示。在成型过程中型坯被横向吹胀前受到轴向拉伸，所得制品具有大分子双轴取向结构。用这种方法成型中空制品的原理，与泡管法制取双轴取向薄膜的成型原理基本相同。

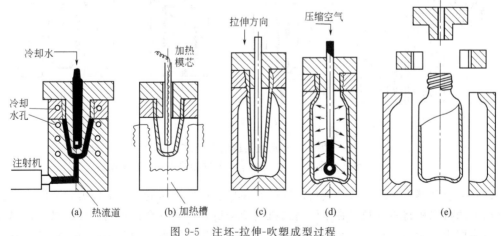

图 9-5　注坯-拉伸-吹塑成型过程

(a) 型坯注射成型；(b) 型坯加热；(c) 型坯拉伸；(d) 吹塑成型

　　在这一成型过程中，型坯的注射成型与直接注坯吹塑法相同，但所得型坯并不立即移入吹塑模，而是经适当冷却后移送到一加热槽内，在槽中加热到预定的拉伸温度，再转送至拉伸吹胀模内。在拉伸吹胀模内先用拉伸棒将型坯进行轴向拉伸，然后再引入压缩空气使之横向胀开并紧贴模壁。吹胀物经过一段时间的冷却后，即可脱模得具有双轴取向结构的吹塑制品。

注坯-拉伸-吹塑成型时，通常将不包括瓶口部分的制品长度与相应型坯长度之比定为拉伸比；而将制品主体直径与型坯相应部位直径之比规定为吹胀比。增大拉伸比和吹胀比有利于提高制品强度，但在实际生产中为了保证制品的壁厚满足使用要求，拉伸比和吹胀比都不能过大。实验表明，二者取值为 2～3 时，可得到综合性能较高的制品。注坯-拉伸-吹塑制品的透明度、冲击强度、表面硬度和刚度都能有较大的提高。

9.2.1.2　挤出吹塑

挤出吹塑（extrusion blowing）与注射吹塑的不同之处在于其型坯是用挤出机经管坯机头挤出制得。挤出吹塑工艺过程包括：①管坯直接由挤出机挤出，并垂挂在安装于机头正下方的预先分开的型腔中；②当下垂的型坯达到规定长度后立即合模，并靠模具的切口将管坯切断；③从压缩空气导入孔送入空气，使型坯吹胀紧贴模壁而成型；④保持充气压力使制品在型腔中冷却定型后开模脱出制品。

挤出吹塑法生产效率高，型坯温度均匀，熔接缝少，吹塑制品强度较高；设备简单，投资少，对中空容器的形状、大小和壁厚等允许范围较大，适用性广，故在当前中空制品的总产量中，占有绝对优势。

为适应不同类型中空制品的成型，挤出吹塑在实际应用中有单层直接挤坯吹塑、多层共挤出吹塑、挤出-蓄料-压坯-吹塑和挤坯-拉伸-吹塑等不同的方法。挤坯-拉伸-吹塑成型过程比注坯拉伸吹塑复杂，故生产上较少采用。

（1）单层直接挤坯吹塑　单层直接挤坯吹塑的基本过程如图 9-6 所示。型坯从一台挤出机供料的管机头挤出后，垂挂在口模下方处在开启状态的两吹塑半模中间，当型坯长度达到预定值之后，吹塑模立即闭合，模具的上、下夹口依靠合模力将管坯切断，型坯在吹塑模内的吹胀与冷却过程与无拉伸注坯吹塑相同。由于型坯仅由一种物料经过挤出机前的管机头挤出制得，故这种吹塑成型常称为单层直接挤坯吹塑或简称为挤坯吹塑。

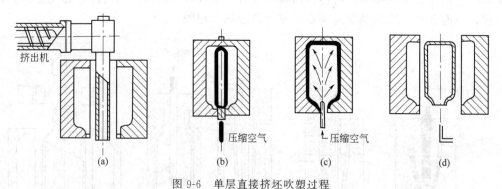

图 9-6　单层直接挤坯吹塑过程
(a) 型坯挤出成型；(b) 入模；(c) 吹塑成型；(d) 脱模

（2）多层共挤出吹塑　多层共挤出吹塑是在单层挤坯吹塑的基础上发展起来的，是利用两台以上的挤出机将不同塑料在不同挤出机内熔融后，在同一个机头内复合、挤出，然后吹塑制造多层中空制品的技术。其成型过程与单层挤坯吹塑无本质的差别，只是型坯的制造须采用能挤出多层结构管状物的机头，图 9-7 为三层管坯挤出设备示意图。

多层共挤出吹塑的技术关键是控制各层塑料间相互熔合和黏结质量。若层间的熔合与黏结不良，制品夹口区的强度会显著下降。一般熔粘的方法有两种：一是在各层所用物料中添

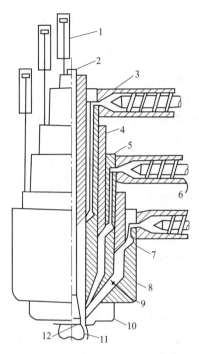

图 9-7 三层管坯挤出设备示意图

1—油缸；2—支承杆；3—挤出机；4—环
形活塞；5—隔层；6—粘接材料；7—环
形通路；8—外壳；9—储存器；10—喷
嘴；11—型坯；12—芯轴

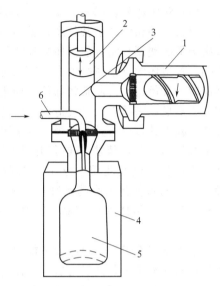

图 9-8 带蓄料缸的吹塑成型装置

1—挤出机；2—柱塞；3—储料缸；
4—模具；5—吹塑制品；
6—吹气管

加有黏结性的组分，从而在不增加挤出层数的情况下使制品夹口区的强度不显著下降；二是在原来各层间增加有粘接功能的材料层，这就需要增加制造多层管坯的挤出机数量，使成型设备的投资增加，型坯的成型操作也更加复杂。

（3）挤出-蓄料-压坯-吹塑　制造大型中空制品时，由于挤出机直接挤出管状型坯的速度不可能很大，当型坯达到规定长度时常因自重的作用，使其上部接近口模部分壁厚明显减薄而下部壁厚明显增大，而且型坯的上、下部分由于在空气中停留时间的差异较大，致使温度也明显不同。用这种壁厚和温度分布很不均匀的型坯所成型的吹塑制品，不仅制品壁厚的均一性差，而且内应力也比较大。

大型中空制品成型要求快速提供制品所需的熔体数量，减少因体积大自重而引起的型坯下坠和缩径；同时由于大型制品冷却时间长，使得挤出操作不能连续进行。为此，发展了挤出储料吹塑技术。成型时先将挤出机塑化的熔体蓄积在一个料缸内，当缸内的熔体达到预定量后，用加压柱塞以很高的速率使其经环隙口模压出，成为一定长度的管状物。这种按挤出、蓄料、压坯和吹塑方式成型中空制品的工艺过程可用如图 9-8 所示带蓄料缸的吹塑机来实现。为进一步提高大型吹塑制品壁厚的均一性，目前在这种带蓄料缸的吹塑机上已采用可变环隙口模和程序控制器，以实现按预先设定的程序自动控制型坯的径向壁厚均匀性以及轴向壁厚分布，从而进一步提高大型吹塑制品壁厚的均一性。

9.2.2 中空吹塑成型工艺过程的影响因素

注射吹塑和挤出吹塑的差别在于型坯成型方法的不同，二者的型坯吹胀与制品的冷却定型过程是相同的，吹塑成型过程影响因素也大致相同。影响成型工艺和制品质量的因素主要有型坯的温度、吹气压力和充气速度、吹胀比、模温和冷却时间等。对拉伸吹塑的影响因素还有拉伸倍数。

9.2.2.1　型坯温度

挤出吹塑中的型坯成型主要受离模膨胀与垂伸这两种现象的影响。膨胀会使型坯的直径与壁厚变大，并相应减小其长度；垂伸的作用效果则与膨胀的相反。这两种相反现象的综合效应决定了吹塑模具闭合前型坯的尺寸与形状。型坯的膨胀对吹塑制品的性能与成本均有很大影响。若型坯的直径膨胀太大，吹胀时会产生过多的飞边，或制品上出现褶纹。吹塑非对称制品时，直径过小会使某些部位（如边把手）出现缺料现象。壁厚过小制品壁会太薄，其机械强度不足；壁厚太大又会造成原料的浪费。而挤出吹塑中型坯的自重引起的垂伸会增加其长度、减小其直径与壁厚，极个别情况下还可能使型坯断裂。

聚合物熔体的离模膨胀是其弹性行为的一种表现形式。离模膨胀与型坯离开口模的时间、聚合物的流变性质、分子量及分子量分布、挤出条件（挤出的速率、熔体温度）有关。型坯的垂伸是聚合物的弹性变形与黏性流动（即黏弹性质）的表现形式。聚合物的分子量较小，熔体温度较高，型坯下降时间较长或型坯长度较大，均会增加型坯的垂伸量。

由于影响因素很多，目前尚不能用数学式来定量地描述型坯的尺寸和形状的变化。当聚合物品种和基本工艺条件确定后，熔体的温度是一个主要的影响因素，各种材料对温度的敏感性不同，对那些黏度（以及产生高弹态的温度范围）对温度特别敏感的聚合物要非常小心地控制温度。如图 9-9 所示，聚丙烯比聚乙烯对温度更敏感，故聚丙烯比聚乙烯加工性差，所以聚乙烯较适宜采用吹塑成型。如果聚合物挤出模口时的温度太低，型坯的离模膨胀会变得严重，使型坯挤出后出现明显的收缩（长度变短、直径和壁厚增加）；而且型坯的表面质量降低，出现明显的鲨鱼皮、流痕等；此外型坯的不均匀度亦随温度降低而有所增加（图 9-10），致使制品的强度差，表面粗糙无光。一般型坯的温度应控制在材料的 $T_g \sim T_f$（或 T_m）间，并偏向 T_f（或 T_m）一侧。

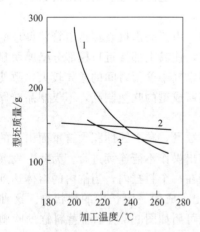

图 9-9　成型温度与型坯重量的关系
1—共聚聚丙烯；2—高密度
聚乙烯；3—聚丙烯

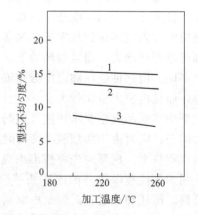

图 9-10　成型温度与型坯表面均匀度的关系
1—共聚聚丙烯；2—高密度
聚乙烯；3—聚丙烯

9.2.2.2　吹气压力和充气速度

型坯被模具夹持后注入压缩空气。压缩空气起到吹胀型坯使之贴紧型腔；对已吹胀的型坯施加压力，以得到形状正确、表面文字与图案清晰的制品；促进制品冷却的作用。吹胀气压取决于塑料特性（分子柔性及型坯的熔体强度与熔体弹性）、型坯温度、模具温度、型坯壁厚、吹胀比及制品的形状与大小等因素。熔体的黏度较低、冷却速率较小的塑料，可以采用较低的吹胀气压。型坯温度或模具温度较低时，要求采用较高的吹胀气压。充气压力的取值高低还与制品的壁厚和容积大小有关，通常薄壁和大容积的制品宜用较高充气压力，厚壁和小容积的制品则用较低充气压力为宜。合适的充气压力可以保证所得制品的外形、表面花纹和文字等都足够清晰。图 9-11 表明，提高型坯吹胀气压可降低制品脱模时的温度，这是因为提高气压有助于保证制品与模腔之间紧密接触，快速除去制品的热量，提高冷却效率。

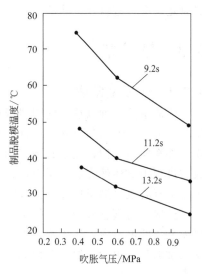

图 9-11　型坯吹胀气压对制品脱模温度的影响

在型坯的膨胀阶段，要求以低气流速度注入大流量的空气，以保证型坯能均匀、快速地膨胀，缩短型坯在与模腔接触之前的冷却时间。低气流速度还可避免型坯内出现文杜里效应❶而形成局部真空使型坯瘪陷的现象。型坯吹胀后，高的气压可以保证制品紧贴模腔，获得有效的冷却，并清晰地再现模腔上的文字。充气速度主要是由进气管的孔径大小来调节。

9.2.2.3　吹胀比

制品的尺寸和型坯尺寸之比，亦即型坯吹胀的倍数称吹胀比。型坯尺寸和重量一定时，制品尺寸愈大，吹胀比愈大。虽然增大吹胀比可以节约材料，但制品壁厚变薄，成型困难，制品的强度和刚度降低；吹胀比过小，则增加塑料消耗，并由于壁厚使冷却时间延长。一般吹胀比为 2～4 倍。吹胀比的大小可以由材料的种类和性质，制品的形状和尺寸等因素来确定。

9.2.2.4　**模温和冷却时间**

模温通常不能控制过低，因为塑料冷却过早，则形变困难，制品的轮廓和花纹等均会变得不清楚；模温过高时，冷却时间延长，生产周期增加。模温应根据塑料的种类来确定，材料的 T_g 较高者，允许有较高的模温，相反的情况则应尽可能降低模温。

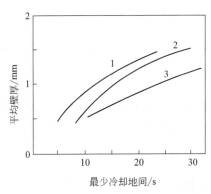

图 9-12　制品壁厚与冷却时间的关系
1—PP；2—PP 共聚物；3—HDPE

吹塑制品的冷却时间占成型周期的 60% 或更长。因此，提高吹塑制品的冷却效率，可缩短成型周期，提高生产效率。此外，冷却还是影响吹塑制品性能的主要因素。冷却不均匀及冷却程度不够会使制品各部位的收缩率有差异，引起制品翘曲、瓶颈歪斜等现象。

冷却时间要视塑料品种和制品形状而定，例如热导率较差的聚乙烯，就比同样厚度的聚丙烯在相同情况下需要较长的冷却时间，通常随制品壁厚增加，冷却时间延长（图 9-12）。为了缩短生产周期、加快冷却速度，除对模具进行冷却处，还可向制品内部通入各种冷却介质（如液氮、

---

❶ 文杜里效应：当管道中流动的气体或液体流经管径突然变小的狭窄处时，流速急剧加快，内部压力减小的现象。

二氧化碳等）进行直接冷却。

9.3 热成型

9.3.1 热成型概述

热成型是一种以热塑性塑料板材和片材为成型对象的二次成型技术，其法一般是先将板材裁切成一定形状和尺寸的坯件，再将坯件在一定温度下加热到弹塑性状态，然后施加压力使坯件弯曲与延伸，在达到预定的型样后使其冷却定型，经过适当的修整，即成为制品。热成型过程中对坯件施加的压力，在大多数情况下是靠真空和导入压缩空气在坯件两面形成气压差，有时也借助于机械压力或液压力。

热成型与其它成型方法的主要区别在于热成型过程中，材料并不需要加热到熔融状态，只需软化即可。由于热成型不需要制品从熔体状态冷却下来的过程，可以节约成型时间。但要注意的是，由于成型温度较低，一些热固性树脂难以固化，所以热成型主要适合于热塑性树脂。

热成型的成型压力远低于其它成型方法。因此与挤出、注塑、吹塑等方法相比，热成型对成型设备及模具要求低，生产设备投资少，尤其适合于制造大尺寸、小批量的产品。热成型的局限性在于热成型所用的原料需预成型为片材或板材，成本较高，制品后加工较多，材料利用率较低。热成型的成型精度较差，相对误差一般在 1% 以上，通常只能生产结构简单的半壳型制品，而且制品壁厚应比较均匀（一般倒角处稍薄），不能制得壁厚相差悬殊的塑料制品，制品深度受到一定限制。一般情况下容器的深度直径比（H/D）不超过 1。表 9-1 列出了热成型的主要优缺点。

表 9-1　热成型的主要优缺点

优　　点	缺　　点
设备投资低	原材料损耗大
成型温度低	残余应力大
模具费用低	成型形状受限
易成型大制件	通常只有一面被模具定型
成型周期短	人力成本高
易于产品更新	

9.3.2 热成型方法

热成型在生产中已采用的方法有几十种，分类方法也很多。本书中根据成型前是否有预拉伸过程，把这些方法大致分为简单成型方法和有预拉伸成型法两大类。通过热成型动力及模具类型的改变，这两大类方法又可派生出其它成型方法。

9.3.2.1 简单成型方法

这类方法的共同特性是片材或板材仅经过一次拉伸变形即转变成制品，成型过程除模具外不用其它辅助成型装置。简单热成型方法主要有真空成型、气压成型和机械加压成型等。

（1）真空成型（vacuum forming）　这种成型方法是依靠真空力使片材拉伸变形。真空力容易实现、掌握与控制，因此简单真空成型是出现最早、最简单但同时也是目前应用最广的一种热成型方法。常用的真空成型方法主要有自由真空成型、空腔成型和覆盖成型三种。

①自由真空成型　自由真空成型（free forming）又称为无模成型，其成型过程如图 9-13 所示，将片材加热到所需温度后，置于夹持环上，用压环压紧，打开真空泵阀门抽真空，

通过真空阀调节真空度，直到片材达到所需的成型深度为止。由于自由真空成型法中制件不接触任何模具表面，制件表面光泽度高，不带任何瑕疵。这种制件的光学畸变很小，透明性非常优异，故可用于制造飞机部件如仪器罩和天窗等。

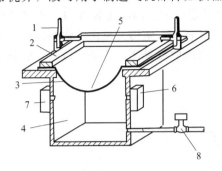

图 9-13　自由真空成型
1—夹具；2—拉伸环；3—片材；4—真空室；5—最
薄处；6—光电管；7—光源；8—真空阀

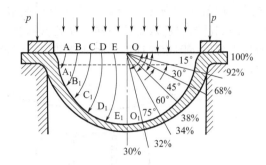

图 9-14　自由真空成型时壁厚变薄的现象

自由真空成型法在成型过程中只能改变制件的拉伸程度和外廓形状，因此不能成型外型复杂的制件。另外成型过程中，随着拉伸程度的增大，最大变形区（即片材中心）的厚度不断减小（如图 9-14 所示），半球最深处的厚度只有片材厚度的30%左右。热成型中通常将片材拉伸的最大距离与片材拉伸区域的宽度（或直径）定义为拉伸比（H/D），因此实际生产中自由真空成型法采用的拉伸比（H/D）一般应小于75%，不适合于深拉制品生产。较为适宜的透明塑料品种有聚甲基丙烯酸甲酯和聚碳酸酯。

② 空腔成型　空腔成型（cavity forming）又称为直接真空成型（straight vacuum forming）或简易真空成型（simple vacuum forming），其成型过程如图 9-15 所示。该方法根据成型模具划分属于阴模成型。预热后的片材在夹持环上固定后，通过阴模上的气孔抽真空使片材下移，片材底部最先接触模具，然后侧外壁逐渐贴合模具、模腔侧面与底面的交界处最后定型。通过空腔成型法生产的制品与模腔壁贴合的一面质量较高，结构上也比较鲜明细致，壁厚的最大部位在模腔底部，最薄部位在模腔侧面与底面的交界处，而且随模腔深度的

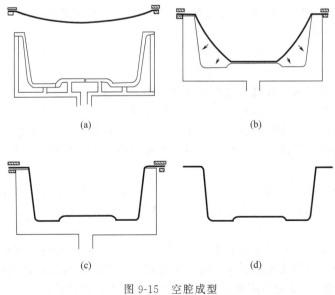

(a)　　　　　　　　　　　　(b)

(c)　　　　　　　　　　　　(d)

图 9-15　空腔成型
(a) 预热片材；(b)、(c) 抽真空；(d) 制件

增大，制品底部转角处的壁将变得更薄。因此，直接真空成型法也不适于生产深度很大的制品，实际生产中拉伸比（H/D）一般应小于1：1。

③ 覆盖成型　覆盖成型（drape forming）是真空成型中用阳模成型产品的方法，其工艺过程如图 9-16 所示。覆盖成型法对于制造壁厚和深度较大的制品比较有利。覆盖成型法生产的制品与空腔成型法一样，模腔壁贴合的一面质量较高，结构上也比较鲜明细致。壁厚的最大部位在阳模的顶部，而最薄部位在阳模侧面与底面的交界区，该部位也是最后成型的部位。

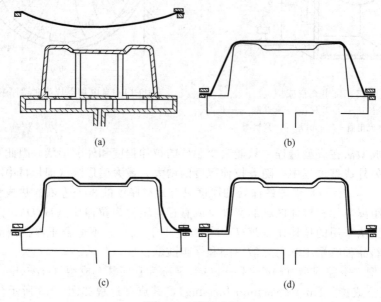

图 9-16　覆盖成型
(a) 预热片材；(b)、(c) 抽真空；(d) 制件

（2）气压成型　真空成型过程中依靠抽真空在片材两侧所能形成的压力一般仅为0.01～0.03MPa，若片材较厚或制件形状复杂，成型则不充分，导致制件表面的图像、文字等细微结构模糊不清，甚至根本无法成型。此时可采用压缩空气作为成型动力，这种成型方法称为气压成型（pressure forming）。

气压成型中压缩空气泵提供的压力可以达到 0.7MPa 以上，产生的成型差压约0.6MPa。一般即使取 0.3MPa 差压也比真空力高十倍，因此气压成型可以实现较厚片材或复杂制件的成型。但同时也对机械和模具提出了很高的耐压要求。

气压成型的优点是：成型精度高，制件表面质量近似于注塑制品，且成型速度快。但由于压力较高，容易导致制件发泡或形成夹层结构；冷的压缩空气会造成制件表面提前硬化。后一种情况可以通过在气体入口处设缓冲板，避免冷空气直接吹到热片材上，或者将压缩空气预加热的方法解决。

气压模具成型的过程如图 9-17 所示，将片材预加热，从上部通入压缩空气，压缩空气经过缓冲板后均匀地在片材表面施压，使片材紧贴在下部模腔中，冷却定型后开模取出制件。

（3）机械加压成型　机械加压成型（mechanical thermoforming）是依靠机械压力使预热片材弯曲与延伸。一般用于成型尺寸较大但结构较为简单的制品，如弧形板、圆筒体、旋转体等结构制件，图 9-18 为单阳模法制造弧形板的方法。加热后的片材通过夹具施压紧贴阳模表面定型，也可采用重物悬重方式加压或使用压机压制。

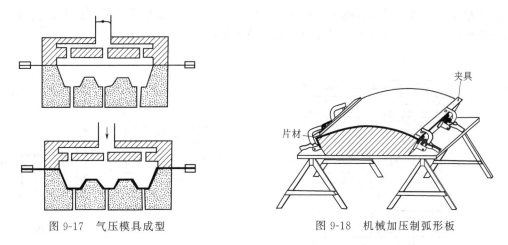

图 9-17 气压模具成型 　　　　　图 9-18 机械加压制弧形板

旋转体可采用阳模机械拉伸方法制得，如图 9-19 所示。

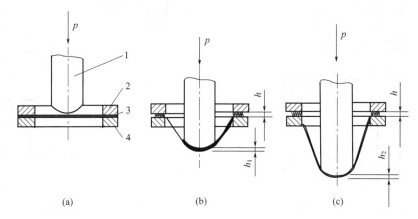

(a)　　　　　　　　　(b)　　　　　　　　　(c)

图 9-19 旋转体单阳模制作方法

1—阳模；2—压边圈；3—片材；4—拉伸环

常见的机械加压成型还包括滑动成型和弹性隔膜成型。滑动成型（slip-forming）如图 9-20 所示。其特点是型坯可在制品成型过程中滑动。滑动成型适合于成型厚壁、大深度的制品。

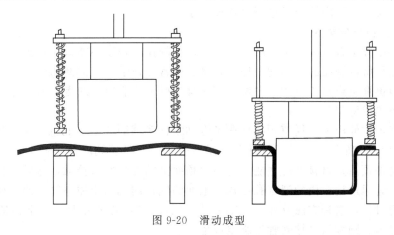

图 9-20 滑动成型

一般热成型所能施加的作用力是有限的，这主要是因为如果成型力过大而且分布不均匀则容易导致局部区域材料撕裂。为了在成型厚壁制品时可以使用更大的成型压力以获得更高的制品精度，可以采用弹性隔膜成型（图 9-21）。弹性隔膜成型优点是可以有效地缓冲并均匀分散传递成型力，适合于生产外形不复杂的小批量制品。

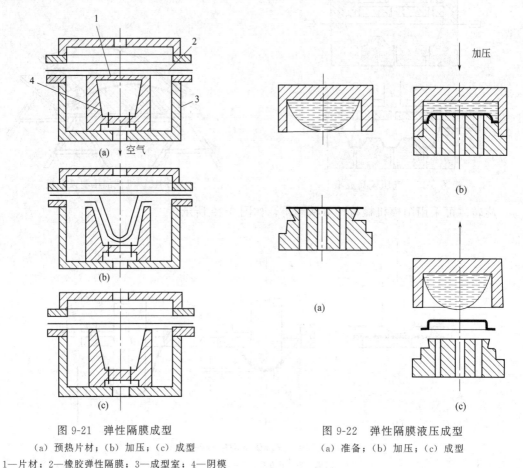

图 9-21　弹性隔膜成型
（a）预热片材；（b）加压；（c）成型
1—片材；2—橡胶弹性隔膜；3—成型室；4—阴模

图 9-22　弹性隔膜液压成型
（a）准备；（b）加压；（c）成型

弹性隔膜还常用于液压成型（见图 9-2），通过液体将成型动力均匀传递到橡胶隔膜上并施加到预热片材型坯上。由于成型压力高，这种液压成型方式用于成型厚壁制品时可以保证其制品厚度误差比用刚性阳模进行机械成型小。

9.3.2.2　有预拉伸成型法

简单热成型方法有两个突出的缺点：一是片材的拉伸强度不能太大，因而不适合深腔制品的生产；二是所得制品的壁厚均一性差，制品中常存在强度上的薄弱区。采用先将预热片材进行预拉伸再真空或气压成型的方法，就能够较好地克服以上缺点，从而方便地制得壁厚较均匀的深腔热成型制品。

（1）柱塞预拉伸成型　柱塞预拉伸成型也称为柱塞辅助成型（plug-assist forming），其基本过程如图 9-23 所示，成型开始时需将预热过的片材紧压到阴模顶面上，用机械力推动柱塞下移，拉伸预热片材直至柱塞底板与阴模顶面上的片材紧密接触，这样片材两侧均成为密闭的气室。若通过柱塞内的通气孔往片材上面的气室内充入压缩空气，使片材再次受到拉伸而完成成型过程，这种方法称作"柱塞辅助气压成型"，若依靠对片材下面的模腔抽真空而完成成型过程，则称为"柱塞辅助真空成型"。

柱塞预拉伸成型克服了空腔成型和覆盖成型中制件底部薄弱的缺点。通过柱塞预拉伸辅助成型可以提高成型制品的拉伸比，如简单的真空成型拉伸比不超过 1∶1，经柱塞预拉伸

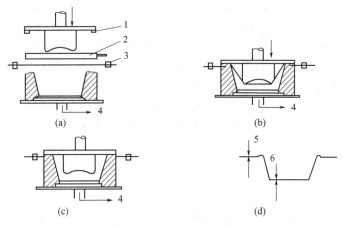

图 9-23 柱塞辅助真空成型
（a）加热；（b）柱塞拉伸；（c）抽真空；（d）制件
1—密封垫；2—加热器；3—夹具；4—抽真空；5—厚壁区；6—薄壁区

辅助成型后可以达到 2.5∶1。

在柱塞预拉伸成型过程中，虽然柱塞的表面结构最终不成为制件表面结构，为使制件不产生不必要的纹路，因此柱塞的表面也应尽可能光滑。为防止片材与柱塞贴合所可能造成的制件壁厚不均匀，柱塞顶部通常做成凹面，而不是平头状。柱塞伸入片材的速度在不受其它因素制约下越快越好，柱塞尺寸对预拉伸程度有明显影响，其体积通常约为模腔体积的 70%～90%，金属制造的柱塞在拉伸前应预热，温度略低于片材温度，以避免拉伸时片材经柱塞散失热量，而对于其它热导率较低的材料如木材、热固性塑料等制造的柱塞则不需要温度控制。

（2）气胀预拉伸成型　气胀预拉伸成型是利用高压空气的"吹胀"作用，使预热片材受到预拉伸。根据预拉伸后片材的成型方式一般又可分为气胀预拉伸真空成型、气胀覆盖成型和反向柱塞拉伸辅助成型三种。

① 气胀预拉伸真空成型　气胀预拉伸真空成型又称为气滑成型（air-slip forming），该方法是气胀预拉伸成型中最简单的一种，其基本过程如图 9-24 所示，从阳模顶部向预热片材吹气，片材被吹胀成泡，同时阳模上升嵌入预热片材中，当阳模完全插入片材后，关闭压缩空气，从下部抽真空成型。该法成型时应精确控制片材温度、真空度和压缩空气气压。

② 气胀覆盖成型　气胀覆盖成型（billow drap forming）又称为反向拉伸成型（reverse draw forming），该法是气胀预拉伸成型同覆盖成型结合的一种成型方法。气胀覆盖成型法

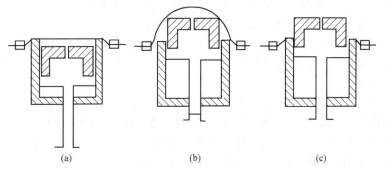

图 9-24 气胀预拉伸真空成型
（a）准备；（b）阳模推气；（c）回吸成型

基本过程如图 9-25 所示，预热片材向上吹胀，顶部片材为最薄处，此时阳模下移，最先接触泡顶，同时拉伸两侧片材使壁厚趋向均匀，此后步骤同阳模覆盖成型一致。成型中也可在覆盖结束后从阳模抽真空辅助成型，以利于片材更紧密地贴合在阳模壁上。这种方法实际上使片材在成型之前经历了气胀和阳模两次相反方向的拉伸作用，因而制品厚度均匀性更好。该法中的阳模拉伸也可换用柱塞拉伸，称为反向柱塞拉伸辅助成型（reverse draw with plug-assist forming）（见图 9-26）或气胀柱塞辅助成型。这种方法的特点是片材在成型前要经历两次相反方向的预拉伸过程，从而使片材在成型前厚度更加均匀，因此该法在热成型中制品尺寸是最精确的。

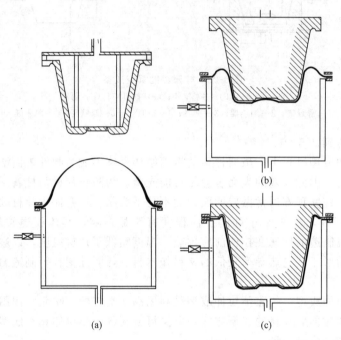

图 9-25　气胀覆盖成型

(a) 吹胀；(b) 柱塞下降拉伸片材；(c) 抽真空回吸

9.3.2.3　特殊热成型

（1）双片热成型　双片热成型是一种较新的热成型工艺，该法的过程如图 9-27 所示。首先将两块加热至要求温度的片材夹持在瓣合模具的模框中，合模使片材边缘黏合，然后将吹针插入两片材间将压缩空气送至两片材间的中空区。与此同时，通过设在两瓣合模上的气门将片材与模具间的气体抽出，则片材就在内部压缩空气及外部真空压力的作用下与模腔内壁紧密贴合，经冷却、脱模、修壁等步骤即取得制品。

双片热成型常用来成型中空制品，具有成型快、制件壁厚均匀的特点，制件成型效果类似于吹塑和旋转模塑成型，并且该成型方法可方便地实现中空制品两组成部分在颜色、厚度及其它结构性质方面的灵活组合。

（2）原体成型　热成型方法在包装领域的应用最为广泛，产品包装多采用原体成型法生产，在此过程中包紧制品的本身就起到了模具的作用。图 9-28 所示为自来水笔原体成型包装过程。先将片材型坯加热，然后在压力作用下排除空气，使片材包紧笔体，这时将同一种型坯片铺上，在包装盒成型的同时可完成与底片的热合。

原体成型的另一种形式是用热收缩膜包装制品（见图 9-29）。生产热收缩膜时，其具体过程是将包装品用热收缩薄膜包起来，再置入热成型箱内加热，薄膜开始收缩便紧包住包装

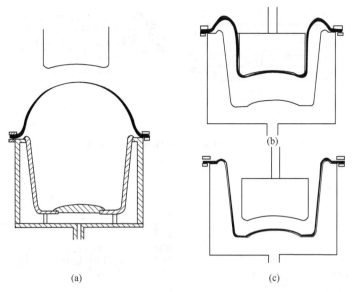

图 9-26　反向柱塞拉伸辅助成型

（a）吹胀；（b）柱塞下降拉伸片材；（c）加压或抽真空成型

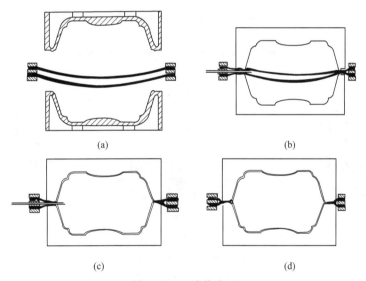

图 9-27　双片热成型

（a）预热片材放入模具中；（b）合模并热合片材边缘；（c）通入压缩空气；（d）脱模得制品

品。为排除薄膜内的空气可在薄膜上开设排气孔。

（3）弯曲、卷筒　热成型的优点之一是方法灵活多变，适应性强。一些规则形状的制品可采用简便的热成型方法成型。

① 弯曲

a. 板材的弯曲　当弯曲厚壁板材时，采用如图9-30所示的热合弯曲法，将预热阳模压在板材型坯上，阳模加热型坯使之软化，并逐渐深入型坯厚度的 2/3 左右，取出阳模，用模板弯曲型坯，将 V 字形槽的侧表面相互热合在一起则完成成型。

b. 管材的弯曲　在管内灌入黄砂，两端封闭后放入烘箱中，加热至塑料管软化，取出放置在弧形木质模具中弯曲，冷后倒出黄砂即得弯曲管。也可将外径稍小于塑料管内径的金

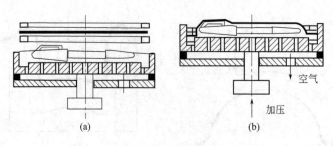

图 9-28　自来水笔原体成型包装成型
(a) 预热；(b) 热合

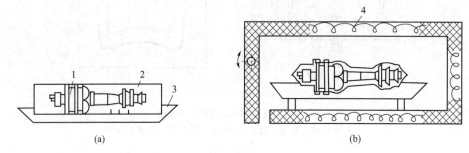

图 9-29　热收缩膜包装成型
(a) 预热；(b) 热合
1—被包装品；2—薄膜；3—平台；4—热成型箱

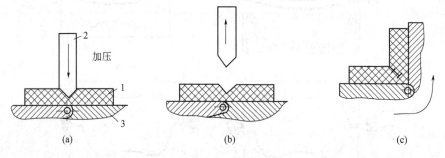

图 9-30　角度热合弯曲成型
(a) 热阳模插入型坯；(b) 取出阳模；(c) 弯曲型坯
1—型坯；2—阳模；3—模板

属软管放进待弯曲的塑料管内以代替黄砂，加热与弯管操作基本相同，经冷却定型后，抽出金属软管即可。

②　卷筒　直径大于 1m 的筒体，一般由数块弧形板拼接而成。直径小于 1m 的筒体，可以用片材直接卷筒。卷筒有两种方法：一是用筒形模板旋转加热型坯进行卷绕成型，如图 9-31 所示，称为辊筒弯曲成型。另一种方法是用带有活动式上辊的三辊卷绕机，执行近乎于金属管的卷绕工艺，如图 9-32 所示。该法可在同一设备中缠绕不同规格尺寸的套管。

③　成波

a. 波纹板　波纹板有纵波、横波、斜波之分，一般多生产纵波和斜波板。

用二次加工方法制造波纹板是将片材连续通过加热器，再经成波模具成型，冷却后切断即得制品，纵波成型装置如图 9-33 所示。

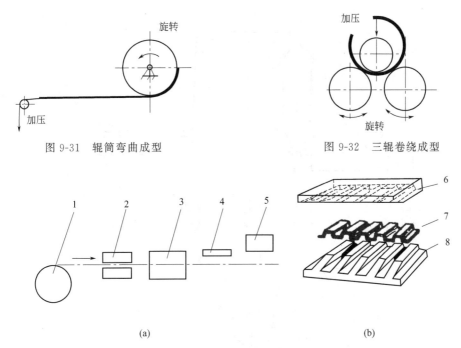

图 9-31 辊筒弯曲成型　　　　　　　图 9-32 三辊卷绕成型

图 9-33 纵波板成型装置

（a）成型过程；（b）成型模具和制件

1—片材卷；2—加热器；3—成型模具；4—冷却装置；5—切割装置；6—上成型模；7—制件；8—下成型模

b. 螺旋波纹管　　螺旋波纹管是用将薄壁直管在特殊的热模中，以一定的旋转速度按螺旋方式缠绕制得的。成型模具由模套和模芯两部分组成，这两部分都具有螺旋波纹结构。模芯的作用是在旋转时增加直管在高温下的刚性。模芯呈螺旋波纹形状，它的波谷一般略小于螺旋管的内径，波峰直径则等于螺旋管的外径减去 2 倍的壁厚。

9.4 挤出吹塑薄膜成型

挤出吹塑薄膜（film blowing）成型是指，塑料在挤出机内，借助料筒外部的加热和料筒内螺杆旋转产生的剪切、混合和挤压作用，使固体物料熔融；在旋转螺杆的挤压推动下，塑料熔体逐渐前移，通过环隙口模挤成截面恒定的薄壁管状物；随即由芯棒中心导入的压缩空气将其吹胀，使管体内部压力稍高于环境压力，而使熔体膨胀为一个"膜泡"。被吹胀的泡管在冷风环、牵引装置的作用下，逐渐地引申定型，最后由卷绕装置叠卷成双折的塑料薄膜。成型中由吹胀作用控制薄膜的厚度，同时还使得薄膜受到了横向拉抻的效果；通过牵引与挤出之间的速度差对膜泡施加一定的纵向拉伸。"膜泡"的冷却速度，吹入压缩空气的压力，以及挤出机的混合塑化效果，对于稳定质量和提高产量是很重要的。

按照薄膜的牵引方向，挤出吹塑薄膜生产工艺可以分为上吹法、平吹法和下吹法。图9-34～图 9-36 为这三种方法的示意图。

上吹法设备安排比较紧凑，但上吹法中"膜泡"运动方向与冷却空气运动方向一致，不利于传热。下吹法中"膜泡"运动方向与冷却空气运动方向相反，因而冷却效果优于上吹法。下吹法由于挤出机置放位置较高，增加了建筑空间和原料的提升。另外，熔体向下流动时要受到重力的牵伸作用因而不利于薄膜厚度的控制。平吹法的设备都处在同一个平面上，

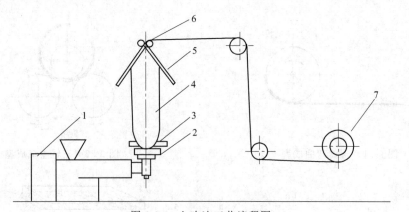

图 9-34　上吹法工艺流程图

1—挤出机；2—机头；3—冷却风环；4—膜泡；5—人字板；6—牵引辊；7—卷取装置

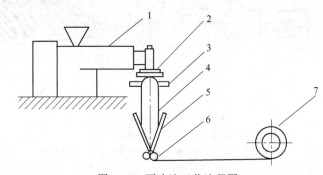

图 9-35　下吹法工艺流程图

1—挤出机；2—机头；3—冷却风环；4—膜泡；5—人字板；6—牵引辊；7—卷取

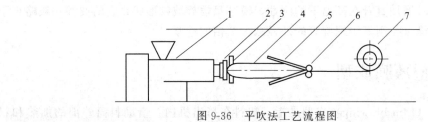

图 9-36　平吹法工艺流程图

1—挤出机；2—机头；3—冷却风环；4—膜泡；5—人字板；6—牵引辊；7—卷取

占用空间较少。平吹法"膜泡"轴向上两个半部冷却不均匀，而且由于重力的作用使得"膜泡"中部有悬垂作用，从而会对薄膜的质量产生影响。平吹法仅限于生产折径较小的薄膜。

9.4.1　管坯挤出

挤出机各段温度的控制是管坯挤出最重要的因素。通常，采用沿料筒、机头、口模逐渐升高物料温度的控制方式，其梯度的大小因高分子材料不同而异。料筒中物料温度升高，熔体黏度降低，压力减少，挤出流量增大，有利于提高产量。但物料温度过高或螺杆转速太快，剪切作用过大，不仅要造成热敏性材料的分解，且会出现挤出泡管冷却不良，形成不稳定的"长颈"状态，致使泡管壁厚不均，甚至泡管起皱黏结而影响使用和后加工。因此控制较低的物料温度是十分重要的。

9.4.2　机头和口模

吹塑薄膜的主要设备为单螺杆挤出机，其机头口模的类型主要有转向式的直角式和水平向的直通式两大类，结构与挤出管材口模基本相同。直通式适用于熔体黏度较大和热敏性塑料，工业上用直角式机头居多。由于直角式机头有料流转向的问题，模具设计时须考虑不使近于挤出机一侧的料流的速度大于另一侧，使薄膜厚度波动减少。

9.4.3 吹胀与牵引

在机头处有通入压缩空气的气道，通入气体使管坯吹胀成膜管，调节压缩空气的通入量可以控制膜管的膨胀程度。

衡量管坯被吹胀的程度用吹胀比 α 来表示。吹胀比是管坯吹胀后的膜管的直径 D_2 与挤出机环形口模直径 D_1 的比值，即：

$$\alpha = \frac{D_2}{D_1} \tag{9-8}$$

吹胀比的大小表示挤出管坯直径的变化，也表明了黏流态下大分子受到横向拉伸作用力的大小。常用吹胀比在 2~6 之间。吹塑是一个连续成型过程，处于吹胀和冷却过程的膜管在上升卷绕过程中，受到拉伸作用的程度用牵伸比 β 来表示。牵伸比是膜管通过夹辊时的速度 v_2 与口模挤出管坯的速度 v_1 之比，即：

$$\beta = \frac{v_2}{v_1} \tag{9-9}$$

这样，由于吹塑和牵伸的同时作用，使挤出的管坯在纵横两个方向都发生取向，可以提高吹塑薄膜的机械强度。因此，如欲得到纵横向强度均等的薄膜，其吹胀比和牵伸比相同为宜。

9.4.4 薄膜的冷却

薄膜从机头口模挤出吹胀成膜管后，必须不断冷却固化为薄膜制品。若冷却效果不好，则会导致薄膜发黏，甚至影响正常生产。"膜泡"冷却主要有三种形式：外部空气冷却、内外同时空气冷却以及外部水浴冷却。

风环冷却是最常用的外部空气冷却形式。风环安装在熔体管坯刚离开口模的地方，它利用压缩空气通过风环间隙向泡管各点直接吹气，进行热交换，冷却定型薄膜。风环装置有空气冷却风环和喷雾风环两种。前者以一般的空气作冷却介质，是目前吹塑成型应用最广的方法；喷雾风环以雾状水汽为冷却介质，大大强化了薄膜的冷却效果。图 9-37 为普通风环的结构图，操作时可调节风量的大小控制膜管的冷却速度。为提高冷却速度，也可采用双风口负压风环，其冷却效果比普通冷却风环更为优异。

聚乙烯塑料由于熔融后晶区熔化而呈透明状，离开口模后开始冷却，达到一定高度则冷却程度逐渐提高，由于晶粒形成导致透明度下降，膜泡开始发白。在透明度较好与透明度较差（浑浊）交界处形成的环形过渡线称为冻结线。低密度聚乙烯实测冻结线处温度在 90℃ 左右。

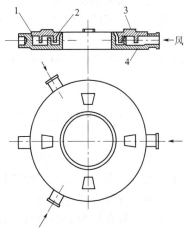

图 9-37 普通风环结构图
1—调节风量螺纹；2—出风缝隙；
3—盖板；4—风环体

膜管浑浊的原因为大分子的结晶和取向。从口模间隙中挤出的熔体在塑化状态被吹胀并被拉伸到最终的尺寸，薄膜到达冻结线时停止变形过程，熔体从塑化态转变为固态。如果其它操作条件相同，随着挤出物料的温度升高或冷却速率降低，聚合物冷却至结晶温度的时间也将延长，所以冷却线也将上升。这样，薄膜从机头挤出后到冷却卷取的行程增加；在相同的条件下，冷却线的距离也随挤出速度的加快而加长，冻结线距离高低将会影响薄膜的质量和产量。实际生产中，可用冷却线距离的高低来判断冷却条件是否适当。对于结晶性塑料，降低冷却线距离可获得透明度高和横向撕裂强度较高的薄膜。

冻结线高低形成的三种泡型见图9-38。

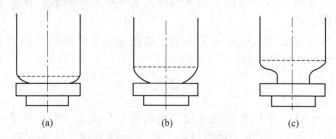

图 9-38 冻结线与泡型关系
(a) 冻结线过低；(b) 冻结线适中；(c) 冻结线过高

9.4.5 薄膜的卷绕

膜管经冷却定型后，经人字导向板夹平，再通过牵引夹辊，而后由卷绕辊卷绕成薄膜制品。人字板的作用是稳定已冷却的膜管，避免晃动，并将它压平。牵引夹辊由一个橡胶辊和一个金属辊组成，其作用是牵引和拉伸薄膜。牵引辊到口模的距离对成型过程和管膜性能有一定影响，决定了膜管在压叠成双折前的冷却时间，这一时间与塑料的热性能有关。

挤出吹塑薄膜是一个相当复杂的过程，影响因素很多而且相互制约，操作稍有不慎常常有薄膜厚度不均匀，出现橘皮纹、鱼眼及拉伸和冲击强度低、薄膜雾浊、发生粘连和起皱等缺陷出现。如果薄膜在到达夹辊处时温度太低，则因为其较刚硬容易卷边而皱折。提高温度可以解决这一问题，但又会带来粘连等其它问题。薄膜起皱现象可能是由于模头间隙调节不好，薄膜各部位的厚度不均匀，在夹辊处的拉伸不均匀；挤出机挤出的波动和周围空气气流的波动，影响到膜泡的稳定性而导致卷取时出现皱折；导辊和夹辊不平行或夹辊施压不均匀等。

9.5 拉幅薄膜的成型

拉幅薄膜（tensility film）是将挤出成型所得的厚度为1~3mm的厚片或管坯重新加热到材料的高弹态下进行大幅度拉伸而形成的薄膜。拉幅薄膜的生产可以将厚片或管坯的挤出与拉幅两个过程直接连续成型，也可以把厚片坯或管坯的挤出与拉幅工序分为两个独立的过程来进行，但在拉伸前必须将已定型的片或管膜重新加热到聚合物的T_g-T_f温度范围。与未拉伸取向的薄膜相比，拉伸薄膜具有强度和模量高、透明度和表面光泽好、对气体和水蒸气的渗透性降低，以及耐热、耐寒性改善等优点。

9.5.1 平挤逐次双向拉伸薄膜的成型

平挤逐次双向拉伸有先纵向拉伸后横向拉伸、先横向拉伸后纵向拉伸和纵横同步拉伸三种方法（图9-39）。目前生产上用得最多还是先纵拉后横的方法。

先纵拉后横拉成型成型双轴取向膜时，挤出机经平缝机头将塑料熔体挤成厚片，厚片立即被送至冷却辊急冷。冷却定型后的厚片经预热辊加热到拉伸温度后，引入具有不同转速的一组拉伸辊进行纵向拉伸。达到预定纵向拉伸比后，膜片经过冷却即可直接送至拉幅机（横向拉伸机）。纵拉后的膜片在拉幅机内经过预热、横拉伸、热定型和冷却作用后离开拉幅机，再经切边和卷绕即得到双向拉伸膜。

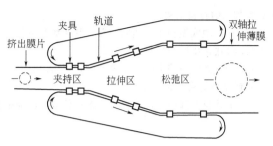

图 9-39 平挤双轴同步拉伸示意图

9.5.2 管膜双向拉伸薄膜的成型

管膜双向拉伸薄膜的成型工艺过程分为管坯成型、双向拉伸和热定型三个阶段。管坯通常由挤出机将熔融塑料经管型机头挤出形成，从机头出来的管坯立刻被水冷却夹套冷却，冷却的管坯温度控制在 T_g-T_f 之间。经第一对夹辊折叠后进入拉伸区，在此处管坯由从机头和探管通入的压缩空气吹胀，受到横向拉伸并胀大成管形薄膜。由于管膜在胀大的同时受到下端夹辊的牵伸作用，因而在横向拉伸的同时也被纵向拉伸。调节压缩空气的进入量和压力以及牵引速度，就可以控制纵横两向的拉伸比，此法通常可达到纵、横两向接近于平衡的拉伸。拉伸后的管膜经过第二对夹辊再次折叠后，进入热处理区域；继续保持压力，亦即使管膜在张紧力存在下进行热处理定型；最后经空气冷却、折叠、切边后，成品用卷绕装置卷取。拉伸和热处理过程的加热通常采用红外线加热装置。此法设备简单、占地面积小，但薄膜厚度和强度均匀性较差，主要用于 PET、PS、PP、聚偏氯乙烯等双轴拉伸薄膜的生产。

平膜法和管膜法成型双向拉伸膜的工艺，都可用于制造热收缩膜，但绝大多数热收缩膜是用管膜法生产。热收缩膜是指受热后有较大收缩率的薄膜制品，用适当大小的这种薄膜套在包装的物品外，在适当的温度加热后管膜在其长度和宽度两个方向上立即发生急剧收缩，收缩率一般可达 30％～60％，从而使薄膜紧紧地包覆在物品外面成为良好的保护层。用管膜法生产热收缩膜时，除不必进行热定型外，其余工序均与成型一般双向拉伸膜相同。

习题与思考题

1. 简述中空成型的黏弹性原理。

2. 图示并简述挤出吹塑工艺过程的示意图。

3. 图示并简述注塑拉伸吹塑工艺过程的示意图。

4. 简述挤出中空成型对聚合物原料的熔体指数，分子量分布，拉伸黏度等方面的要求。

5. 以聚酯透明瓶的成型为例，说明注塑吹塑的工艺过程，并分析成型各阶段的工艺条件控制中应注意的问题。

6. 以 PA6 制备的汽车油杯的成型为例，说明挤出吹塑的工艺过程，并分析原料的选择和成型各阶段的工艺条件控制中应注意的问题。

7. 简述热成型的工艺过程。

8. 为什么自由真空成型不能制备大拉伸比的制品？

9. 简述双片热成型过程和特点。

10. 简述气胀覆盖成型和特点。

11. 热成型的成型温度范围如何确定？

12. 什么叫牵伸比？如何提高热成型制品的牵伸比？

13. 成型速度对热成型制品的性能有何影响？厚片材和薄片材的成型速度有何区别？

14. 热成型加工过程中为什么需考虑材料的软化温度范围和热态力学强度？如何从这两方面选择适宜

热成型加工的材料结构？

15. 与注塑成型相比，热成型有哪些优势和不足？为什么？

16. 简述挤出吹塑薄膜成型过程。

17. 为什么在平挤上吹薄膜生产中，可用冷却线距离的高低来判断冷却条件是否适当？冷却线距离的高低对制品性能有何影响？

18. 简述拉幅薄膜生产过程。与未拉伸取向的薄膜相比，拉伸薄膜有何优点。

参 考 文 献

[1] 杨鸣波，唐志玉 . 中国材料工程大典 . 高分子材料工程卷 . 北京：化学工业出版社，2006.

[2] Tadmor Z，Gogos C G. Principles of Polymer processing. 2nd Ed. Hoboken New Jersey：John Wiley & Sons，2006.

[3] S 米德尔曼 . 聚合物加工基础 . 赵得禄等译 . 北京：科学出版社，1984.

[4] 何曼君，陈维孝，董西侠 . 高分子物理（修订版）. 上海：复旦大学出版社，2000.

[5] Gert Strobl. The Physics of Polymers：Concepts for Understanding Their Structures and Behavior. Third Edition. Spring-Verlag，Berlin Heideberg New York：2007.

[6] 金日光 . 高聚物流变学及其在加工中的应用 . 北京：化学工业出版社，1986.

[7] Mark J E，Ngai K L，Graessley W W，Mandelkern L，Samulski E T，Koenig J L，Wignall G D. Physical Properties of Polymers. 3ed. Cambridge：Cambridge University Press，2004.

[8] 戴干策 . 聚合物加工中的传递现象 . 北京：中国石化出版社，1999.

[9] 黄锐，曾邦禄 . 塑料成型工艺学 . 第 2 版 . 北京：中国轻工业出版社，1997.

[10] 王贵恒主编 . 高分子材料成型加工原理 . 北京：化学工业出版社，1982.

[11] David B Todd 主编 . 塑料混合工艺及设备 . 詹茂盛等译 . 北京：化学工业出版社，2002.

[12] B B 鲍格达诺夫 . 聚合物混合工艺原理 . 吴祉龙译 . 北京：烃加工出版社，1989.

[13] Anon J F. The History of Plastics Extrusion. London：Illifer Books，1953.

[14] Tadmor Z. Klein I. Engineering Principles of Plasticating Extrusion. New York：1970.

[15] 朱复华著 . 挤出理论及应用 . 北京：中国轻工业出版社，2001.

[16] 金灿主编 . 塑料成型设备与模具 . 北京：中国纺织工业出版社，2008.

[17] 张甲敏主编 . 注射成型实用技术 . 北京：化学工业出版社，2007.

[18] 贾润礼，李宁等编著 . 塑料成型加工新技术 . 北京：国防工业出版社，2006.

[19] 李德群主编 . 现代塑料注射成型的原理、方法与应用 . 上海：上海交通大学出版社，2005.

[20] 傅强主编 . 聚烯烃注射成型——形态控制与性能 . 北京：科学出版社，2007.

[21] 周达飞，唐颂超主编 . 高分子材料成型加工 . 第 2 版 . 北京：中国轻工业出版社，2006.

[22] Gruenwald G. Thermoforming. Lancaster，USA：Technomic Publishing Company，1987.

[23] 栾华 . 塑料二次加工 . 北京：中国轻工业出版社，1999.